国家自然科学基金重点项目（51438005）研究成果

严寒地区城市微气候设计论丛

严寒地区城市区域风环境与热气候预测评价

刘　京　水滔滔　著

科　学　出　版　社

北　京

内 容 简 介

城市风环境与热气候问题涉及城市风害、热岛效应、污染物传播等复杂的城市问题，与室外人群的舒适健康和安全紧密相关。本书利用现场长期观测、人体舒适性问卷调查与试验、风洞试验、数值模拟等技术手段，系统地预测和评价了严寒地区城市区域风环境与热气候的特点，为更深入地了解严寒地区城市风环境与热气候形成机理，以通过合理的城市规划、建筑设计方法改善严寒地区城市风环境与热气候提供理论支持。

本书适合建筑学、城乡规划学、风景园林学、建筑环境学等相关学科领域的科研、教学、设计、技术咨询人员参考使用。

图书在版编目(CIP)数据

严寒地区城市区域风环境与热气候预测评价/刘京，水滔滔著. —北京: 科学出版社，2019.12

(严寒地区城市微气候设计论丛)

ISBN 978-7-03-063463-4

Ⅰ. ①严… Ⅱ. ①刘… ②水… Ⅲ.①寒冷地区-风-影响-城市环境-环境预测-研究②寒冷地区-热环境-影响-城市环境-环境预测-研究 Ⅳ. ①X21

中国版本图书馆 CIP 数据核字 (2019) 第 264864 号

责任编辑: 梁广平 / 责任校对: 郑金红
责任印制: 吴兆东 / 封面设计: 楠竹文化

科 学 出 版 社 出版

北京东黄城根北街 16 号
邮政编码: 100717
http://www.sciencep.com

北京中石油彩色印刷有限责任公司 印刷
科学出版社发行　各地新华书店经销

*

2019 年 12 月第 一 版　开本: 787×1092　1/16
2019 年 12 月第一次印刷　印张: 14 1/4
字数: 310 000

定价:118.00 元
(如有印装质量问题，我社负责调换)

"严寒地区城市微气候设计论丛"序

伴随着城市化进程的推进，人居环境的改变与恶化已成为严寒地区城市建设发展中的突出问题，对城市居民的生活质量、身心健康都造成很大影响。近年来，严寒地区气候变化异常，冬季极寒气候与夏季高热天气以及雾霾天气等频发，并引发建筑能耗持续增长。恶劣的气候条件对我国严寒地区城市建设提出了严峻的挑战。因此，亟待针对严寒地区气候的特殊性，展开改善城市微气候环境的相关研究，以指导严寒地区城市规划、景观与建筑设计，为建设宜居城市提供理论基础和科学依据。

在改善城市微气候方面，世界各国针对本国的气候特点、城市特征与环境条件进行了大量研究，取得了较多的创新成果。在我国，相关研究主要集中于夏热冬暖地区、夏热冬冷地区和寒冷地区，而针对严寒地区城市微气候的研究还不多。我国幅员辽阔，南北气候相差悬殊，已有的研究成果不能直接用于指导严寒地区的城市建设，因此需针对严寒地区的气候特点与城市特征进行系统研究。

本丛书基于国家自然科学基金重点项目"严寒地区城市微气候调节原理与设计方法研究"(51438005)的部分研究成果，利用长期观测与现场实测、人体舒适性问卷调查与试验、风洞试验、包括CFD与冠层模式在内的数值模拟等技术手段，针对严寒地区气候特征与城市特点，详细介绍城市住区及其公共空间、城市公共服务区、城市公园等区域的微气候调节方法与优化设计策略，并给出严寒地区城市区域气候与风环境预测评价方法。希望本丛书可为严寒城市规划、建筑及景观设计提供理论基础与科学依据，从而为改善严寒地区城市微气候、建设宜居城市做出一定的贡献。

丛书编委会

2019年夏

前　　言

　　本书所讨论的城市风环境与热气候问题的实质是由城市自身特点所形成的城市大气空气动力学、热物理时空规律及其对人群舒适感的影响。城市风环境与热气候问题是和城市化发展密切相关的。近年来我国城市化的迅猛发展使原有区域发生了深刻变化，这些变化直接导致了与周围区域截然不同的城市局地气候特征——局地高温与风害、热岛效应、大气污染等现象频发，这些现象受到社会和学术界越来越多的关注。需要指出的是，城市风环境与热气候问题必然受所属宏观大尺度区域气候背景的影响，但其形成更主要地体现了城市化后人类活动所产生的作用，这种作用随着城市发展的日益广泛而深化。

　　与我国其他地区相比，严寒地区表现出寒温带季风性气候特点：四季气候特点鲜明且冬季极端漫长、寒冷和干燥，年平均气温比世界同纬度地区一般低 6~8℃，全年湿度分布均匀，风速季节变化大，日照集中于夏季等。与该气候特点相适应，严寒地区城市以集中供暖为主的人为热排放形式也与其他地区截然不同。上述特点对于分析评价当地风环境和热气候极为重要。换言之，风环境和热气候在严寒地区和其他地区城市具有不同的含义，采取的适宜性策略也必然有所不同。但到目前为止，关于城市风环境与热气候的相关研究总体上集中于针对相对炎热地区，针对严寒地区城市的相关研究非常少且大多数停留于定性探讨，不能为严寒地区城市的生态型功能规划与合理利用提供有效的理论支持。

　　2014 年起，笔者有幸作为主要参与人，参加了由哈尔滨工业大学建筑学院金虹教授主持的国家自然科学基金重点项目"严寒地区城市微气候调节原理与设计方法研究"（51438005）。笔者负责的主要工作是，将传统的建筑环境、城市规划、大气环境等学科知识实现交叉，深入理解严寒地区城市风环境与热气候形成机理，掌握严寒地区城市下垫面与局地大气间热湿交换规律，从而准确评价严寒地区城市物理环境在空间和时间维度上的宜居性。在项目即将结题之际，将课题组代表性成果予以总结出版，期待今后有更多的学者关注到严寒地区城市风环境与热气候这个方兴未艾的研究领域，并真正发掘出严寒地区城市独有的生态功能潜力，通过合理的城市规划提高严寒地区城市物理环境质量、维持城市的可持续发展。

　　本书第 1 章绪论由刘京、水滔滔撰写，从第 2 章开始对城市风环境与热气候的主要研究手段分别进行介绍，第 2 章为在严寒地区城市各种下垫面情况下开展现场观测的相关研究成果，由水滔滔、宋晓程、刘京撰写；第 3 章为严寒地区城市人体动态热舒适性的相关研究成果，由陈昕、刘京撰写；第 4 章为严寒地区城市不同建筑区域布局下利用风洞试验进行风环境评价的相关研究成果，由水滔滔、刘京撰写；第 5 章为利用 CFD 和城市冠层模式针对严寒地区城市开展数值模拟的相关研究成果，由水滔滔、宋晓程、刘京撰写。全书由刘京审核统稿。除上述直接参与撰写的人员外，还要衷心感谢课题组所有从事城市风环境与热气候研究的在读及已毕业的研究生，没有他们的创新性工作，本书不可能完成。另外，陈昕承担了本书的资料搜集、整理以及图表编制等辅助性工作，在此表示感谢。

　　最后，衷心感谢国家自然科学基金的资助，实际上本书中还包含了另外两项已结题项目（40505025、50879015）的成果。同时，本书在出版过程中得到了科学出版社和哈尔滨工业大学建筑学院的大力帮助，在此一并表示诚挚的谢意。

　　由于作者水平有限，书中疏漏之处在所难免，衷心欢迎读者提出宝贵意见。

刘　京

2019年秋

目　　录

第1章 绪 论

1.1 城市风环境与热气候问题概述

改革开放以来，伴随着国民经济的高速增长，我国经历了快速的城市化发展，特别是进入 21 世纪以后，我国的城市化进程始终保持着持续、高速而稳定的发展态势。根据国家统计局(2018)公布数据，2017 年年末我国城镇常住人口已达到 81347 万人，比 2001 年增长了 33282 万人，常住人口城镇化率达到了 58.5%，比 2001 年上升了 20.8 个百分点。2001 年至 2017 年，我国城镇人口数量平均每年增长 2080 万人，城镇化率则保持了平均每年 1.3 个百分点的发展速度。需要指出的是，尽管我国目前的城镇化率相比过去有了很大的提升，但是对比发达国家普遍 80%以上的城镇化率还有比较大的差距，可以预见，在今后相当长的一段时间内我国都将保持相对快速而深入的城市化进程。

快速的城市化进程，一方面推动了科技的进步、社会的发展以及经济的加速，提高了城市居民的生活水平和质量，另一方面也导致城市出现了人口增长过快、就业率下降、工业污染加剧、生态环境恶化、资源短缺等一系列社会、环境以及能源方面问题。在城市气候方面，城市所在区域原本的自然下垫面被沥青道路、建筑物等人工下垫面取代，导致城市局地的气候特征发生了改变，从而对城市区域的气温、气压、湿度、太阳辐射、风速风向以及降水等气象条件产生影响，进而导致城市局地气候表现出有别于郊区的特点，形成了诸如城市热岛效应、干岛效应、湿岛效应、雨岛效应和混浊岛效应等独特的城市效应(刘晓英，2012)。城市"五岛"效应造成的诸如酷夏、暖冬、暴雨、风害和雾霾等异常城市气象条件给城市居民的日常生活、生产和各类活动带来了很多负面影响，由此，城市化进程对城市气候的影响越来越受到社会的关注以及学者的重视。

风环境与热气候是城市气候的重要组成因素，是城市独特的下垫面构成与城市区域大气环境相互作用的结果，它们分别代表了城市以人工表面为主的下垫面结构对于城市边界层内局地气候的动力学效应和热力学效应。其中，城市风环境体现了城市建筑体对大气流动的拖曳和阻碍，以及城市下垫面粗糙度对中尺度大气湍流生消的影响；而城市热气候则主要体现了自然下垫面被人工表面所取代导致的城市表面热力学性质的改变，以及人为热排放对大气的加热和对地表能量平衡的影响。在城市边界层内，风环境与热气候二者并非独立存在，而是相互耦合与影响，例如，城市热岛效应不仅会导致城市区域的大气温度升高，形成与郊区不同的大气温度分布，还会在城市和周边的郊区之间形成热岛环流，从而影响到城市及其周边区域对流天气的形成和发展(苗峻峰，2014)；而建筑对气流的动力学效应又反过来影响城市热量的输送，城市建筑过密、建筑布局或道路设置不合理均会导致城市内部整体通风效果不佳，难以有效地将城市内的热量排走，从而加剧了热岛效应(Montávez et al.，2015)。此外，城市大量不均一的建筑群几何形状和立体布局对太阳短波辐射和地面长波辐射，以至于整个城市冠层内的能量存储、动量传输都产生显著的影响。

与传统的建筑内部环境问题相比，城市区域风环境与热气候问题属于影响因子众多的高度非线性的大系统问题。主要表现在：

(1) 现象自身的高度复杂性。城市区域风环境与热气候问题所针对的不是单纯的自然现象规律。城市区域一方面受外部广域的大气环境和地貌特征的影响，另一方面受城市边界层下垫面的陆面特征影响，这些特征如城市水泥道路、建筑群等下垫面的感热、潜热输送及其能量、水分循环特征均与自然状况存在很大差异。更重要的是，该问题还和城市化进程密切相关，其形成更多地体现了人类各种社会活动的影响。

(2) 尺度的高度多样性。城市区域风环境与热气候问题在空间维度上涵盖了从上万立方千米的城市尺度到以立方米计的建筑尺度，在时间维度上涵盖了从以小时、天为单位的短期尺度到以年、世纪为单位的长期尺度。不同尺度间的风环境与热气候交互重叠、嵌套和相互作用，同时作用对象的结构、特征、动态演变规律又不尽相同。

总体来看，城市风环境与热气候问题涉及城市风害、热岛效应、污染物传播等诸多复杂的城市问题，与室外人群的舒适、健康与安全紧密相关。深入研究城市风环境和热气候问题，对于更为准确地掌握其形成机理，通过合理的城市规划和建筑设计手段改善城市不同尺度下的环境品质和宜居程度、提高城市居民的生活质量、维持城市可持续发展，具有重要的指导意义。

1.2 严寒地区城市风环境与热气候的特点

我国是一个幅员辽阔、气候条件复杂的国家，不同地区之间往往气候特征差异明显。在本书中，参照建筑环境学的观点，依据中国《建筑气候区划标准》(GB 50178—93)，将建筑气候一级区划中的Ⅰ区全部城市和Ⅵ、Ⅶ区内的部分城市定义为严寒地区城市。

与其他气候区相比,严寒地区城市主要表现为四季气候特点鲜明,冬季极端寒冷干燥、持续时间漫长且常为冰雪覆盖,夏季短促凉爽。上述特点对于分析评价当地风环境和热气候极为重要。低纬度地区城市主要面临的是由城市热岛效应引起的夏季城市高温化问题,而严寒地区城市由于不同季节差异较大,在不同季节往往需要采取不同,甚至截然相反的适宜性策略,例如在炎热的夏季需要提高城市通风性能,而在寒冷的冬季则要考虑防寒防风,因而严寒地区城市的风环境与热气候问题更为复杂。

国内外对城市风环境与热气候已开展了大量研究并且取得了丰富的研究成果,Chandler(1970)、Oke(1973)、Arnfield(2003)、Roth(2007)、Stewart(2011)、王频等(2013)先后对世界范围内关于城市风环境与热气候的研究工作及成果进行了回顾和总结。

关于城市风环境与热气候的研究主要依靠现场实测,同时辅助以模型试验和数值模拟的方法,相关研究总体上集中在缓解城市热岛效应、提高城市通风效率等方面,关注和研究的对象主要是低纬度地区城市夏季的高温化问题。由于严寒地区城市所处的地理、气候条件和由此形成的空间形态的特殊性以及技术手段上的局限性,相关研究尚不多,且缺乏系统的整理和归纳。事实上,国内外的城市规划专业已经意识到严寒地区城市布局与风环境及热气候之间存在相互作用和影响,但由于没有定量的理论分析基础,在具体规划实施中无法充分体现其价值。

具体来说,现场观测结果本身最具可信性,国外开展的工作较多,但需要指出的是,这些现场实测均是在特定的地理环境条件下进行的,城市建筑布局情况,甚至城市生活习惯都与中国有很大区别。模型风洞试验的优点是可以随意改变建筑布局,以及温度、风速、风向等外部条件,便于进行感度测试分析,但现有的模型风洞试验基本都是基于非常理想化的均一建筑布局,与实际情况相差很大。同时室外湍动状态下的风速风向与风洞中固定的风速风向有本质的区别,模型试验结果能否准确地反映实际情况依然是有待解决的疑问。随着计算机计算能力的日益强大,数值模拟有望成为该方向研究的重要手段。相比于现场实测和模型试验,数值模拟方法不受实际环境以及试验条件的限制,更易于控制计算条件,而且能够进行重复计算,节省时间和人力物力。此外,数值模拟能给出详细和完整的计算结果,有利于从理论上揭示城市局地气候的形成机理。但是,数值模拟通常具有一定的计算误差,其模拟结果的准确性往往因操作者的经验与技巧而异,因此数值模拟方法必须经过现场实测或模型实验数据的验证才能证明其结果的合理性和准确性。此外,现有研究大多利用的计算流体力学(CFD)模型由于计算机能力的局限,尚不能进行长期动态模拟。由于室外气象因素是随时间高度波动的函数,稳态计算根本不能捕捉到严寒地区城市季节气候差异巨大的特点,也就不能对该地区城市风环境和热气候的全年变化规律给出总体准确的评价;个别以冠层模型为理论基础、可进行非稳态模拟的研究对城市空间形态的描述过于粗糙和简略,影响了计算精度。

需要指出的是,城市风环境与热气候研究的最终目的是改善各种活动状态下人体的热舒适和热感觉,但现有研究中有关室外热舒适性的研究开展得较少,用于讨论寒冷天气下人体舒适性和适应性的研究工作就更少,很多著名的舒适性指标并不适用于严寒地区气候条件下人体的短期和长期生理反应和热不适感的描述。

综上，关于严寒地区城市风环境和热气候的相关研究非常缺乏，其中又以气象类的热岛效应遥感分析为主。与国外相比，我国在严寒地区城市物理环境领域的研究基本上停留在表面的定性分析或简单地应用常规的技术手段阶段，可以说还没有系统深入地开展研究工作，因此无法为严寒地区城市住区规划和设计提供理论基础和技术指导，严寒地区城市在寒冷的冬季面临的居民生活品质偏低、可活动空间减少、城市生活不活跃、能源消耗加大等问题得不到解决，进而在一定程度上导致出现严寒地区城市吸引力下降、人才外流、经济发展速度减退等现象。

1.3　本书主要内容

本书围绕风环境与热气候在严寒地区城市物理环境中所起的重要作用，以理论研究、现场观测、问卷调查统计、风洞试验和数值模拟等技术手段的分析与应用为主线，系统介绍相关的研究成果。首先，基于长期现场观测方法，采用三维超声波风速仪和 CO_2/H_2O通量分析仪等先进的测试仪器，研究严寒地区城市典型下垫面与大气间传热传质特性及空间尺度分布效应，在此基础上建立城市下垫面与大气局地热湿交换模型；其次，通过长期跟踪问卷，探索全年时间尺度下人群热感觉和热舒适随环境参数变化的规律，给出室外人群舒适性动态预测方法，再利用试验方法，探究冬季人体在室内外风环境与热气候剧烈变化情况下的动态热生理调节及舒适感；再次，基于边界层风洞试验，研究严寒地区城市建筑布局下的城市局部大气动力学特征；最后，基于 CFD 模拟和城市冠层模式，分别建立针对严寒地区城市风环境与热气候的预测与评价的数值模拟方法，在此基础上深入研究各种因素对严寒地区城市风环境和热气候的影响，为通过合理的城市规划和建筑设计手段改善严寒地区城市风环境与热气候提供综合有效策略。

需要指出的是，按照前文给出的严寒地区城市的概念，符合严寒地区气候特点的区域包括了黑龙江、吉林、青海的全境，辽宁、内蒙古、新疆、西藏的大部分地区，以及陕西、甘肃、四川、山西、河北、北京的部分地区。在如此广大的区域内，同样是严寒地区城市，其面临的气候特点和挑战也是多种多样的。本书中总体上以哈尔滨市作为研究对象。哈尔滨市地处我国北疆，东经 125°42′~130°10′、北纬 44°04′~46°40′之间，年平均温度约为 4.2℃，冬季供暖期为 180 天左右。哈尔滨市为黑龙江省省会，也是东北最著名的工业城市之一，截至 2017 年底常住人口达到 1092.9 万人。无论从城市规模还是气候条件看，哈尔滨市在严寒地区城市中均具有显著的代表性。

需要说明的是，本书不同章节采用的术语和符号体系不完全相同，这是由于书中的内容形成于不同时期，同时很多物理量在不同章节的定义和应用中存在细微的差别，勉强进行统一反而会带来更大的理解偏差，这一点敬请读者理解。

第2章 严寒地区城市风环境与热气候现场观测技术及应用

2.1 城市风环境与热气候现场观测技术概述

现场观测，是指在实际条件下直接测量城市区域内部不同位置的物理参数(如风速、温湿度、污染物浓度等)，进而对测量数据进行统计分析，从而分析风环境与热气候时空变化客观规律的方法。这是研究城市区域风环境与热气候问题最本质的研究方法和手段。由于观测结果不易再现和重复，从大量观测数据中总结和提炼出内在规律，是采用这种方法面临的最大课题。从具体的观测手段上来看，现场观测又分为固定点测量和移动测量两大类。

固定点测量，是指针对对象区域选定固定的测点，安置实测仪器，对观测点所在区域的大气参数进行测量的方法。该方法的优点在于可以对测点周边区域气象参数进行长期连续的观测；缺点在于受限于观测点数量，其结果的空间分辨率相对较低。因此，采用这种测量方法时，首先要注意测点的选择，测点太少难以反映区域内大气物理量在时间和空间上的分布，测点太多则人力物力投入较大，要根据项目目的和内容选择有代表性的测点位置，尽量覆盖到区域内主要类型的下垫面，而不一定机械地按照面积分隔法定位；其次，当研究行人活动时，仪器主要布置在距地面 1.2～1.5m 高度处，因此要注意测量不影响公共场所的日常使用，同时考虑好仪器设备的保管问题；最后，由于固定测点极易受到周边更大尺度大气参数状态、下垫面分布等的影响，为捕捉到局地风环境与热气候的特征，应以中长期测量统计分析为主要目的。

移动测量，是指利用车载工具沿事先设计的路线布置大量测点，进行沿程大气参数测试，并利用该路线附近同时进行的定点测量结果进行时间校正的方法。其优点在于只配备适量的交通工具、利用较少的测量器材就可以较完整地反映出特定时间段内较大空间尺度内各物理量的分布关系；缺点在于不同位置点的气象参数并非同时测量，且受不同时刻的局部环境影响，测量结果比较依赖于时间和空间的校正算法。因此采用该方法要考虑的问题，首先同样是路线和测点的选择，因为利用交通工具，所以要同时兼顾测点本身的代表性和道路交通拥堵等可能出现的情况；其次，交通工具要尽量保持匀速前进，太快太慢都会增加校正的困难；最后，测试仪器要注意进行防辐射处理，以免受到车辆自身和周围汽车发动机或尾气排热的影响而出现误差。该方法的应用一般以短期测量为主。考虑到该方法的技术局限性，在本书中未涉及该方法的应用。

现场观测技术的发展方向主要体现在两个方面：一是更先进观测设备技术的引入和应用，如利用卫星遥感技术来方便地获取地表温湿度信息，通过数据传输和处理研究较大空间尺度上环境参数的分布，利用风廓雷达、激光雷达、多普勒声雷达等研究城市大气边界层内部大气构造等；二是更为价廉物美的小型气象站的大量建设，这有助于形成城市风环境与热气候的数据网络系统，从而使更有效全面地把握较大空间尺度的城市区域内风环境与热气候的时空演变规律成为可能。

从已有的研究成果看，关于严寒地区城市风环境和热气候的现场观测研究以固定点测量为主，即选择有代表性的测点，利用直接测量的城市温湿度及大气风速等参数值，分析严寒地区城市整体或局地风环境与热气候变化客观规律的方法。如 Magee 等(1999)通过测试数据分析了位于严寒地区的美国阿拉斯加州费尔班克斯市的热岛现象，发现在风速较低或静风、天气晴朗的冬季夜间热岛效应最为显著；Lokoshchenko (2014)对俄罗斯莫斯科市的测试结果进行分析发现，莫斯科夏季热岛强度强于冬季夜间的热岛强度，但是弱于冬季白天的热岛强度，这一结论与 Magee 等的观测结果并不一致；李丽光等(2011)利用自动气象站数据分析了沈阳市不同天气条件下的热岛效应特征，发现除个别天气外，冬季热岛强度均呈现最高水平，是夏季水平的 1 倍以上，并认为这和冬季采暖方式有关；王宁(2016)分析了长春市多个气象观测站的气温数据资料，发现长春市热岛强度具有冬季最强而夏季最弱、冬季变化幅度大于夏季且夜晚强于白天等特点；刘哲铭等(2017)通过现场观测，研究和分析了住区布局形态对哈尔滨市滨江住区冬季室外风环境与热气候的影响。此外，近年来涡度相关技术被越来越多应用到城市热通量的观测中，有学者利用该手段对严寒地区城市冬季雪被覆盖下城市下垫面能量平衡展开了研究，如 Lemonsu 等(2008)根据加拿大蒙特利尔市 2005 年融雪期前后一个月的观测数据研究了城市积雪下垫面以及雪层融化时期城市表面的辐射和能量平衡，进而分析了雪层对地表能量收支的影响；Bergeron 等(2012)根据蒙特利尔市不同位置三个站点(分别代表城市、郊区及乡村)连续两年的冬季涡度相关观测数据，分析了这三种不同区域冬季的辐射交换和能量平衡变化特征；Nordbo 等(2013, 2012)基于芬兰赫尔辛基市的涡度相关观测数据分析了赫尔辛基市这一世界纬度最高的城市站点的湍流和能量平衡特征。

2.2　严寒地区城市内部典型下垫面风环境与热气候特征的长期固定点观测

传统的固定点测量通常是利用固定的气象站或观测仪器对城市典型位置和高度的温度、湿度、风速、风向以及辐射等数据进行现场观测，进而根据测试结果总结和分析目标区域风环境与热气候的变化规律。而涡度相关技术作为可以直接测定湍流通量的方法，则是研究城市地表与大气间热湿交换以及能量平衡的重要手段。近年来，随着观测设备在精度以及频率响应上的不断提升和发展，涡度相关技术被越来越广泛地应用于城市区域，但是由于城市下垫面各向异质性以及观测平台的特殊要求，在城市中开展涡度相关观测有诸多不便，针对严寒地区城市的相关现场观测，特别是冬季积雪条件下的通量观测研究还十分缺乏。

2.2.1　涡度相关法观测原理及要求

涡度相关法也称为涡度协方差法，是通过计算仪器测得的物理量与垂直风速二者脉动的协方差来获得湍流垂直输送通量，从而实现对湍流通量进行直接测定的方法。涡度相关法是目前所有通量测定方法中最为直接和准确的方法，其基本物理原理及数学表达式简单介绍如下。

湍流中某个物理量的垂直输送通量 F 可以表示为

$$F = \overline{\rho_a w s} \tag{2-1}$$

式中 ρ_a——空气密度，kg/m^3；

$\quad w$——垂直风速，m/s；

$\quad s$——物理量的混合比。

通过雷诺分解将式(2-1)各项改写为平均值与瞬时值之和的形式：

$$F = \overline{(\overline{\rho_a} + \rho_a')(\overline{w} + w')(\overline{s} + s')} \tag{2-2}$$

将式(2-2)展开，得到

$$F = \overline{(\overline{\rho_a}\,\overline{ws} + \overline{\rho_a}\,\overline{w}s' + \overline{\rho_a}w'\overline{s} + \overline{\rho_a}w's' + \rho_a'\overline{ws} + \rho_a'\overline{w}s' + \rho_a'w'\overline{s} + \rho_a'w's')} \tag{2-3}$$

根据雷诺平均的定义，瞬时值的平均值为 0，即有

$$\overline{\overline{\rho_a}\,\overline{w}s'} = \overline{\overline{\rho_a}w'\overline{s}} = \overline{\rho_a'\overline{ws}} = 0 \tag{2-4}$$

则式(2-3)可以简化为

$$F = (\overline{\rho_a}\,\overline{ws} + \overline{\rho_a}\,\overline{w's'} + \overline{w}\,\overline{\rho_a's'} + \overline{s}\,\overline{\rho_a'w'} + \overline{\rho_a'w's'}) \tag{2-5}$$

涡度相关观测要求测量仪器位于常通量层内，即满足如下条件：

(1) 边界层内处于稳态，物理量的浓度不随时间发生改变，即

$$\frac{\mathrm{d}s}{\mathrm{d}t} = 0 \tag{2-6}$$

(2) 观测目标下垫面应该保持水平均质,同时在观测的上风向应具有足够长的风浪区(fetch),从而保证垂直风速的平均值接近于 0,空气密度的波动可以忽略不计,且通过该下垫面的物理量浓度和通量在水平方向上不发生改变,即有

$$\overline{w} = 0 \tag{2-7}$$

$$\rho_{\mathrm{a}}' = 0 \tag{2-8}$$

$$u\frac{\mathrm{d}s}{\mathrm{d}x} = 0 \tag{2-9}$$

$$\frac{\mathrm{d}F(x)}{\mathrm{d}x} = 0 \tag{2-10}$$

(3) 仪器与观测的下垫面区域之间不存在任何观测对象物理量的源和汇,从而保证在一定高度内物理量和通量不会随着高度产生变化,即

$$\frac{\mathrm{d}F(z)}{\mathrm{d}z} = 0 \tag{2-11}$$

基于上述要求和假设,则式(2-5)中下列几项可以忽略:

$$\left.\begin{array}{l} \rho_{\mathrm{a}}' = 0 \rightarrow \overline{w\rho_{\mathrm{a}}'s'} = \overline{s}\,\overline{\rho_{\mathrm{a}}'w'} = \overline{\rho_{\mathrm{a}}'w's'} = 0 \\ \overline{w} = 0 \rightarrow \overline{\rho}_{\mathrm{a}}\overline{ws} = 0 \end{array}\right\} \tag{2-12}$$

因此,湍流通量可以近似用垂直风速和物理量浓度的协方差计算得到,即

$$F \approx \overline{\rho}_{\mathrm{a}}\overline{w's'} \tag{2-13}$$

相应地,动量通量(即切应力)τ、显热通量 Q_{H} 以及潜热通量 Q_{E} 具体的计算表达式形式如下:

$$\tau = -\overline{\rho}_{\mathrm{a}}\sqrt{\overline{w'u'}^2 + \overline{w'v'}^2} = -\overline{\rho}_{\mathrm{a}}u_*^2 \tag{2-14}$$

$$Q_{\mathrm{H}} = \overline{\rho}_{\mathrm{a}}c_p\overline{w'T'} \tag{2-15}$$

$$Q_{\mathrm{E}} = \overline{\rho}_{\mathrm{a}}\lambda\overline{w'q'} \tag{2-16}$$

式中 u'、v'、w'——各速度分量的脉动值,m/s;

u_*——摩擦速度,m/s;

c_p——空气定压比热容,J/(kg·℃);

T'——空气温度的脉动值,℃;

λ——蒸发潜热,J/kg;

q'——空气含湿量的脉动值,kg/kg。

实际城市下垫面几何结构复杂,其空间各向异质性以及人为活动的排热和排湿使得涡度相关观测的一般要求很难得到满足,因此在城市中开展涡度相关观测需更为审慎地

进行观测地点的选址、仪器安装以及数据处理。城市中开展涡度相关观测通常需要满足以下要求(Oke, 2004; Velasco et al., 2010)：

(1) 涡度相关观测的观测位置周边的城市区域需要尽量保持均质性，即具有相似的建筑物、道路和植被布置，尽量不包含大型公园、水体、大型停车场、高速公路，以及明显高于周边建筑的建筑或树木，避免异质性对测量的湍流通量产生影响。

(2) 涡度相关观测仪器的安装高度需高于粗糙子层，以避免单个建筑、树木、排放源或汇等微尺度变化的影响。对于由密集建筑构成、具有均质性的城市表面，粗糙子层顶部所对应的混合高度近似为平均粗糙元高度的 1.5 倍，而建筑密度较低的城市区域的混合高度可以达到平均粗糙元高度的 4 倍。但是当安装高度过高时测量得到的通量数据可能又无法代表城市局地气候特征，因此安装高度不建议超过城市边界层高度的 1/4。

(3) 选取合适的观测平台，避免其结构对流场造成改变进而产生附加的通量贡献，通常将涡度相关观测设备安装在气象观测塔上，同时要注意避免安装的仪器相互影响。

2.2.2　观测地点及测量仪器

基于在城市中开展涡度相关观测的要求，通过充分的调研和实地考察，将观测地点选在哈尔滨市道里区城乡路某通信基站(45°42′N, 126°33′E)。该基站为一幢六层建筑，层高 3.3m，在基站屋顶西南侧架设有 10m 高的通信铁塔，铁塔顶部可安装涡度相关等测量仪器，如图 2.1 所示。该基站周边主要为低层和多层住区，周边建筑平均高度 z_H 为 11.6m ±3.1m。其中，观测点南侧，特别是西南方向为大量密集的三到四层的低层住宅和五到六层的多层住宅，西北方向为六到八层的多层住宅，东北方向则以四到六层的商业建筑为主，辅以少部分居住建筑。按照 Steward 等(2012)对局地气候区(local climate zone，LCZ)的分类，该地区属于 LCZ 3_5(compact low-rise with open midrise)类型，这一类型的下垫面构成也是严寒地区城市比较常见的下垫面形式。此外，观测地点周边绿化程度较高，主要以落叶树和草地为主。

本次现场观测对 2017 年 1 月 12 日至 2018 年 1 月 20 日期间大气物理参数、辐射通量密度[①]、显热通量和潜热通量，以及积雪期的雪层厚度等数据进行了连续观测。现场观测所采用的测量仪器及相关参数见表 2.1。为了满足在城市中开展通量观测时对测量高度的要求，三维超声风速计、开路式红外气体分析仪以及四分量辐射计均安装在观测塔塔顶，如图 2.2 所示。

现场观测中，三维超声风速计用于记录水平和垂直风速分量，开路式红外气体分析仪用于记录气体(水蒸气和 CO_2)浓度，采样频率均设置为 10Hz，二者共同构成涡度相关观测系统。涡度相关观测系统的测量高度距离地面 30.1m，相当于观测地点周边建筑平

---

① 通过文献调查可知，在建筑环境学、城市气象学等不同学科领域，描述单位时间内通过单位面积的辐射能量有不同的术语，包括辐射量、辐射通量、辐射通量密度以及辐射强度等，单位均为 W/m²。本书中统一称为辐射通量密度，这也是当前最为普遍的叫法。

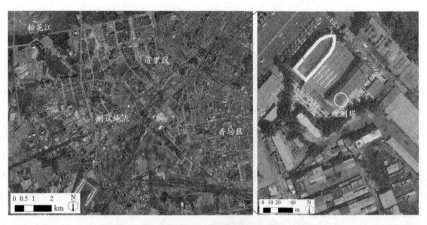

图 2.1　观测地点及观测塔位置示意图

表 2.1　测试仪器参数汇总

仪器名称	型号	厂家	观测对象	精度	安装位置
三维超声风速计	Windmaster	Gill	风速在 x, y, z 方向的分量 u, v, w, 摩擦速度 $u_*/(\mathrm{m/s})$	±1.5%	观测塔顶, 离地 30.1m
开路式红外气体分析仪	LI-7500A	LI-COR Biosciences	H_2O, CO_2 10^{-6}	<1%	观测塔顶, 离地 30.1m
四分量辐射计	CNR4	Kipp&Zonen	向上、向下短波辐射 $S_\downarrow, S_\uparrow/(\mathrm{W/m^2})$ 向上、向下长波辐射 $L_\downarrow, L_\uparrow/(\mathrm{W/m^2})$	±1.0%	观测塔顶, 离地 29.8m
雪深传感器	SR50A	Campbell Scientific	积雪层厚度 z_s/m	±0.4%	基站屋顶, 离地 21.3m
温湿度记录仪#1	U23-001	Onset HOBO	空气温度 $T_a/℃$	±0.21℃	观测塔顶, 离地 29.8m
温湿度记录仪#2			相对湿度 RH/%	±2.5%	基站一层窗, 离地 1.5m

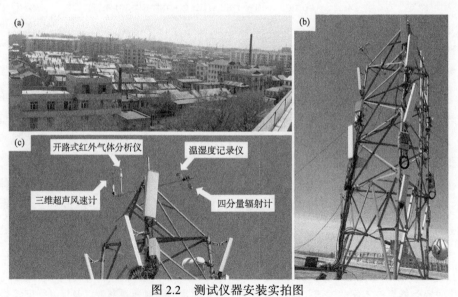

图 2.2　测试仪器安装实拍图

(a) 观测地点南侧建筑群；(b) 屋顶上方观测塔；(c) 塔顶仪器

均高度的 2.6 倍，考虑到周边住区建筑排布相对密集，该观测高度可以满足高于粗糙子层而处于其上方的常通量层的要求。四分量辐射计用于记录向上和向下的短波辐射和长波辐射共四个分量，温湿度记录仪和雪深传感器则用于记录观测地点的大气温湿度以及屋顶的雪层厚度，四分量辐射计、温湿度记录仪及雪深传感器采样时间间隔均为 10min。在观测塔顶部以及基站一楼窗口共布置了两个温湿度记录仪，分别用于记录冠层上方以及人行高度的温湿度变化，而雪深传感器则安装在基站屋顶上方距离屋顶 1.5m 的高度处。为了避免观测塔的干扰以及屋顶边缘的积雪堆积效应，将雪深传感器安置在屋顶中央远离观测塔的位置。

2.2.3　通量数据处理

本研究测量得到的原始数据采用开源的通量数据处理软件 EddyPro(v6.1.0)进行计算和处理。该软件于 2010 年由 LI-COR 公司基于 ECO2S 软件平台发展而来，旨在高效地处理 LI-COR 公司生产的气体分析仪(如本次测量使用的 LI-7500A 型红外气体分析仪)以 ghg 数据格式记录的通量数据，同时也兼容 ASCII、Binary、TOB1 以及 SLT 等多种原始数据格式。软件整合了多种数据修正和质量评估的方法，通过简单的参数设置，即可以自动进行削峰(despiking)修正、坐标旋转、密度修正、谱修正等多个可选数据修正步骤，同时给出数据质量控制与评估的多种可选方案，最终可输出原始数据统计、完整通量数据、欧洲通量数据格式(GHG-Europe)、美国通量数据格式(AmeriFlux)、谱分析和协谱分析、数据质量标记等数据文件，方便使用者进行数据分析。

参考大多数城市通量研究中采用的数据处理方法，采用 30min 作为通量计算的平均周期，并基于标准数据修正及通量计算流程对原始数据进行处理，具体处理顺序及方法如下：

(1) 削峰修正。由于电子和物理噪声影响，高频率瞬态的原始数据中往往包含一定的异常峰值，这些异常峰值以及坏点数据必须被替换为平均值以避免之后的计算错误，但是为了避免剔除太多数据，在甄别异常值时必须谨慎。本研究中采用 Seabury 等(1997)以及 Schmid 等(2003)提出的标准方法来检测和剔除原始数据中的异常峰值，设定剔除异常值的合理性阈值为时均标准偏差的 3.5 倍。

(2) 倾斜校正。通常在仪器的实际安装时很难保证三维超声风速计完全不发生倾斜，因此测量得到的垂直方向速度信号 w 往往会受到水平方向速度分量的影响，故有必要通过倾斜校正(也称为坐标旋转)的方法来修正这一问题。本研究中采用 Wilczak 等(2001)提出的二次旋转方法来对风速统计数据进行倾斜校正。

(3) 延迟时间校正。在进行涡度相关观测时，由于开路式红外气体分析仪与三维超声风速计之间的物理间隔，两者数据的时间序列之间存在一定的时间延迟，需要对该时间延迟进行校正以避免通量损失。本研究中采用 Fan 等(1990)提出的最大协方差法确定仪器之间的时间延迟并对其进行校正。

(4) 密度修正。通过涡度相关技术观测湍流通量时，需要考虑大气温度以及水蒸气含量的波动对气体密度变化的影响。本研究中采用 WPL 修正(Webb et al., 1980)来考虑空气密度的变化对水蒸气通量的影响。

(5) 频率响应修正。由于涡度相关观测仪器的物理尺寸、间隔距离、固有的时间响应能力的限制，以及去除趋势项或均值等信号处理过程等的影响，所有涡度相关观测系统得到的真实湍流信号在不同频率均有一定的衰减和损失，因此需要进行频率响应修正来补偿这些通量损失。本研究中采用 Massman(2000)提出的谱修正对不同湍流输送频率下的通量损失进行处理。

进行涡度相关计算很重要的一项前提是大部分垂直方向的输送是通过旋涡运动来实现的，即通量是完全湍动的。但是，夜间风速通常较低，大气层结比较稳定，大气湍流往往不能充分发展。在这种条件下，气流并非完全处于稳态，对流、泻流、气流的辐散和辐合可能成为主导，故而不满足开展涡度相关观测的基本要求。因此，对通量数据质量控制而言，剔除夜间不满足要求的数据是很重要的部分，其中比较可靠的方法之一是稳态检验。

本研究采用稳态检验方法，检测由 30min 平均周期计算得到的通量与来自相同 30min 平均周期的连续 6 个 5min 的子周期计算得到的通量平均值之间的差异，如果差异不超过 30%，则该段数据视为满足稳态条件；如果差值小于 60%，则该段数据质量视为可接受，否则视为不可接受。图 2.3 给出了显热通量和潜热通量的稳态检验结果，检验结果依据大气稳定度参数 ζ 进行划分，并按照一天内 6 个不同时间段给出。大气稳定度参数 ζ 计算方法如下：

$$\zeta = (z_{\mathrm{m}} - z_{\mathrm{d}}) / L \tag{2-17}$$

式中 z_{m}——测量高度，m；

　　　z_{d}——测试区域零平面位移高度，m；

　　　L——Monin-Obukhov 长度，m。

从图 2.3 中可以看到，22:00～02:00 以及 02:00～06:00 这两个夜间时段大气稳定度以稳定为主，稳态检验结果中不可接受比例较其他时段偏高。总体来看，对于显热通量，在观测期间有 56.3%的通量数据的通量差异小于 30%，表明这些数据质量达到了稳态条件；16.2%的通量数据通量差异在 30%～60%之间，表明这些数据质量可接受。对于潜热通量，有 46.4%的通量数据满足稳态条件，17.7%的通量数据质量可接受，而其余数据则视为不可接受。

此外，当 30min 周期数据不满足以下条件时，对其进行剔除以进一步对显热通量和潜热通量数据进行质量控制：可用于计算通量的原始数据少于 2/3；超过 1%的记录数据被检测为异常值；在测量期间或者测量之前 2h 内有降水(降雨或降雪)。

通过上述数据质量控制，显热通量数据的合格率为 70.5%，潜热通量数据的合格率为 57.4%。对于缺失和剔除的数据部分，需要采取有效的数据插补手段以保证通量数据拥有完整的时间序列，常用的数据插补手段包括平均日变化法、查表法、非线性回归法、

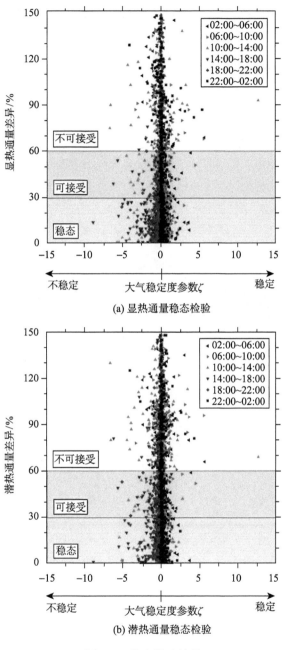

(a) 显热通量稳态检验

(b) 潜热通量稳态检验

图 2.3　稳态检验结果

人工神经网格法等。本研究中，对缺失长度小于 2h 的数据采用线性插值法插补，对缺失长度大于 2h 的数据则利用查表法(Falge et al., 2001)来进行插补。所采用表格根据 15d 移动窗口的两个气象变量创建，其中，显热通量表格根据空气温度 T_a 和向上长波辐射通量密度 $L_\uparrow$ 创建，T_a 在 $-30\sim40$℃ 范围内被分为 35 段，每段间隔 2℃，$L_\uparrow$ 在 $210\sim560$W/m^2 范围内被分为 35 段，每段间隔 10W/m^2；潜热通量表格根据空气温度 T_a 和水蒸气压差(vapor pressure deficit, VPD)创建，T_a 在 $-30\sim40$℃范围内被分为 35 段，每段间隔 2℃，VPD 在 $0\sim$ 35hPa 范围内被分为 35 段，每段间隔 1hPa。

2.2.4　观测结果分析

1. 大气物理参数分析

整个观测期日平均大气温度、大气压力、风速及水蒸气压差（VPD）的变化如图 2.4 所示。需要指出的是，为了更清楚地表现出全年大气湿度随季节和气温的变化，图中采用 VPD 代替直接测量得到的相对湿度进行分析。VPD 是指在一定温度下空气中的实际水蒸气压与对应温度下饱和水蒸气压之间的差值，反映实际空气中的水蒸气距离饱和状态的程度。

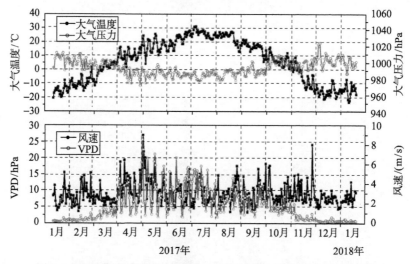

图 2.4　观测期日平均大气温度、大气压力、风速以及 VPD 变化

从图 2.4 中可以看到，各大气物理参数表现出了比较明显的季节性变化规律。具体来看，大气温度的季节性变化最为显著：冬季 1 月的温度最低，日均温度的最小值为 2018 年 1 月 12 日的 -23.2℃；夏季 7 月的温度最高，日均温度的最大值为 2017 年 7 月 7 日的 31.1℃。而大气压力则表现出和大气温度相反的变化趋势，冬季大气压力高于夏季大气的压力，整个观测期间大气压力在 $970\sim1030$hPa 的范围内波动。观测期间整体风速的平均值为 2.98m/s，哈尔滨春季是比较明显的强风季节，4 月风速的平均值为 3.64m/s，而 5 月风速的平均值更是达到了 4.30m/s，均显著高于其他月份。观测期间 VPD 的变化受气温影响表现出夏季高于冬季的特点，整个观测期的平均 VPD 为 5.2hPa，由于哈尔滨冬季严寒而干燥，冬季各月的日平均 VPD 普遍低于 1hPa。

图 2.5 给出了观测期间不同季节大气温度和大气含湿量的平均日变化情况。从图中可以看到，观测期间不同季节大气温度的日变化呈现近似的变化规律，即日最高温度出现在下午、最低温度出现在凌晨。不同季节的温度极值出现时间不同，其中，冬季日最

高温度出现在下午 14:00 左右,最低温度出现在 06:00 左右;夏季日最高温度出现在下午 17:00 左右,最低温度出现在凌晨 04:00 左右。观测期间不同季节大气含湿量的日变化表现出了不同的变化规律,其中,冬季大气含湿量日峰值出现在下午 13:00 左右,同时整个白天时段大气含湿量普遍高于夜间;夏季大气含湿量波动较为明显,在一天内出现了两个波峰,分别在 21:00～24:00 以及 07:00～09:00 达到了较高的水平,白天时段的大气含湿量则普遍低于夜晚。这是因为,严寒地区冬季极为寒冷,城市居民夜晚出行较少,城市生产、交通等人为排湿活动主要集中在白天时段,同时由于白天太阳辐射和空气温度较高,冬季融雪期积雪融化以及融雪水的蒸发也主要发生在白天时段,故而表现出白天大气含湿量高于夜间;而夏季城市人为活动大幅增加,夏季平均日变化中出现的大气含湿量较高的两个波峰时段则正对应着城市人为活动最为活跃的时段。总体来看,观测地点所在城市室外热湿参数表现出了比较明显的季节性变化,同时由于受到城市下垫面形式以及人为活动的影响,各季节变化规律又有所不同,为了更为深入地研究城市室外热湿环境的变化规律,有必要对城市下垫面与大气间辐射、显热及潜热等热湿通量的能量收支与平衡进行分析。

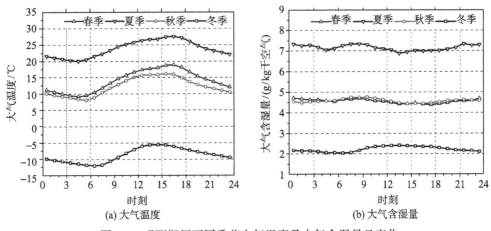

图 2.5　观测期间不同季节大气温度及大气含湿量日变化

2. 仪器足迹分析

仪器足迹指的是测量仪器所观测到的、对通量造成影响的有效区域。对辐射计而言,其所观测到的通量源区与辐射计的测量高度直接相关。对于理想的 Lambertian 表面(理想的漫反射表面),辐射通量密度源区为圆形区域,其圆心为测量仪器所在位置,源区的半径 r_{rad} 可根据 Schmid 等(1991)提出的模型进行计算:

$$r_{\mathrm{rad}} = z_{\mathrm{rad}} \left(\frac{1}{f} - 1 \right)^{-0.5} \tag{2-18}$$

式中 z_{rad}——辐射计测量高度,m;

f——观测系数，即源区范围对辐射通量密度观测值的贡献率。

对于下垫面结构复杂的城市，该模型尽管不能给出准确的源区大小，但是可提供关于辐射计足迹的初步估计。对于本研究，根据辐射计安装高度和式(2-18)计算得到 95% 的辐射源区半径约为 130m，即辐射计观测到的 95% 的辐射通量密度来源于辐射计周围 130m 半径的区域。

相比于辐射通量密度源，湍流通量源的影响因素则要复杂得多，其足迹范围由仪器观测高度、风速和风向、上游区域地表粗糙度以及大气稳定度等诸多因素所共同决定，因此有必要对观测期间的风向分布以及大气稳定度的变化特征进行分析。图 2.6 给出了观测期间全年以及各个季节的风玫瑰图。

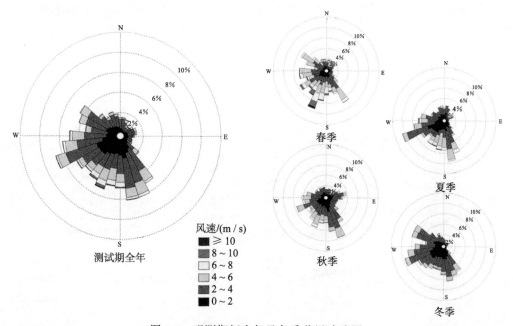

图 2.6　观测期间全年及各季节风玫瑰图

从图中的风向分布可以看到，观测期间全年风向主要集中在 135°～315° 的风向角范围内，主导风向为西南偏西和东南偏南风，东北风的出现频率非常低。各季节表现出了不同的风向分布特征，其中春季主导风向以西南风为主，且西南风向风速明显高于其他风向；夏季西南偏西风以及东南偏南风风频明显高于其他风向；秋季盛行东南风，而北侧风向的风频较低；冬季则盛行偏西风以及东南偏南风，同时整体风速较低。基于上述风向统计结果，考虑到观测点东北方向主要以商业建筑为主，住宅区主要集中在观测点的西南和西北侧，因此在观测期间较为频繁的西南风和西北风以及较低的东北风向风频使得观测得到的通量结果更能代表严寒城市住区下垫面的湍动和能量变化特征。

大气稳定度通常是根据稳定度参数 ζ 的大小来进行划分，ζ 定义见公式(2-17)，将大气稳定度分为四个级别：非常不稳定($\zeta < -0.5$)、不稳定($-0.5 \leqslant \zeta < -0.1$)、中性($-0.1 \leqslant$

ζ< 0.1)以及稳定(ζ≥0.1)。图 2.7 给出了观测期间各季节大气稳定度频率分布情况。从图中可以看到，各时刻大气层结处于中性状态的比例普遍较高，特别是春季，中性状态的频率基本在 50%以上，最高可以达到 70%左右，夏季和冬季早晨至中午时段中性状态频率最低，也达到 30%左右。大气稳定和不稳定状态表现出明显的日变化，其中白天时段大气极少表现为稳定状态，而夜间时段不稳定以及非常不稳定状态则频率较低。具体到季节来看，夏季因为白天时段较长，稳定状态频率从 04:00 左右就开始出现显著下降，在 19:00 之后逐渐上升；而不稳定状态以及非常不稳定状态频率则从 04:00 左右开始上升，其中非常不稳定状态在 10:00 左右频率达到最大，不稳定状态则在 12:00 左右频率达到最大。冬季和夏季表现出类似的变化规律，但是由于冬季白天时段较短，稳定状态频率下降和上升的时刻与夏季相比分别延后和提前了 3h 左右。相应地，不稳定状态以及非常不稳定状态频率的变化时刻节点也有类似的延后和提前。春季和秋季各大气稳定度状态的变化时刻介于夏季和冬季之间。

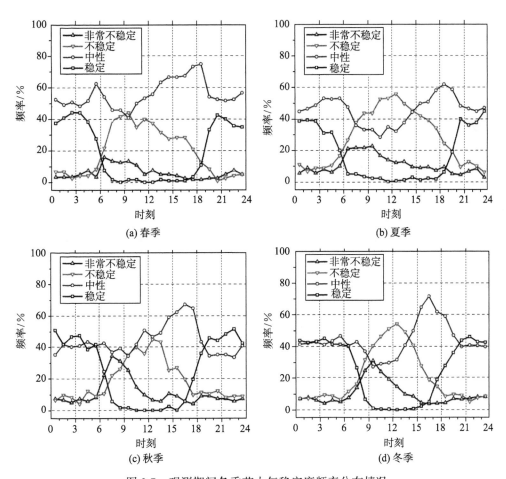

图 2.7 观测期间各季节大气稳定度频率分布情况

　　本研究中，湍流通量的足迹采用 Hsieh 等(2000)基于拉格朗日算法提出的足迹模型计算。图 2.8 给出了不同大气稳定度条件下上游有效源区距离 x 与通量贡献 F/S_0 的关系，定义足迹为包含了 80% 的总通量的区域。从图中可以看到，当大气稳定度为稳定条件时足迹最长，达到了 4km，不稳定条件时足迹最短，约为 500m，中性条件时足迹则为 1.5km 左右。总体上，观测期间内平均足迹约为 1.6km。

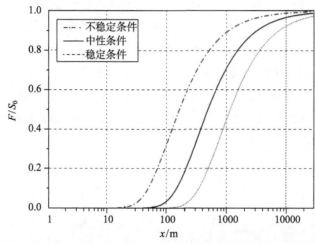

图 2.8　不同大气稳定度条件下上游有效源区距离与通量贡献的关系

　　考虑到通量足迹内不同类型下垫面对通量的影响不同，表 2.2 统计了辐射通量密度和湍流通量足迹范围内不同类型下垫面的平均覆盖率。由于大气白天主要表现为不稳定条件、夜间主要表现为稳定条件，这两种大气条件下的足迹距离差异较大，因此对白天和夜间足迹范围内的下垫面类型分别进行了统计。从表中可以看出，白天和夜间湍流通量足迹内各类型下垫面覆盖率基本一致：建筑、不透水人工表面(主要是道路)和植被(落叶树和草地)覆盖率均为三分之一左右。相比于湍流通量足迹，辐射通量密度足迹内建筑和不透水人工表面的占比较高。

表 2.2　辐射通量密度及湍流通量足迹范围内不同类型下垫面平均覆盖率

下垫面类型	辐射通量密度足迹	湍流通量足迹	
		白天时段	夜晚时段
建筑	0.37	0.34	0.30
不透水人工表面	0.51	0.30	0.32
植被	0.12	0.34	0.35
裸土	0	0.02	0.02
水体	0	0.00	0.01

3. 城市下垫面表面全年能量收支与平衡分析

Oke(1987)指出，城市下垫面表面能量平衡可以表示为

$$Q^* + Q_F = Q_H + Q_E + Q_S + Q_M + Q_P + Q_A \tag{2-19}$$

式中　Q^*——净辐射通量密度，W/m^2；

　　　Q_F——人为热通量，W/m^2；

　　　Q_H——显热通量，W/m^2；

　　　Q_E——潜热通量，W/m^2；

　　　Q_S——下垫面表面和内部之间的蓄热通量，W/m^2；

　　　Q_M——由凝结或者融化导致的潜热蓄热通量的变化，W/m^2；

　　　Q_P——降雨或降雪提供的热通量，W/m^2；

　　　Q_A——由垂直或水平对流导致的净热通量，W/m^2。

本研究中，净辐射通量密度根据四分量辐射计测得的四个辐射分量计算得到：

$$Q^* = S_\downarrow + L_\downarrow - S_\uparrow - L_\uparrow \tag{2-20}$$

式中　$S_\downarrow$——向下短波辐射通量密度，W/m^2；

　　　$S_\uparrow$——向上短波辐射通量密度，W/m^2；

　　　$L_\downarrow$——向下长波辐射通量密度，W/m^2；

　　　$L_\uparrow$——向上长波辐射通量密度，W/m^2。

潜热和显热通量根据涡度相关观测和计算得到，考虑到降水期间的数据被剔除，可以忽略 Q_P，此外，Q_A 较小可忽略不计。将无法直接测量的项 Q_F、Q_M 和 Q_S 整合起来视为能量平衡方程的剩余项 Q_{res}，则有

$$Q_{res} = Q^* - Q_H - Q_E = Q_S + Q_M - Q_F \tag{2-21}$$

相对于南方地区，严寒地区城市人为排热量 Q_F 全年普遍较低且日变化不显著，Q_M 主要体现在融雪期，因此大多数情况下能量平衡方程的剩余项 Q_{res} 主要体现为蓄热量的变化。

图 2.9 给出了观测期间各月城市下垫面表面辐射通量密度日变化情况。从图中可以看到，观测期间 $S_\downarrow$ 最大值出现在 2017 年 6 月，接近 $850W/m^2$，5 月至 7 月 $S_\downarrow$ 都比较高，而 8 月由于阴雨及多云天气较多，$S_\downarrow$ 偏低；冬季 $S_\downarrow$ 较低，其中 2017 年 12 月以及 2018 年 1 月最大 $S_\downarrow$ 也未超过 $350W/m^2$。对 $S_\uparrow$ 而言，冬季积雪期积雪表面反照率较大，因此 12 月至 2 月期间 $S_\uparrow$ 显著高于其他月份，而对于无雪期的其他月份，城市表面的反照率变化不大，$S_\uparrow$ 主要随 $S_\downarrow$ 而变化。长波辐射通量密度主要随着空气温度及下垫面温度变化而变化，$L_\uparrow$ 和 $L_\downarrow$ 均在 2017 年 7 月达到最大，分别为 $530W/m^2$ 和 $410W/m^2$ 左右。

图 2.10 给出了观测期间各月城市下垫面表面能量平衡日变化情况。其中，Q_H 和 Q_E 为正值时表示下垫面以显热或潜热的形式向外界释放热量，Q_H 和 Q_E 为负值时表示下垫面以显热或潜热的形式从外界获得热量；能量方程剩余项 Q_{res} 为正值时表示下垫面从外界获得热量，Q_{res} 为负值时则表示下垫面向外释放热量。从图中可以看到，全年城市下垫面表面能量平衡随季节变化呈现出不同的规律。净辐射通量密度 Q^* 的日峰值夏季在

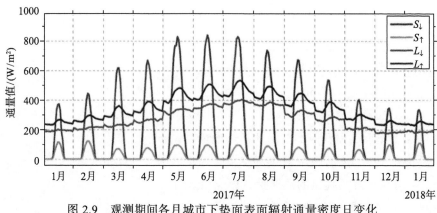

图 2.9　观测期间各月城市下垫面表面辐射通量密度日变化

$540\sim610\mathrm{W/m^2}$ 之间变化、冬季在 $160\sim240\mathrm{W/m^2}$ 之间变化，夜间则在 $-80\sim-50\mathrm{W/m^2}$ 之间变化且各季节间差异并不大。Q_H 的日峰值出现时间与 Q^* 基本一致，夜间则表现为较小的负值，介于 $-15\sim-1\mathrm{W/m^2}$ 之间。Q_E 的日峰值夏季在 $110\sim150\mathrm{W/m^2}$ 之间变化、冬季则在 $15\sim40\mathrm{W/m^2}$ 之间变化，而夜间变化范围为 $0\sim20\mathrm{W/m^2}$。夏季 Q_E 与 Q_H 较为接近，特别是在 7 月，Q_E 与 Q_H 基本一致。能量方程剩余项 Q_{res} 明显高于湍流通量 Q_H 和 Q_E，特别是在夏季，大量的净辐射被城市人工表面吸收和蓄存，Q_{res} 的日峰值呈现出较高的水平。傍晚时段，净辐射减弱，蓄热量释放，维持湍流通量保持正值，Q_{res} 则因为蓄热部分持续放热而表现为明显的负值。在夏季月份 $17{:}00\sim19{:}00$ 时段，Q_{res} 甚至可以达到 $-150\mathrm{W/m^2}$。

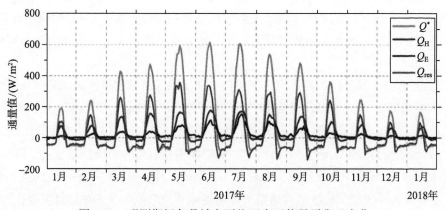

图 2.10　观测期间各月城市下垫面表面能量平衡日变化

图 2.11 给出了观测期间白天时段 $(Q^*>0)$ 各月平均的城市下垫面表面能量分配情况。可以看到，白天时段大部分净能量被分配给湍流通量 Q_H 和 Q_E，其中，30%～45%的净辐射通量密度被分配给显热通量 Q_H，而潜热通量 Q_E 所占比例则为 8%～26%，明显低于 Q_H 占比，并表现出显著的季节差异：冬季由于气候严寒而干燥，Q_E 占比通常仅有 10% 左右；夏季 Q_E 的占比接近 Q_H，达到 26% 左右，这一方面是由于观测地点周边绿化程度

较高，夏季植被的蒸腾以及土壤水分蒸发活跃，地表蒸散量较高，另一方面是由于夏季各种人为排湿量明显增加，二者共同作用造成了夏季 Q_E 占比显著的提升。Ando 等 (2017) 在对日本堺市城区中心能量平衡的涡度相关观测研究中指出，人为排湿量的增加是导致夏季潜热通量升高的主要原因。但是不同于堺市盛夏季潜热通量甚至超过显热通量的情况，本研究的研究对象哈尔滨市夏季相对凉爽，空调使用率等人为排湿相对较低，因此 Q_E 占比也低于堺市的观测结果，这反映出了严寒地区城市下垫面能量分配不同于其他地区城市的特点。此外可以看到，2 月和 3 月 Q_E 占比高于 4 月，这是由于 2 月末以及 3 月大量冬季积雪融化形成了明显的湿源，而 4 月植被蒸腾尚不活跃，同时地表已没有融化的积雪。4 月的 Q_E 占比低于 2 月和 3 月，也是严寒地区城市表面能量平衡不同于其他地区城市的重要特点，关于此部分内容还将在关于积雪期城市下垫面表面能量平衡的研究中进行分析。

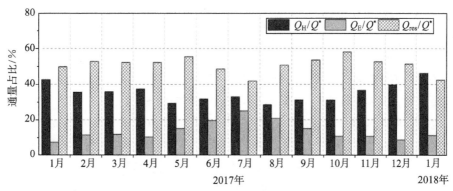

图 2.11　观测期间白天时段($Q^* > 0$)各月平均显热通量、潜热通量及能量方程剩余项相比净辐射通量密度的占比

4. 积雪期城市下垫面表面能量收支与平衡分析

严寒地区城市下垫面冬季往往被积雪所覆盖，而且整个冬季积雪期持续时间较长，积雪层厚实且状态相对稳定，积雪的存在对城市表面与大气间的辐射以及热湿交换都产生了一定的影响，从而导致严寒地区城市在冬季积雪期表现出不同于其他地区城市的能量平衡特点，因此有必要对本研究观测期间积雪期城市下垫面表面的能量收支与平衡进行单独的分析。

观测期间日平均积雪厚度及白天时段($Q^* > 0$)地表反照率变化如图 2.12 所示。从图中积雪厚度的变化可以看出，2017 年上半年的 1 月、2 月和 3 月的前几天，下半年整个 11 月和 12 月，以及 2018 年 1 月观测地点所在基站屋顶都被雪层所覆盖，积雪期约占全年总天数的 1/3。其中，2017 年 1 月至 3 月积雪期平均雪厚约为 34mm，最大雪厚为 2017 年 2 月 23 日的平均 63mm，而 2017 年 11 月至 2018 年 1 月积雪期平均雪厚约为 45mm，最大雪厚为 2018 年 1 月 19 日的平均 105mm，可见哈尔滨市 2017~2018 年冬季降雪量明显高于 2016~2017 年冬季。比较明显的融雪期发生在 2017 年 2 月 25 日至 3 月 3 日，3 月 3 日后基站屋顶观察不到积雪的存在。城市屋顶积雪融化速度通常快于其他城市下垫面，3 月 3 日之后在观测点周边绿化带以及建筑背阴处能目测观察到尚有未融化的积雪存在，直至 3 月 10 日城市地表积雪基本全部融化。

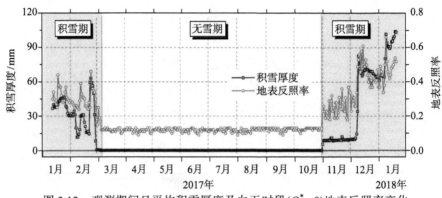

图 2.12　观测期间日平均积雪厚度及白天时段($Q^* > 0$)地表反照率变化

　　由于积雪表面反照率较高，从图中可以看到积雪期白天时段城市地表的反照率要明显高于无雪期，无雪期地表反照率变化不大，基本在 0.1~0.13 之间变化，此外，发生新降雪后地表反照率通常会有比较明显的提升，最高日均值可超过 0.65。按照城市管理规定，哈尔滨市在降雪后的第二天会组织大面积的交通道路清雪，因此降雪后第二天地表反照率明显下降。之后，随着未清雪区域内雪的沉积以及雪龄的增加，雪表反照率进一步逐渐下降。此外，降雪后间断的清雪也是导致地表反照率逐渐下降的原因之一。整个积雪期地表反照率基本在 0.2~0.6 之间变化，其中，2017 年 1 月、2 月以及 11 月由于积雪量较少，地表反照率介于 0.2~0.4 之间，2017 年 12 月以及 2018 年 1 月由于降雪量较多，地表反照率主要在 0.4~0.6 的范围内波动。由于大量太阳辐射被雪表反射，2017 年 12 月以及 2018 年 1 月的净辐射通量密度明显低于 2017 年 1~3 月(图 2.10)。2017 年 2 月 25 日开始融雪后，随着积雪厚度的显著下降，地表反照率也表现出明显的下降趋势，直至雪完全融化后达到城市人工表面原有的反照率水平。

　　为了研究不同积雪条件下城市地表雪层对观测期间城市下垫面表面能量收支与平衡的影响，将观测期间积雪期分为了新雪期、旧雪期以及融雪期，其中，新雪期定义为每次降雪后 24h 以内的时期汇总，融雪期为融雪主要发生的 2017 年 2 月 25 日至 3 月 3 日这一时期，旧雪期为除新雪期和融雪期以外的积雪期。此外，为了进行对比，还考虑了融雪期后为期一个月的无雪期，选取时段为 2017 年 3 月 11 日至 4 月 11 日。

　　图 2.13 和图 2.14 分别给出了新雪期、旧雪期、融雪期以及无雪期城市下垫面表面的辐射和能量平衡的日变化。从图中可以看到，由于新雪的雪表反照率较高，新雪期的 $S_\uparrow$ 明显高于其他时期。相应地，新雪期白天时段的 Q^* 相比其他时期则明显偏低，其峰值仅为 150W/m²。白天时段 Q_H 和 Q_E 均在正午达到峰值，其峰值分别为 75W/m² 和 30W/m²。

旧雪期相比新雪期虽然 $S_↓$ 较低，但是因为旧雪反照率较低，白天的 Q^* 远高于新雪期的 Q^*。旧雪期白天时段，Q_H 的平均值比新雪期高 10W/m²，Q_E 则比新雪期 Q_E 低 7W/m²。在融雪期，白天的 Q^* 远远高于新雪期和旧雪期，峰值达到了 410W/m²。然而与旧雪期相比，由于雪融化所引起的潜热蓄热量变化，融雪期白天的 Q_H 并没有比旧雪期明显增加。同时，融雪期白天时段的 Q_E 由于积雪融化而显著增加，在 14:00 左右达到了近 50W/m² 的峰值。在无雪期白天时段，Q^* 的峰值进一步增加至 450W/m²，Q_H 远远高于积雪期，而 Q_E 则由于积雪融化且植被蒸腾作用尚不活跃而低于融雪期，在中午达到峰值 35W/m²。此外，无雪期 Q_H 的峰值时间相比 Q_{res} 有轻微的滞后：Q_H 在 12:00～13:00 之间达到峰值，而 Q_{res} 的最大值则出现在 11:00～12:00 之间。旧雪期 Q_H 与 Q_{res} 的峰值时间保持一致，Lemonsu 等(2010) 在对蒙特利尔市积雪期下垫面表面能量平衡的研究中也观察到了这一现象。这一现象说明，积雪对地表能量平衡的确有一定影响。

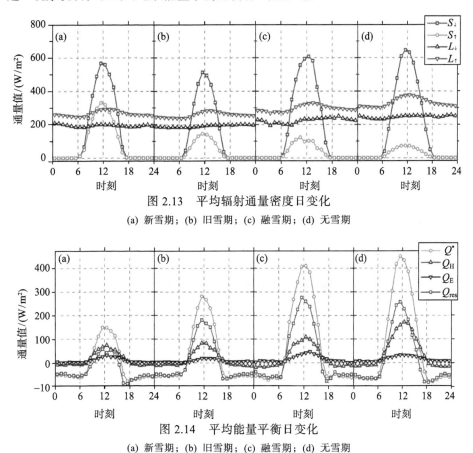

图 2.13　平均辐射通量密度日变化

(a) 新雪期；(b) 旧雪期；(c) 融雪期；(d) 无雪期

图 2.14　平均能量平衡日变化

(a) 新雪期；(b) 旧雪期；(c) 融雪期；(d) 无雪期

夜间城市表面向大气发射长波辐射，因此夜间的 Q^* 为负值。城市蓄热量所释放的热量不足以维持 Q_H，因此夜间的 Q_H 表现为较低的负值，其中在新雪期和冷雪期约为 −10W/m²，在融雪期和无雪期约为 −15W/m²。夜间 Q_E 保持微小的正值，在新雪期和旧雪期低于 5W/m²，在融雪期和无雪期为 5～10W/m²。

为了进一步了解不同积雪条件对观测期间城市下垫面表面能量平衡的影响，统计新雪期、旧雪期、融雪期和无雪期白天时段($Q^* > 0$)城市下垫面表面的能量分配情况如图 2.15 所示。可以看出，在新雪期，由于新雪表面的反照率较高，白天时段的净辐射通量密度 Q^* 很低，白天时段的 Q^* 主要分配给了显热和潜热通量 Q_H 和 Q_E，白天时段 Q_H/Q^* 和 Q_E/Q^* 的日均值明显高于其他三个时期，分别达到 49% 和 18%。新雪期过后，随着旧雪表面的反照率逐渐下降以及道路的不断清雪，旧雪期白天时段的 Q^* 比新雪期有了明显的提升(图 2.14)，相应地白天时段 Q_H 也要高于新雪期，然而，旧雪期白天时段的 Q_H 和 Q_E 分别只占 Q^* 的 34% 和 8%，这表明更多的 Q^* 被城市人工表面所吸收和存蓄。融雪期白天时段的 Q_H/Q^* 日均值进一步下降至 25%，比旧雪期还要低，这是由于融雪这一相变过程消耗了相当一部分的能量。在 Lemons 等(2010)的研究中，融雪期间有 17% 的能量被融雪过程消耗，导致 Q_H/Q^* 下降。同时，由于积雪融化后融雪水的蒸发，融雪期白天时段的日平均 Q_E/Q^* 则相比旧雪期增加，达到 11%。融雪期过后，无雪期白天时段的日平均 Q_H/Q^* 增加至 41%，Q_E/Q^* 则下降至 7%。Q_H/Q^* 的增加表明积雪融化后城市下垫面与大气之间进行着更多的显热交换，Q_E/Q^* 的减少则是由于积雪期 Q_E 主要来源于积雪表面的升华以及融雪期积雪融化形成的湿源。4 月之前植被蒸腾作用尚不活跃，因此当积雪融化后，无雪期 Q_E/Q^* 相比积雪期出现了下降，直至 5 月之后随着植被的活跃，Q_E/Q^* 才有了显著的提升(图 2.11)。总体上看，不同积雪条件对 Q_H/Q^* 和 Q_E/Q^* 有着比较明显的影响。

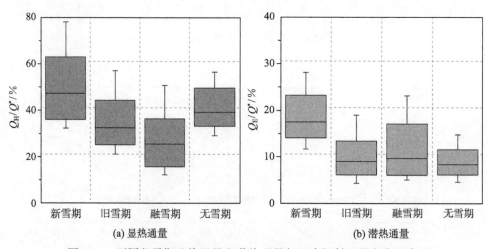

(a) 显热通量　　　　　　　　　　　　(b) 潜热通量

图 2.15　不同积雪期显热通量和潜热通量相比净辐射通量密度的占比

表 2.3 对比了观测期间积雪期城市下垫面表面白天时段的能量分配结果与其他欧美城市相关研究中积雪期的测试结果，表中 z_H 为平均建筑高度，λ_B 为建筑覆盖率，λ_I 为不透水人工表面覆盖率，λ_V 为植被覆盖率。需要指出的是，表中所列出的用于比较的研究都是取自与哈尔滨市纬度相似的中纬度城市的冬季及融雪后部分春季时段的观测结果，其中对罗兹市和巴塞尔市的研究并未明确指出具体的积雪期，因此这里标注为冬季和春

季。此外，在 2009 年对蒙特利尔市的研究中，3 月观测点所在位置附近的建筑屋顶积雪基本融化，但是在地面仍可以观察到积雪存在，因此为表述严谨，将 3 月标注为屋顶无雪期而不是无雪期。

表 2.3　不同城市测点白天时段下垫面表面能量分配结果对比

城市/国家	观测地点信息	年份	观测期	Q_H/Q^*	Q_E/Q^*
哈尔滨/中国	居住区 $z_H = 11.6m$, $\lambda_B = 0.34$, $\lambda_I = 0.30$, $\lambda_V = 0.36$	2017	新雪期	0.49	0.18
			旧雪期	0.34	0.08
			融雪期	0.25	0.11
			无雪期	0.41	0.07
罗兹/波兰 (Offerle et al., 2006)	靠近市中心 $z_H = 10.6m$, $\lambda_B = 0.30$, $\lambda_I = 0.39$, $\lambda_V = 0.31$	2002	1～2 月(冬季)	0.47	0.36
			3～4 月(春季)	0.54	0.10
巴塞尔/法国 (Christen et al., 2004)	居住/商业区 $z_H = 12.5m$, $\lambda_B = 0.37$, $\lambda_I = 0.32$, $\lambda_V = 0.31$	2001～2002	12.01～2.02(冬季)	0.56	0.29
			3.02～5.02(春季)	0.50	0.18
蒙特利尔/加拿大 (Lemonsu et al., 2005)	居住区 $z_H = 9.5m$, $\lambda_B = 0.35$, $\lambda_I = 0.34$, $\lambda_V = 0.31$	2005	3.18～3.21(有雪期)	0.32	0.08
			4.9～4.11(无雪期)	0.44	0.04
蒙特利尔/加拿大 (Leroyer et al., 2010)	居住区 $z_H = 9.5m$, $\lambda_B = 0.35$, $\lambda_I = 0.34$, $\lambda_V = 0.31$	2006	3.23～3.25(融雪期)	0.31	0.04
			3.26～3.28 (非融雪期)	0.42	0.06
蒙特利尔/加拿大 (Bergeron et al., 2012)	居住区 $z_H = 7.9m$, $\lambda_B = 0.27$, $\lambda_I = 0.44$, $\lambda_V = 0.29$	2009	1～2 月(有雪期)	0.54	0.11
			3 月(屋顶无雪期)	0.52	0.08
赫尔辛基/芬兰 (Järvi et al., 2014)	城市郊区 $z_H = 11.5m$, $\lambda_B = 0.15$, $\lambda_I = 0.39$, $\lambda_V = 0.46$	2012	旧雪期	7.60	3.06
			融雪期	0.94	0.54
			无雪期	0.69	0.54
蒙特利尔/加拿大 (Järvi et al., 2014)	居住区 $z_H = 7.9m$, $\lambda_B = 0.27$, $\lambda_I = 0.44$, $\lambda_V = 0.29$	2012	旧雪期	0.70	0.20
			融雪期	0.65	0.17
			无雪期	0.48	0.17

对比表 2.3 中列出的各城市结果可以看到，不同城市白天时段能量分配存在明显差异。由于气象条件、观测位置周边下垫面构成等因素的影响，对同一城市的不同研究中，下垫面表面的能量分配甚至表现出相反的变化趋势，例如在对蒙特利尔市的观测结果中，2005 年和 2006 年 Q_H/Q^* 随着雪的融化而增加，而 2009 年和 2012 年 Q_H/Q^* 随着雪的融化而下降。本研究中旧雪期和无雪期白天时段的城市下垫面表面能量分配与 2005 年和 2006 年对蒙特利尔市的观测结果有着类似的变化规律，甚至数值上也很接近。但是相比于其他大部分研究，本研究中旧雪期白天时段的 Q_H/Q^* 和 Q_E/Q^* 明显偏低，新雪期白天时段的

Q_H/Q^* 和 Q_E/Q^* 则与这些研究的结果接近。可以发现，对于那些白天时段 Q_H/Q^* 较高的研究，其白天的 Q^* 与本研究中新雪期的白天 Q^* 相近，而远高于本研究中旧雪期的白天 Q^*。本研究中旧雪期白天时段 Q^* 较高以及 Q_H/Q^* 和 Q_E/Q^* 较低的主要原因是，观测所在城市区域旧雪期积雪覆盖率低，积雪量较少，下垫面表面反照率较低。造成积雪覆盖率低和积雪量较少的原因主要包括：

(1) 哈尔滨市为大陆性气候，降雪量和积雪深度远低于其他研究所在的欧洲和北美洲的城市，例如本研究观测期间积雪期平均雪厚不足 0.05m，最大雪厚仅为 0.105m，而在对蒙特利尔市的研究中，2009 年 1~2 月屋顶平均雪厚超过 0.15m，城郊地面平均雪厚接近 0.5m，在对赫尔辛基市的研究中 2012 年平均雪厚超过 0.2m，最大雪厚达到 0.63m；

(2) 本研究观测位置所在城市区域的建筑中，有相当一部分屋顶为斜屋顶，相比于常见的平屋顶，积雪较难在斜屋顶上堆积，同时斜屋顶上的积雪也会更快地融化；

(3) 欧美城市住宅一般为低层别墅型居住建筑，包括前院和后院，前院和后院的积雪通常不会被清除，而本研究观测所在的哈尔滨市住宅主要为多层公寓型居住建筑，没有前院或后院，因此在街道积雪被清除后的旧雪期，城市区域的积雪覆盖率要低于其他欧美城市的观测对象。

上述分析说明，由于国内外气象条件、建筑形式以及生活习惯等的不同，国内严寒地区城市区域的风环境与热气候及下垫面表面的能量交换与国外同纬度城市相比往往有着不同的特点，国外研究中得到的结论未必适用于我国的情况，考虑到国内关于严寒地区城市的研究，特别是基于涡度相关技术的观测研究极度匮乏，针对我国严寒地区城市还有待开展更为细致的研究工作。

2.3　严寒地区城市水体对局地风环境和热湿气候影响的现场观测

城市水体作为城市水资源最重要的组成部分，与人类活动的相互作用强烈，除了富有人文景观内涵外，主要承担城市用水、交通运输、水产养殖、城市防洪排涝等经济功能以及净化环境、维持生态系统平衡等生态环境功能。城市河流是城市形成和发展中的关键资源载体。

理论上讲，作为生态环境功能的重要部分，城市水体在解决城市热湿气候方面具有极大的优越性：水体自身的热容量大，蓄热能力强；水体表面平展，有利于"风道"的形成等。需要指出的是，在城市建设中，迫于人口压力及经济发展需要，城市水体面积被大量挤占。并且，关于城市水体对风环境和热湿气候影响的相关研究，尤其是严寒地区水体的相关研究还非常缺乏。本节选择流经哈尔滨市且周边人员活动较为密集的大型河流——松花江作为城市水体的研究对象，基于水文和气象数据，结合相关模型算法，分析严寒地区城市水体与局地大气热湿交换的长期变化规律。

2.3.1　观测概述

1. 观测方案

流经哈尔滨市的松花江是一条典型的城市河流。松花江南源吉林长白山，上游纳入了很多支流，江面开阔、水量较大，流经哈尔滨市后一路向东，经黑龙江省佳木斯市流向边境区域。流经哈尔滨市的区域为松花江中游区域，属于平原型宽浅河道，地理位置为 $45°25'\sim45°30'N$，$126°20'\sim126°25'E$，控制流域面积约 $389769km^2$，其中毗邻哈尔滨市著名景点中央大街和太阳岛的滨水区域深受人们的喜爱，为典型的人员活动较为密集的滨水区域，沿江有商业建筑、居住建筑、学校建筑及公共建筑等各类建筑分布。观测点选取位于中央大街附近九站公园内的水文站点，测点位置示意图及九站水文站外观如图 2.16 及图 2.17 所示。

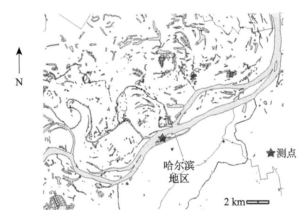

图 2.16　测点位置示意图

图 2.17　九站水文站外观

考虑到城市水体在不同季节调节局地风环境和热湿气候方面的作用不同,本研究主要观测流动状态下的城市水体对局地风环境和热湿气候的影响,因此除去结冰期,观测期间设为 2014 年 4 月 10 日～10 月 23 日。观测期间松花江哈尔滨段的平均流量为 1976.88m³/s,其中,最大值出现在夏季,流量为 5374.79m³/s,最小值出现在春季,流量为 336.04m³/s。水文站点采用常用于江、河、湖泊、水库等的水温参数长期监测的实时水文、气象、水质检测系统。其中,水文监测设备选用挪威 Nortek 公司的 470kHz 多普勒流速剖面仪,气象监测采用美国 R.M.YOUNG 公司的气象系统,水质检测设备采用美国 YSI 公司的 6600 监测仪。本节涉及的水文及气象设备主要技术指标如表 2.4 所示,数据采集时间间隔为 1h。

表 2.4　水文及气象设备主要技术指标

指标类型	测量对象	测量范围	精度
水文	流速	$0\sim10$m/s	$\pm1\%$
	流向	$0\sim359°$	$\pm2°$
	剖面范围	$2\sim100$m	—
	水面温度	$-4\sim40℃$	$\pm0.1℃$
气象	风速	$0\sim60$m/s	—
	风向	$0\sim359°$	$\pm0.3°$
	气温	$-50\sim50℃$	$\pm0.1℃$
	气压	$600\sim1100$hPa	±0.3hPa
	相对湿度	$0\sim100\%$	3%
	太阳辐射[*]	$0\sim1280$W/m²	$\pm5\%$

* 向下短波辐射,见式(2-20)的符号解释。

2. 水体局地热湿环境特征

为了更好地说明水体局地热湿环境特征的季节性变化规律,认为 4～5 月为春季、6～8 月为夏季、9～10 月为秋季,将观测数据按季节进行描述和分析。其中,2014 年 5 月 17 日～6 月 4 日期间设备维护,该时间段内观测数据缺失。

(1) 气象数据分析

图 2.18 为观测期间风速的日平均变化情况。从图中可以看出春秋季节风速变化较大,其平均值分别为春季 3.34m/s 和秋季 2.51m/s,夏季风速相对平稳,为 2.35m/s。观测期间风速最大值出现在春季 5 月 2 日,达到 9.47m/s。

图 2.19 为观测期间相对湿度日平均变化情况,可以看出不同季节相对湿度变化幅度差别较大。观测期间相对湿度最小值仅为 24.13%,出现在春季 4 月 14 日;最大值为 89.50%,出现在春季 5 月 12 日。这是由于春季初期河面刚度过结冰期,室外总体上较为干燥,春季后期天气转暖、气候多变,出现较长期的降雨。各季节的平均相对湿度为春季 52.16%、夏季 70.42%、秋季 59.25%。整体上看,夏季相对湿度较大且维持在较高水平,春秋季相对湿度平均值较低但变化剧烈。

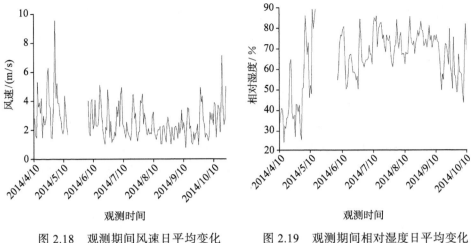

图 2.18　观测期间风速日平均变化　　图 2.19　观测期间相对湿度日平均变化

图 2.20 为观测期间空气温度的日平均变化规律。从图中可以看出，观测期间空气温度日平均最大值出现在夏季 7 月 1 日，为 27.13℃；最小值出现在秋季 10 月 21 日，为−2.06℃。观测期间空气温度平均值为 17.20℃，各季节空气温度的平均值分别为春季 11.95℃、夏季 22.46℃、秋季 11.52℃。同时还可以看出，春季和秋季空气温度的变化较为剧烈，相比之下夏季空气温度的变化相对较为稳定。

图 2.21 为观测期间太阳辐射通量密度的日平均变化情况。从图中可以看出，太阳辐射通量密度随时间变化的季节性规律较强且变化幅度较大。太阳辐射通量密度不但受太阳高度角的影响，还与大气中的云量及云层吸收特性等相关，因此数据的波动较大。春季太阳辐射平均值为 203.92W/m²，最小值为 20.83W/m²；随后太阳辐射呈缓慢上升趋势，夏季太阳辐射平均值为 273.25W/m²，最大值为 367.59W/m²，出现在 6 月 13 日；随后太阳辐射值呈缓慢下降趋势，秋季太阳辐射平均值为 159.85W/m²。

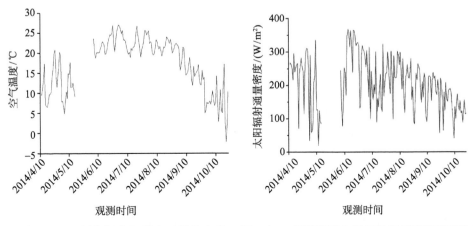

图 2.20　观测期间空气温度日平均变化　　图 2.21　观测期间太阳辐射通量密度日平均变化

整体上可以看出，除了风速之外，其他各气象参数都呈现出相同的季节变化规律，即夏季较高，春季和秋季较低。相比而言，风速呈现出春秋季较大、夏季相对较低的相反趋势。

(2) 水面温度分析

图 2.22 给出了观测期间水面温度的日平均变化情况。从图中可以看出，水面温度总体呈现出较为稳定的变化趋势；在春季初期，结冰期刚结束，水面温度较低，最小值为 2.61℃；随后不断升温，在夏季保持较长时间的稳定水平，变化幅度较小，平均值约为 22.82℃，最大值为 26.37℃；进入秋季后，水面温度不断降低，在进入结冰期前最小值为 6.74℃。

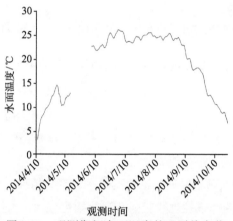

图 2.22　观测期间水面温度的日平均变化

2.3.2　水面温度预测模型

1. 预测模型

水面温度和空气温度是计算水体与大气间显热和潜热交换的主要参数，其变化规律在一定程度上反映了水体本身的热物性以及对周边局地热湿环境影响的能力。采用统计学数据分析法研究水体与大气之间的相互作用时，水面温度与空气温度的相关性是研究的重要内容之一。理论上，水面温度的变化除了与空气温度相关之外，还与该水体的流动及蓄热性能相关，但研究表明，空气温度对水面温度的影响程度远大于水体流动对水面温度的影响，并且水体流动的影响程度随着水体尺度的增大而逐渐降低(Webb et al.,2003)。松花江流域水体尺度相对较大，因此本研究忽略流量对水面温度的影响，采用统计学方法分析水面温度与空气温度之间的相关性，进而研究水体与大气之间热湿交换的变化规律。

(1) 回归模型

线性回归法通常是分析两个变量是否满足线性变化的最为简单有效的方法之一。不少学者采用线性回归的方法研究不同条件下水面温度与空气温度的相关性，得到了特定河流日平均、月平均及年平均的线性回归方程(Pilgrim et al., 1998; Mohseni et al., 1998)。其线性回归一般表达式为

$$T_w = t_1 + t_2 T_a \tag{2-22}$$

式中　t_1, t_2——线性回归系数；

　　T_w——水面温度，℃；

　　T_a——空气温度，℃。

很多观测结果表明，水面温度随空气温度线性变化时存在一定的时间延迟，根据河流的尺度不同，时间延迟的范围从几个小时到几天。当采用线性回归方法进行预测不能满足预期的拟合精度时，为了更好地描述水面温度与气温之间的相关性，可采用非线性回归模型进行分析。被广泛应用于分析水面温度与气温相关性的非线性模型如下所示(Stefan et al., 1993)，该模型在分析周平均水面温度与周平均气温的相关性时预测精度较好：

$$T_w = T_1 + \frac{T_2 - T_1}{1 + e^{\mu(T_3 - T_a)}} \tag{2-23}$$

式中　T_1——预测的水面温度最小值，℃；

　　T_2——预测的水面温度最大值，℃；

　　μ——拟合曲线最陡峭处的曲线斜率；

　　T_3——拟合曲线变化拐点处的空气温度，℃。

(2) 随机模型

采用上述简易的回归模型研究水面温度与空气温度的相关性时，以月平均数据和周平均数据进行分析的模型精度要高于以日平均数据进行分析的模型精度，并且在分析日平均温度时，采用上述回归方法获得的模型预测精度相对较低，误差较大(Erickson et al., 2000; Pilgrim et al., 1998)。因此，基于时间序列分析方法，随机模型被应用到水面温度与空气温度的相关性研究中。在理想随机条件下，若获取参数的时间间隔为定值，该目标参数时间序列可假设由趋势项、周期项和残差项(或随机项)三个部分组成，其表达式为

$$X(t) = A(t) + P(t) + R(t) \tag{2-24}$$

式中　t——时间序列；

　　$X(t)$——随时间变化的目标参数序列；

　　$A(t)$——随时间变化的趋势项；

　　$P(t)$——随时间变化的周期项；

　　$R(t)$——随时间变化的残差项。

早在 1967 年，Quimpo 基于上述随机模型，在研究日平均水面温度和日平均气温的相关性时忽略趋势项的变化，认为水面温度时间序列主要由周期项和残差项组成(Quimpo, 1967)。基于以上假设，越来越多的学者对随机模型进行研究，被广泛应用于水面温度与空气温度相关性研究中的随机模型将温度时间序列分为两个部分，第一个部分为年度变

化或者长期变量，反映温度随时间的季节性变化规律；第二部分为随机性变化或者残差变量，反映在季节性变化的同时伴随的日变化特征，其模型表达式为(Kothandaraman,1971)

$$T_a(t) = TA(t) + R(t) \tag{2-25}$$

式中　$T_a(t)$——空气温度，℃；

　　　$TA(t)$——水面温度长期变量随时间变化序列，℃；

　　　$R(t)$——水面温度残差变量随时间变化序列，℃。

Kothansaraman(1971)的研究提出，水面温度和空气温度的随机模型中，长期变量时间序列可采用傅里叶序列分析法进行量化，并且预测精度良好，其具体表达式如下：

$$TA(t) = \frac{A_0}{2} + \sum_{n+1}^{\infty} \left\{ A_n \cos\left[(t-j-1)\frac{2n\pi}{N} \right] + B_n \sin\left[(t-j-1)\frac{2n\pi}{N} \right] \right\} \tag{2-26}$$

式中　N——观测期间的天数，如 4 月 10 日～10 月 23 日共 197 天；

　　　n——所使用的谐波数；

　　　j——观测期间的时间排序，如 4 月 10 日为第 100 天；

　　　$A_0/2$——观测期间 $f(t)$ 函数的平均值，$f(t)$ 为日平均温度的时间序列，且 A_n、B_n 的表达式如下：

$$A_n = \frac{2}{N} \sum_{t=1}^{N} f(t) \cos\left(\frac{2\pi nt}{N} \right) \tag{2-27}$$

$$B_n = \frac{2}{N} \sum_{t=1}^{N} f(t) \sin\left(\frac{2\pi nt}{N} \right) \tag{2-28}$$

当 $n=1$ 时，若研究对象为空气温度，该模型可涵盖 80%～85%的空气温度变化规律；若研究对象为水面温度，该模型可涵盖 95%的水面温度变化规律(Kothandaraman, 1971)。为了获得更好的预测精度，通常需要多个谐波共同拟合组成长期变量的时间序列。

除了傅里叶序列分析法外，长期变量还可以表示为一种优化的正弦函数，该类型的表达式较为简洁，且预测精度较好，得到了广泛的应用(Caissie et al., 2001; 1998)，其具体表达式为(Cluis, 1972)

$$TA(t) = A + B\sin\left[\frac{2\pi}{365}(t+t_0) \right] \tag{2-29}$$

式中　A，B，t_0——曲线拟合的系数。

水面温度的残差变量是由实际水面温度减去水面温度长期变量所得，同理空气温度的残差变量是由实际空气温度减去空气温度长期变量所得。两者的残差变量关系可通过不同的残差序列模型进行模拟预测。在研究水面温度和空气温度相关性时，应用较多且被广泛认可的算法为多重线性回归法(Kothandaraman, 1971)、二阶马尔科夫方法(Cluis, 1972)和 Box-Jenkins 方法(Box et al., 1976)。

多重线性回归法认为，水面温度的某时间序列的残差与该时间序列空气温度的残差及该时间序列分别提前 1 天和 2 天的空气温度残差相关，也就是说水面温度的残差较空气温度残差存在一定延迟，其延迟程度受空气温度的影响，计算式如下：

$$R_{\mathrm{w}}(t) = \beta_1 R_{\mathrm{a}}(t) + \beta_2 R_{\mathrm{a}}(t-1) + \beta_3 R_{\mathrm{a}}(t-2) \tag{2-30}$$

式中　$R_{\mathrm{w}}(t)$，$R_{\mathrm{a}}(t)$——水面温度和空气温度在时间为 t 的残差变量，℃；

　　　$R_{\mathrm{a}}(t-1)$，$R_{\mathrm{a}}(t-2)$——空气温度在时间为 $t-1$ 天和 $t-2$ 天的残差变量，℃；

　　　β_1，β_2，β_3——回归系数。

二阶马尔科夫方法则认为，水面温度的残差变量与空气温度的残差相关，而其延迟作用则由河流本身的特性决定，因此还与水面温度提前 1 天和 2 天的残差相关，计算式如下：

$$R_{\mathrm{w}}(t) = A_1 R_{\mathrm{w}}(t-1) + A_2 R_{\mathrm{w}}(t-2) + K_{\mathrm{a}} R_{\mathrm{a}}(t) \tag{2-31}$$

式中　$R_{\mathrm{w}}(t-1)$，$R_{\mathrm{w}}(t-2)$——水面温度在时间为 $t-1$ 天和 $t-2$ 天的残差变量，℃；

　　　K_{a}——回归系数，反映河流表面与大气之间的热交换强度；

　　　A_1，A_2——自回归系数，分别由延迟 1 天和 2 天的自相关系数 R_1 和 R_2 计算得出。

自相关系数采用二阶马尔科夫矩阵对延迟 1 天和 2 天的水面温度时间序列进行自回归分析得出，进而进一步计算残差序列的自回归系数：

$$A_1 = \frac{R_1(1-R_2)}{1-R_1^2}, A_2 = \frac{R_2 - R_1^2}{1-R_1^2} \tag{2-32}$$

Box-Jenkins 方法由 Box 与 Jenkins(1976)提出，其模型将时间序列的自适应成分与一个转换函数进行耦合以计算分析水面温度与空气温度的关联性，其随机性与白噪声函数相关，计算式如下：

$$R_{\mathrm{w}}(t) = \frac{\zeta_0}{1-\delta_1 B} R_{\mathrm{a}}(t) + \frac{1}{1-\phi_1 B} a(t) \tag{2-33}$$

式中　$\zeta_0, \delta_1, \phi_1$——预估系数；

　　　$a(t)$——平均零点的白噪声序列；

　　　B——反向转换运算符。

基于以上分析，本研究随机模型分析采用预测精度较好、表达式简洁、物理意义清晰且应用较广的 Cluis 分析方法，即长期变量采用优化正弦函数，残差变量采用二阶马尔科夫方法，对观测期间的水面温度和空气温度进行时间序列的相关性分析。

(3) 误差分析方法

采用不同模型模拟计算出的水面温度不同，因此需要通过与实际水面温度进行误差对比，讨论不同模型的计算精度和适应性。本研究采用均方根误差(RMSE)和回归模型中较为常用的拟合优度 R^2 来对比分析不同模型的计算结果，其表达式如下(Janssen et al., 1995)：

$$R^2 = 1 - \frac{\sum\limits_{i=1}^{N}\left(T_{\text{sim}} - T_{\text{obs}}\right)^2}{\sum\limits_{i=1}^{N}\left(T_{\text{obs}} - \overline{T_{\text{obs}}}\right)^2} \tag{2-34}$$

$$\text{RMSE} = \sqrt{\frac{\sum\limits_{i=1}^{N}\left(T_{\text{sim}} - T_{\text{obs}}\right)^2}{N_T - 2}} \tag{2-35}$$

式中　T_{sim}——模型计算的水面温度，℃；

　　　T_{obs}——实际观测的水面温度，℃；

　　　N_T——对比统计的数据总量。

2. 预测结果分析

图 2.23 为观测期间水面温度与空气温度的月平均最大值、月平均最小值和月平均值的变化规律。通过对比可以看出，水面温度与空气温度的逐月变化规律基本一致，均在春季较低，随后逐渐升高，在夏季达到最大值，随后在秋季呈较为明显的下降趋势。不同的是，空气温度整体较高，月平均值在 1.10～27.32℃ 之间变化，且每个月内最大最小值相差较大，最大差值出现在 4 月，为 13.70℃，最小差值出现在 7 月，为 8.07℃。相比之下，水面温度的变化幅度较小，月平均水面温度在 9.05～26.58℃ 之间变化。每个月内最大最小值相差较小，温度差值在春、夏、秋季分别为 1.04℃、0.61℃、0.66℃。这是由于与空气相比河流具有热容量大、径流大、热交换强烈等多方面优势，在与外界热交换的作用下更易达到相对稳定的状态。这也是河流在夏季对周边局地热湿环境具有缓解和调节作用的主要原因。

一天中的最高温度受天气状况、气候条件及自身稳定度影响较大，最能反映空气和

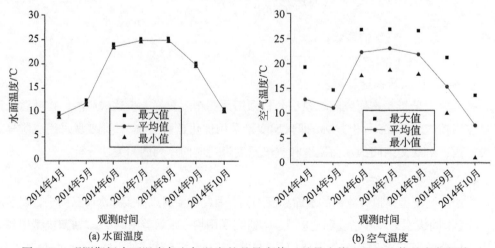

(a) 水面温度　　　　　　　　　　　　(b) 空气温度

图 2.23　观测期间水面温度与空气温度的月最大值、月最小值和月平均值的变化规律

河流之间传热传质的各项特性差异，因此在研究河流与大气之间温度相关性时，每日的代表温度采用日最大值进行研究。

(1) 回归模型预测结果

本研究首先采用线性回归的方法分析水面温度日最大值与空气温度日最大值的相关性(图 2.24(a))。图中实线为回归趋势线，可以看出，观测期间数据点的线性相关性较低，数据较为分散，拟合优度 $R^2=0.63$，RMSE 为 4.94℃。其次，依然利用线性回归方法，但将数据的时间周期延长为"周"来计算平均值(图 2.24(b))。可以看出，水面温度与空气温度的线性相关度增加，拟合优度增加，$R^2=0.85$，RMSE 降低至 2.43℃。最后，利用非线性回归方法，同样以"周"为周期进行数据处理和分析，给出图 2.25 的结果，其表达式为

$$T_W = \frac{27.53}{1+e^{0.21(16.95-T_a)}} \tag{2-36}$$

可以看出，非线性回归模型中模拟的河流最高水面温度为 27.53℃，河流的最低水面温度为 0℃。该回归模型的拟合优度最大，$R^2=0.86$，RMSE 为 2.21℃，在本研究的各回归模型中误差最小。不过由于测试周期较短，周平均的数据量较少，与线性模型相比，非线性模型在数据拟合结果上并未体现出较大的优势。

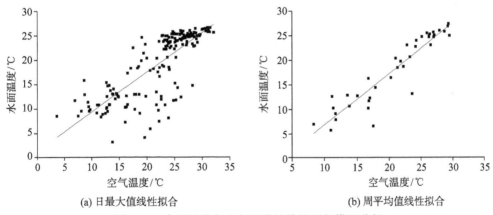

(a) 日最大值线性拟合　　　　　　　　　(b) 周平均值线性拟合

图 2.24　水面温度与空气温度的线性回归模型分析

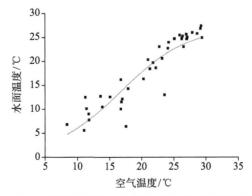

图 2.25　水面温度与空气温度的非线性回归模型分析

(2) 随机模型预测结果

采用随机模型对温度变化规律进行分析。基于式(2-29)，观测期间水面温度与空气温度的长期变量时间序列分别为

$$TA_a(t) = 14.81 + 12.98\sin\left[\frac{2\pi}{365}(t-105.4)\right] \tag{2-37}$$

$$TA_w(t) = 9.57 + 16.88\sin\left[\frac{2\pi}{365}(t-112.6)\right] \tag{2-38}$$

式中　$TA_a(t)$，$TA_w(t)$——空气温度和水面温度的长期变量时间序列，℃。

图 2.26 为水面温度与空气温度的观测值和长期变量的变化规律。从图中可以看出，虽然水面温度与空气温度的长期变量时间序列形式一致，但是其最大值及出现的时间点相差较大。空气温度长期变量的最大值为 27.89℃，时间为第 197 天(6 月 16 日)，而水面温度长期变量的最大值为 26.45℃，时间比空气温度延迟 7 天，为第 204 天(6 月 23 日)。实际温度减去长期变量即为残差变量，因此还可以看出空气温度的残差变量与水面温度相比变化较为剧烈且幅值较大。

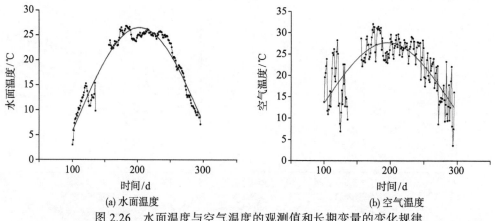

(a) 水面温度　　　　　　　　　(b) 空气温度

图 2.26　水面温度与空气温度的观测值和长期变量的变化规律

根据式(2-30)，采用二阶马尔科夫矩阵，对水面温度残差序列进行自相关分析，并结合空气温度残差序列进行拟合，得到

$$R_w = 0.92R_w(t-1) - 0.39R_w(t-2) + 0.12R_a(t) \tag{2-39}$$

结合式(2-37)～式(2-39)，水面温度的观测值与模型预测值对比如图 2.27 所示。从图 2.27 可以看出，模型预测值与观测值吻合度较好，虽然在春季预测值略低于观测值，晚秋季节预测值略高于观测值，但是在大部分季节，尤其是夏季二者非常接近，误差参数 RMSE 仅为 0.83℃。由此可以看出，相比于回归模型，随机模型预测的温度结果准确性较高、误差较低。以上研究说明，在针对同一条河流同一地点进行研究时，可利用随机模型通过空气温度对水面温度进行短期或者长期预测。

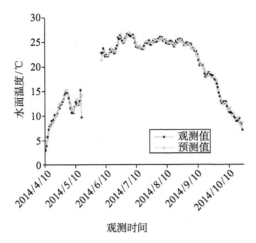

图 2.27　水面温度的观测值与模型预测值对比

2.3.3　城市水体与大气间热湿交换特性

1. 城市水体与大气间热湿交换的理论

(1) 模型原理

作为城市水体代表的河流与大气交界面处的能量平衡，是研究城市水体对周边局地环境影响的重要内容。在研究的时间间隔和空间距离都相对较小的情况下，与河流长期温度变化规律相比，每一时刻的水面温度在横向和纵向距离上的变化较小(Torgersen et al., 2001)，因此本研究假设固定测点周边的河流环境趋于均匀，水面温度为定值。

城市下垫面表面的能量平衡关系的基本理论式见 2.2.4 节。对城市水体来说，水面参与热平衡计算的主要热量为净辐射通量密度(包括净长波辐射和净短波辐射)、显热通量、潜热通量以及水表面与河流内部之间的蓄热通量。在实际的热平衡系统中还有一些其他热量如河床传热量和摩擦热量等，但一般情况下，这部分对河流热平衡系统的贡献率较少(Webb et al., 1997)，因此本研究不予考虑。本研究将河流与大气之间的交界面作为研究对象，假设此交界面已达到热平衡状态，该交界面的得热量与热量损失应相等，交界面处的净能量为 0，因此其热平衡式如下(Brutsaert, 1982)：

$$H_\mathrm{S} + H_\mathrm{L} = Q^* \tag{2-40}$$

$$Q^* + H_\mathrm{C} + H_\mathrm{E} + H_\mathrm{G} = 0 \tag{2-41}$$

$$H_\mathrm{S} = \left(1 - \alpha_\mathrm{R}\right) S_{\mathrm{R}\downarrow} \tag{2-42}$$

$$H_\mathrm{L} = \varepsilon_\mathrm{a} L_{\mathrm{R}\downarrow} - \varepsilon_\mathrm{s} \sigma T_\mathrm{w}^4 = \varepsilon_\mathrm{a} \sigma T_\mathrm{a}^4 - \varepsilon_\mathrm{s} \sigma T_\mathrm{w}^4 \tag{2-43}$$

式中　H_S——净短波辐射通量密度，$\mathrm{W/m^2}$；

　　　H_L——净长波辐射通量密度，$\mathrm{W/m^2}$；

　　　$H_\mathrm{C}, H_\mathrm{E}$——河流与大气交界面处的显热通量和潜热通量，$\mathrm{W/m^2}$；

H_G——水面与河流内部之间的蓄热通量，W/m^2；

$S_{R\downarrow}$——大气向河流的向下短波辐射通量密度，W/m^2；

$L_{R\downarrow}$——大气向河流的向下长波辐射通量密度，W/m^2；

σT_w^4——河流向上的长波辐射通量密度，W/m^2；

α_R, ε_a, ε_s——水表面的短波反射率，大气和河流的长波发射率，它们与水面形态及太阳高度角相关。

采用统计学方法处理分析河流-大气间显热通量和潜热通量时，通常采用已有气象数据对其进行估算。其中在显热通量的计算中较为常用的方法为热量传输法，它是由潜热通量的质量传输法(Harbeck et al., 1958)延伸而来，即显热通量交换的驱动力主要是由大气与河流之间的温差造成的，其一般表达形式为式(2-44)，其中$f(*)$为其他气象参数对显热通量传递的影响函数，较为简单有效的方法是认为其为定值，即 Bulk 系数法。还有一些学者通过对观测数据进行归纳发现，显热通量还与风速、大气压力等其他气象数据相关性较大，如式(2-45)所示(Benyahya et al., 2010)。

$$H_C = f(*)(T_a - T_w) \tag{2-44}$$

$$H_C = 2.32U\frac{P_a}{1000}(T_a - T_w) \tag{2-45}$$

式中 U——水面上方 2m 处风速，m/s；

P_a——大气压力，mmHg。

在计算潜热通量时，水表面的蒸发量是计算的关键，可以通过质量传输法进行计算，其一般表达式如下，其中$f(*)$为定值时，潜热通量的计算方法即潜热 Bulk 系数法(Benyahya et al., 2010)：

$$E = f(*)(e_s - e_a) \tag{2-46}$$

式中 E——蒸发量，mm/d；

e_s——水面温度对应的饱和水蒸气分压力，mbar (1mbar=1hPa)；

e_a——空气中的水蒸气分压力，mbar。

其中饱和水蒸气分压力与含湿量的计算公式如下(Richards, 1971)：

$$e_s = 1013.25\exp\left(13.3185t_R - 1.9760t_R^2 - 0.6445t_R^3 - 0.1299t_R^4\right) \tag{2-47}$$

$$q_s = 0.622\frac{e_s}{P_a} \tag{2-48}$$

式中 e_s——温度 t(℃)对应的饱和水蒸气分压力，mbar；

t_R——$1-373.15/(273.15+t)$；

q_s——饱和含湿量，kg/kg。

P_a——大气压力，mbar。

由于质量传输法形式较为简单，很多学者致力于这方面的研究，提出了很多相关模型，其中使用较广泛、精度较高的模型包括 Priestley-Taylor 模型(Stewart et al.，1976)、Penman 模型(Brutsaert，1982)和 Ryan-Harleman 模型(Rasmussen et al.，1995)，这三个模型的蒸发量计算式分别为

$$E = \lambda \frac{s}{s+\gamma} \frac{R_{\text{net}}}{L\rho_{\text{w}}} \times 86.4 \tag{2-49}$$

$$E = \frac{s}{s+\gamma} \frac{R_{\text{net}}}{L\rho_{\text{w}}} \times 86.4 + \frac{\gamma}{s+\gamma} \Big[0.26 \times \big(0.5+0.54U\big)\big(e_{\text{sa}}-e_{\text{a}}\big) \Big] \tag{2-50}$$

$$E = \frac{\Big[2.7\big(T_{\text{w}}-T_{\text{a}}\big)^{0.333}+3.1U \Big]\big(e_{\text{w}}-e_{\text{a}}\big)}{L\rho_{\text{w}}} \tag{2-51}$$

式中　λ——Priestley-Taylor 经验系数，1.26；

L——河流的蒸发潜热，J/kg；

ρ_{w}——水密度，kg/m^3；

s——饱和水蒸气压力与温度相关曲线的斜率，Pa/℃；

γ——计量常数，Pa/℃；

e_{sa}——空气温度对应的饱和水蒸气分压力，mbar。

当蒸发量确定后，潜热通量可由蒸发量和蒸发潜热确定，蒸发潜热可表达为空气温度的函数，其表达式为(Webb et al.，1997)

$$H_{\text{E}} = EL\rho_{\text{w}} \tag{2-52}$$

$$L = 2454.9 - 2.366T_{\text{a}} \tag{2-53}$$

如热平衡计算式(2-41)所示，本研究设定水面得热量为正值、水面热量损失为负值，因此净短波辐射是得热的主要来源，总为正值。净长波辐射通量密度为大气向下的长波辐射通量密度(为正)与河流向上的长波辐射通量密度(为负)的总和。潜热通量代表水面蒸发作用下从水面带向大气的热量，设定为负值。显热通量是由空气与水面的温差引起的热交换，当空气温度高于水面温度时，大气向河流传热，其值为正，当空气温度低于水面温度时，河流向大气传热，其值为负。若水面达到热平衡状态，河流与大气交界面处的净热量为 0，水体表面与内部之间的蓄热通量可由其他三个热量计算得出，若其值为正，说明河流内部向水面传热以维持水面热平衡；若其值为负，说明水面向河流内部传热以维持水面热平衡。

(2) 模型验证

本研究利用涡度相关法(原理见 2.2 节)，在哈尔滨郊外一水体——呼兰河对热通量进行了详细的观测(2014 年 7 月 1 日～7 月 31 日)。由于该部分内容与 2.2 节部分重复且受篇幅限制，详细情况从略，在此仅利用其观测数据和热量传输法(式(2-45)及 Penman 模型(2-52))对计算所得的显热通量和潜热通量进行对比，从而分析模型的预测精度，具体结果如图 2.28 所示。之所以选择呼兰河观测，是因为该水体流经城郊地区，滨水区域下垫

面单一，且周边建筑稀疏、人为排热较少，在此设定固定测点便于排除诸多下垫面因素和各种社会活动的影响，观测数据可以更集中地反映水体与大气之间的相互影响。

图 2.28 为显热通量和潜热通量随时间变化的观测值与模型计算值对比结果。从图中可以看出，模型计算所得的显热通量和潜热通量与观测数据随时间的变化规律大体一致，显热通量有正有负，潜热通量均为负值。除了少数几天显热通量和潜热通量的计算值与观测值相差较大之外，大多数时间段的计算值与观测值较为接近。

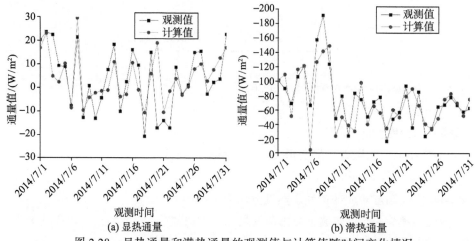

(a) 显热通量　　　　　　　　　　　(b) 潜热通量

图 2.28　显热通量和潜热通量的观测值与计算值随时间变化情况

图 2.29 为显热通量和潜热通量观测值与模型计算值的散点分布情况，图中实线为回归趋势线。可以看出，显热通量和潜热通量的模型计算值大多低于观测值，相比于显热通量，潜热通量的模型计算值与观测值更为接近。数据出现偏差的主要原因在于，模型计算方法是根据大量实测数据提出的半经验公式，其计算值必然与真实观测值之间存在一定误差；另外，由于观测值采用以"小时"为间隔的数据再进行日平均统计，即显热通量和潜热通量是由 24h 观测数据进行的日平均统计，而模型计算值采用的是日平均参

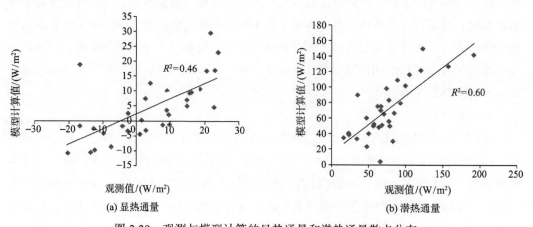

(a) 显热通量　　　　　　　　　　　(b) 潜热通量

图 2.29　观测与模型计算的显热通量和潜热通量散点分布

数(如日平均气温、风速等)直接进行热通量计算，时间上的统计差异会产生数值的正负叠加和时间滞后效应等，从而带来模型预测误差。但整体上看，本研究选用的热通量计算模型预测结果与观测值吻合较好，可采用该方法计算分析观测期间松花江-大气间的热湿交换规律。

2. 城市水体与大气间热湿交换结果分析

(1) 蒸发量

水面蒸发量是决定河流潜热通量及河流对周边局地湿环境影响能力大小的参数。根据式(2-50)计算得到的观测期间水面蒸发量的变化规律如图 2.30 所示。

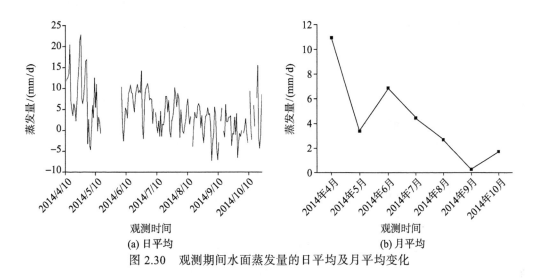

图 2.30　观测期间水面蒸发量的日平均及月平均变化

从图 2.30 中可以看出，观测期间蒸发量的变化范围为−6.67～22.96mm/d，平均值为 4.28mm/d。从月平均数据看，4 月蒸发量最大，为 10.97mm/d，随后蒸发量整体呈下降趋势，在 9 月达到最小值，为 0.28mm/d。这是由于春季气候多变且空气较为干燥，河流对大气的加湿作用较为明显。蒸发量为负值意味着空气中水蒸气凝结并最终以水雾、霜降及降雨的方式脱离空气而进入水体。从图中可以看出，蒸发量为负值的情况多出现在春季和秋季中相对湿度较高、风速较低、水面温度较高且空气温度接近零度的综合天气状况。这是因为，春秋季大气层结活动剧烈，空气温度及水蒸气分压力不稳定状态频繁出现，而河流热容较大相对稳定，故而在夜间常出现水雾及霜降天气。

(2) 净辐射通量密度

如式(2-40)、式(2-42)及式(2-43)所示，净辐射通量密度是由净短波辐射通量密度和净长波辐射通量密度计算所得，反映水面通过辐射方式进行的热量交换。图 2.31 为观测期间各净辐射通量密度的日平均及月平均变化规律。

从图中可以看出，净短波辐射通量密度日变化相对剧烈，其受太阳辐射通量密度直接影响，波动程度与大气中的云量变化相关，变化范围为 20.21～356.56W/m^2，日平均值

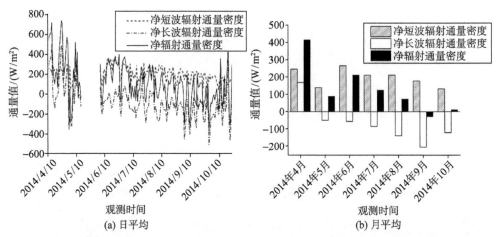

图 2.31　观测期间净短波辐射通量密度、净长波辐射通量密度及净辐射通量密度的
日平均及月平均变化

为 $183.82\mathrm{W/m^2}$。各月变化规律更加明显，其中夏季 6 月净短波辐射通量密度最大，秋季 10 月的净短波辐射通量密度最小，这符合一般的自然规律。日较差较大的空气温度的日平均值通常小于水面温度的日平均值，因此河流向上的长波辐射通量密度通常高于大气向下的长波辐射通量密度，净长波辐射通量密度通常为负值。从图中可以看出，除 4 月 $(169.45\mathrm{W/m^2})$ 以外，其他各月净长波辐射通量密度均为负值，总体平均值为 $-82.14\mathrm{W/m^2}$。

(3) 能量收支与平衡

观测期间河流与大气交界面处热收支日平均及月平均变化规律如图 2.32 所示。各季节不同热通量对水面能量平衡中得热及失热的贡献率如表 2.5 所示，其中正负值的含义在前文已进行了说明。

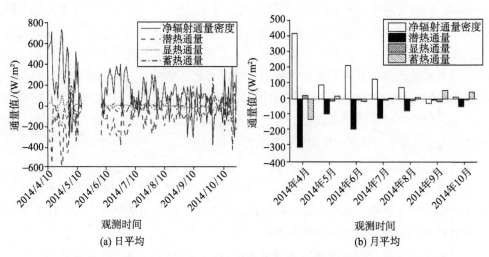

图 2.32　观测期间河流与大气交界面处热收支的日平均及月平均变化

表 2.5　不同季节的日平均得热通量及失热通量

季节及换热贡献率	净辐射通量密度		潜热通量		显热通量		蓄热通量		总换热通量
	+	−	+	−	+	−	+	−	
春季/(W/m²)	314.88	26.92	9.82	234.40	15.99	8.69	25.41	96.09	366.10
贡献率/%	86.01	7.35	2.68	64.03	4.37	2.37	6.94	26.25	—
夏季/(W/m²)	146.58	12.61	6.1	133.39	0.62	7.77	15.45	14.98	168.75
贡献率/%	86.87	7.47	3.61	79.04	0.37	4.61	9.15	8.88	—
秋季/(W/m²)	62.80	74.2	31.02	56.71	3.60	16.37	62.46	12.61	159.88
贡献率/%	39.28	46.41	19.40	35.47	2.25	10.24	39.07	7.89	

结合净短波辐射通量密度及净长波辐射通量密度的变化规律，可以看出，观测期间净辐射通量密度的变化范围较大，为 $-386.13 \sim 737.01 \text{W/m}^2$，平均值为 100.84W/m^2；其日平均值在春季和夏季通常为正值，在秋季通常为负值；春季和夏季超过 86% 的得热量主要来自净辐射通量密度，其主要原因是这些季节净短波辐射通量密度较高。同时，秋季受向上的净长波辐射通量密度影响，超过 46% 的热量损失来自净辐射通量密度，而在春季和夏季该占比仅为 7% 左右。

观测期间通过水面蒸发的潜热通量较大，且随时间变化剧烈。通过潜热带来的最大失热通量为 -635.21W/m^2，出现在 4 月 25 日，而最大得热通量为 201.08W/m^2，出现在 9 月 3 日。根据潜热通量的计算式(2-50)、式(2-52)及式(2-53)可以看出，潜热通量受气象条件影响，随风速的增加和水蒸气分压力的降低而升高。春季 4 月的潜热通量最大，秋季 9 月的潜热通量最小。同时从表中可以看出，春季、夏季和秋季通过潜热交换形式损失的热量所占百分比约为 64%、79% 和 35%。夏季潜热通量失热贡献率最大，表明河流在夏季通过表面蒸发散热，一方面维持水面处于较稳定的低温状态，另一方面作为散湿源对周边局地环境形成较强的湿环境调节作用。需要注意的是，在春季、夏季和秋季潜热通量对得热也有不同程度的贡献，贡献率分别为 2.68%、3.61% 和 19.40%，这是由大气不稳定状态下空气中水蒸气在一些特殊天气中出现的水面凝结导致的。

显热通量在观测期间整体较低，月平均值最小值为出现在 9 月，为 -17.44W/m^2，最大值出现在 4 月，为 20.88W/m^2，其中夏季通过显热换热的得热量最小值仅为 0.62W/m^2。同时从表 2.5 中也可以看出，显热通量在各个季节对得热和失热的贡献均较小，总体上在各季节贡献率均不超过 4.37% 和 10.24%，其中夏季的显热通量交换最低。这是因为，夏季尽管白天空气温度高于水面温度，但夜间空气温度通常低于水面温度，由此全天的显热通量平均值较小。

蓄热通量反映水面与河流内部的热量交换情况。蓄热通量日平均变化范围为 $-311.79 \sim 332.38 \text{W/m}^2$。在春季，蓄热通量主要为负值，水面向河流内部传热，蓄热通量失热贡献率仅次于潜热通量，为 26.25%；在秋季蓄热通量主要为正值，河流内部向水面传热，蓄热通量得热贡献率为 39.07%，仅次于净辐射通量密度。蓄热通量的上述变化规律是春季水面温度上升而秋季水面温度下降的主要原因之一。在夏季，蓄热通量对得热和失热的贡献均较小，这说明夏季河流本身处于流动过程中的热平衡状态，水面温度相对稳定。

从表 2.5 中的总换热通量构成看，所有通量值在春季较高(总换热通量为 366.10W/m²)，夏季其次(总换热量为 168.75W/m²)，秋季达到最小值(总换热通量为 159.88W/m²)。4 月的总换热通量大约是 6 月的 2 倍、8 月的 3 倍。总换热通量最小的月份为 10 月，仅为 4 月的约 1/6。在春季，河流上空附近的风速较大，湍动度相应较大，河流与大气之间的热交换强度较高，河流通过潜热的形式加湿空气，蓄热通量主要为负值，河流从表面向内部传热。在夏季，热交换强度逐渐降低并趋于稳定，各项热通量相对较低，此时热通量主要通过潜热形式进行交换。在秋季热量交换逐渐呈现与春季相反的变化趋势，各项热通量的传递方向发生改变，此时河流与大气之间的热交换强度最低，蓄热通量主要为正值，河流从内部向表面传热。

3. 不同城市水体与大气间热湿交换特性对比研究

为了研究不同城市水体与大气间的相互作用和变化规律，选择水体与大气相互作用较为显著、持续时间较长的夏季最热月时间段，将同时进行的松花江和呼兰河通量观测结果进行对比分析。为了便于表述，以下分析以 H 代表呼兰河，S 代表松花江。

(1) 温度相关性对比

图 2.33 为呼兰河固定测点(H 测点)和松花江固定测点(S 测点)的水面温度与空气温度随时间变化情况，图 2.34 为这两个测点的空气温度和水面温度相关性对比。整体上，各测点的水面温度变化相对平缓，空气温度变化范围较大。观测期间 S 测点水面平均温度(24.75℃)高于 H 测点水面平均温度(23.75℃)，两测点水面日平均温度最大差值出现在 7 月 13 日，温差约为 1.86℃。这一方面是由于测点所在地理位置和局地热湿环境不同，

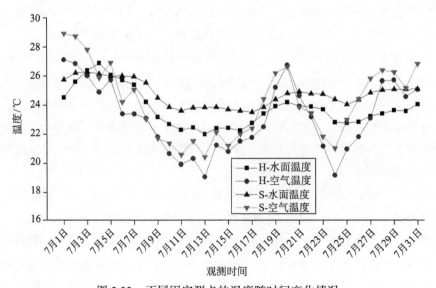

图 2.33　不同固定测点的温度随时间变化情况

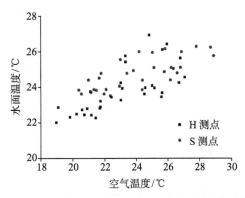

图 2.34　不同固定测点的水面温度和空气温度相关性对比

S 测点的局地太阳辐射通量密度高于 H 测点的局地太阳辐射通量密度，由水面进入河流内部的热量增加而导致水面温度升高；另一方面是由于 S 测点地处城市中心，河流自上游开始受诸如轮渡、游船等人为活动因素影响较多，相比于 H 测点，可认为进入河流的人为排热量增加造成了 S 测点水面温度的升高。

对比两测点空气温度可以发现，温度在 18～30℃之间波动，波动范围相对较大且变化规律基本一致，其中 S 测点空气平均温度(24.15℃)高于 H 测点空气平均温度(23.11℃)。这是由于 S 测点位于城市中心区域，人工下垫面及人为排热的影响较大，形成了较高的局地空气温度；而 H 测点位于城郊地区，人工下垫面及人为排热的影响较少。

(2) 热湿特性对比

图 2.35 为呼兰河固定测点(H 测点)和松花江固定测点(S 测点)的显热通量和潜热通量随时间变化情况。从图中可以看出，两固定测点的显热通量均较小，且时正时负，基本在−20～30W/m² 之间变化。相比之下 H 测点显热通量略大，对比图 2.33 可以看出，H

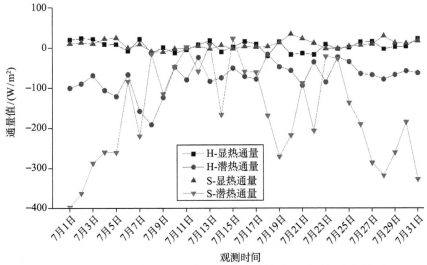

图 2.35　不同固定测点的显热通量和潜热通量随时间变化情况

测点在观测期间的水面温度与空气温度之间的差值略高于 S 测点，但整体相差不大。对比两测点潜热通量变化规律可以看出，通过水面蒸发形式传递给大气的潜热通量的绝对值均较大，其中 H 测点潜热通量基本为负值，在$-200\sim0W/m^2$之间变化，S 测点潜热通量大多数情况下为负值，少数几天由于天气情况潜热通量为正值，且数值波动范围较大，在$-330\sim30W/m^2$之间变化。对比结果表明，S 测点潜热通量的波动高于 H 测点，这是因为潜热通量与局地热湿环境相关，不但受河流与大气之间的水蒸气分压力差影响，同时还受风速、太阳辐射等因素的影响。观测数据显示，S 测点风速略高于 H 测点，相对湿度略低于 H 测点，因此在各项因素综合作用下 S 测点处通过水面进行的潜热交换较剧烈。

　　图 2.36 为呼兰河固定测点(H 测点)和松花江固定测点(S 测点)的波文比对比。波文比是显热通量与潜热通量的比值，其绝对值大小反映不同特性下垫面与大气之间不同性质能量交换的占优情况：大于 1 时反映下垫面与大气之间的热通量交换主要以显热交换为主；接近或等于 1 表明显热与潜热交换相当，在热通量交换中能量平等分配；小于 1 则表示热通量交换主要以潜热交换为主。从图中可以看出，除个别天气，观测期间两测点波文比绝对值均小于 0.5，这说明两条河流下垫面与大气进行热量交换时均以潜热通量为主，这也符合河流作为湿度较高下垫面传热的一般规律。波文比为负值的情况较多，对比图 2.35 可以看出这是由显热通量和潜热通量传递方向时常相反而造成的。

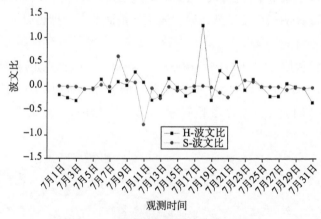

图 2.36　不同固定测点的波文比对比

(3) 能量收支对比

　　图 2.37 和图 2.38 分别为呼兰河固定测点(H 测点)和松花江固定测点(S 测点)的能量收支变化规律。从图 2.37 中可以看出，H 测点水面主要热量来源为净辐射通量密度，热量损失源主要为蓄热通量，其次为潜热通量，相比之下显热通量较小。从图 2.38 中可以看出，S 测点水面主要热量来源为净辐射通量密度，热量损失源主要为潜热通量，其次为蓄热通量，显热通量较小。两个固定测点的显热通量和潜热通量分布规律在图 2.35 和图 2.36 已经讨论过，这里不再详述。

　　从图 2.37 和图 2.38 对比可以看出，两测点净辐射通量密度变化规律一致且数值较为接近，相比之下 H 测点净辐射通量密度(平均为 154.23W/m²)略低于 S 测点(平均为 177.62W/m²)，这主要是由 H 测点净短波辐射(即太阳辐射)低于 S 测点所导致。同时还可以看出，H 测点蓄热通量明显高于 S 测点蓄热通量，说明水面与河流内部之间的热交换频繁，导致 H 测点水面温度波动范围较大，相比之下 S 测点蓄热通量相对较小，水面温度相对稳定。整体上，位于市区的河流在人为活动因素影响下，水面温度高于城郊河流的水面温度，并且在人工下垫面和人为排热的影响下，市区河流附近的空气温度高于城郊河流附近的空气温度；市区内的河流与大气之间的潜热交换更加剧烈，对周边局地环境的湿度调节作用更大。上述结果表明，河流与大气之间的热湿交换过程与局地热湿环境特征相关，是一个不断变化、相互耦合的共同作用的结果，很难从观测结果中抽取出某个单一因素来进行量化研究。

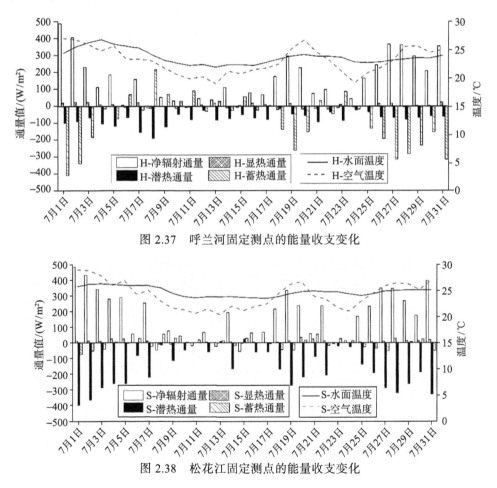

图 2.37　呼兰河固定测点的能量收支变化

图 2.38　松花江固定测点的能量收支变化

2.4　本章小结

本章以哈尔滨市为研究对象，运用涡度相关技术与固定气象观测结合的方法，对不同下垫面的大气物理参数、辐射通量和湍流通量，以及冬季的积雪厚度等进行了长期现场观测，主要结论总结如下：

(1) 由城市内部住区的长期观测结果可以看出，风速、温度、湿度等大气物理参数以及下垫面能量收支均表现出明显的季节性规律，不同的积雪条件下下垫面表面能量平衡与分配表现出不同的特征。与同纬度欧美城市积雪期的观测结果对比，本研究中旧雪期白天时段的 Q_H/Q^* 和 Q_E/Q^* 明显更低，造成这一结果的原因主要是观测所在住区的旧雪期积雪覆盖率以及积雪量低于欧美城市。

(2) 采用回归法和随机模型法得出了严寒地区城市内部大型水体水面温度与空气温度的预测模型；通过水面-大气能量收支分析可知，净辐射通量密度是水面能量收支中的主要得热源，潜热通量是市区河流水面能量收支中的主要热量损失源，显热通量在各个季节均较小；位于市区的测点在人为排热及人工下垫面的影响下，水面和空气温度观测值均高于位于城郊的测点。市区内的河流与大气之间的潜热交换更加剧烈，对周边局地环境的湿度调节作用更大。

第3章 严寒地区城市室外人体舒适性测试技术与应用

3.1 室外人体舒适性研究现状

随着城市快速扩张和城市人口增加，改善城市室外环境，提高城市居民舒适度，已日渐成为研究热点。室外热舒适研究是以城市居民在城市风环境与热气候中的舒适感出发，研究气象环境和个体适应对人体热舒适的影响，以有针对性地进行城市规划和建筑布局，改善城市风环境和热气候对人体舒适感的不良影响，提高城市人居环境的舒适度，降低城市及建筑耗能。

影响室外热舒适的因素主要分为风环境与热气候因素以及热适应因素。首先，室外热舒适受风环境与热气候要素，包括空气温度、相对湿度、风速和太阳辐射的直接影响，且影响规律呈现出气候区域差异性。Nikolopoulou等(2006)在欧洲5个国家开展的室外热舒适研究表明，影响最大的风环境与热气候要素是空气温度和太阳辐射，而Mayer等(2008)发现欧洲中部地区夏季街谷的行人舒适度受太阳辐射影响最大。Ruiz(2015)对阿根廷干旱地区的绿洲城市门多萨进行了建筑外热舒适的调研和分析，对比了不同气象参数和热感觉投票的相关关系，发现热感觉与空气温度最相关，而Walton等(2007)在地处温和气候区的新西兰的研究结果显示，由于当地气候温和、温度变化不大，风速是影响室外热舒适最主要的因素，空气温度反而是次要的影响因素。国内的学者则针对我国不同建筑气候区的热舒适展开研究。Lin等(2008)对夏热冬暖气候区的台湾地区展开热舒适研究，发现温度和太阳辐射是人们在室外最为关心的风环境与热气候参数，但Niu等(2015)在同样气候区的香港发现风速也对热舒适度有影响。在夏热冬冷气候区的成都，游客热感觉与温度最为相关(Zeng et al., 2015)，Chen等(2015)调研上海市寒冷季节公园内市民的热舒适感发现，空气温度和太阳辐射对热感觉都有显著影响。

其次，适应性是人体热舒适的又一大影响因素。人在城市风环境和热气候下并非是完全被动的接受者，其自身期望和经历也会参与对外界环境做出判断的过程，而且在对环境做出判断之后，又会自觉地采取适当措施来适应当前环境，提高自身对环境的接受度和舒适度。Dear 等(1998)经过相关研究后提出了热舒适适应性模型，包括生理适应、心理适应及行为适应。生理适应指人们由于暴露于风环境和热气候中而发生生理反应，使人体对该环境的生理反应程度逐渐减弱。生理适应可能由遗传因素或人对气候、水土的适应引起。心理适应指人们的热经历和期望等因素会影响人们判断风环境和热气候时的心理状态，如若对当前环境期望值较低，那么就更易感到舒适。行为适应则指人们通过采取某种措施调节自身热状态，如在建筑外环境中，人们会寻找遮阳处或者改变服装热阻来适应建筑外风环境和热气候。一些热适应研究表明，适应性会对人们的热感觉产生影响。Knez 等(2008)对日本和瑞典的两个公园的行人热舒适分别进行调查，发现在相同气象条件下，瑞典居民对温度下降和风速更加敏感。Aljawabra 等 (2010) 对摩洛哥马拉喀什市和美国菲尼克斯市分别进行了建筑外热舒适的对比，表明人们对建筑外风环境和热气候的敏感程度与经济水平呈正相关关系。这些相关研究均说明，居住者的热感觉因为适应性的存在而出现差异，且这三种适应受到文化传统、受教育程度等不确定因素的影响，这使研究建筑外热舒适的形成机制变得更为复杂(Hwang et al., 2011)。

在室外热舒适研究发展的过程中，基于热生理实验研究，不断有新的热舒适评价指标被提出。建筑外热舒适评价指标将建筑外风环境和热气候参数与人体的热感觉联系起来，一般用于预测和评价环境中人群的热感觉以及舒适度。在经验模型时代，Houghton(1923)根据实验提出了有效温度(ET)。湿球黑球温度(WBGT)于 1957 年被提出，这一指标考虑了空气温度、相对湿度、风速和太阳辐射，是为了避免人体在高温环境下受到热损伤而提出的安全指标(Yaglou et al., 1957)。在室外环境领域应用更为广泛的指标是基于热平衡的机理模型。1971 年，Gagge 等(1971)等建立了著名的两节点模型，并在此基础上提出了标准有效温度(SET*)，而建筑外标准有效温度(OUT_SET*)则由建筑内标准有效温度转化而来，成为专用于建筑外的热舒适指标。1984 年，Höppe(1990)基于慕尼黑能量平衡模型(MEMI)提出了生理等效温度(PET)，综合考虑了主要风环境与热气候参数、服装热阻、活动量等对热感觉和热舒适的影响，PET 常用于建筑外热舒适的评价。不同热舒适性指标对于不同气候区、不同人群的适用性可能存在很大差异。Lai 等(2014)在天津地区展开了为期 5 个月的建筑外热舒适研究，比较了预测平均投票(PMV)、PET和普遍热气候指标(UTCI)，得出这三种指标与平均热感觉投票(MTSV)的关系，确立了天津地区的 PET 和 UTCI 尺度。Lin 等(2011)使用 PET 指标对中国台湾风景名胜日月潭周围的人体热舒适进行研究，根据问卷调查结果分析发现其 PET 尺度与标准 PET 尺度相比有偏差，并针对该地区修正了 PET 的尺度。Cohen 等(2013)研究了地中海气候条件的以色列特拉维夫的 PET 尺度，并将其与欧洲和中国台湾地区的 PET 尺度对比，发现 PET 尺度的确受地域适应的影响。

通过文献调研可发现，关于风环境和热气候下人体热反应的研究主要可以归结为两种研究思路：第一种是实地调研风环境与热气候下热舒适与环境参数之间的关系，探索热感觉随环境参数变化的规律；第二种则是基于人体的某一生理参数(大多采用人体平均皮肤温度)试图找出不同环境下人体热感觉与生理参数之间的内在关系。第二种思路一般用于室内热舒适研究，室外热舒适研究较多采用第一种思路，且聚焦于热带地区或者温和地区。我国建筑外风环境与热气候研究集中于南部、东部及西部地区，主要致力于减轻热岛效应带来的热不舒适感。虽近年来热舒适研究覆盖的建筑气候区类型日渐丰富，但在严寒地区城市开展的相关研究依然很少。个别在严寒地区建筑外进行的热舒适研究，如 Xiong 等(2016)开展的实验研究以及陈昕等(2017)进行的实地热舒适调研，未着眼于全年的动态变化规律，无法反映人体的长期热适应性。此外，我国严寒地区气候条件下建筑外热舒适和热感觉的形成机制到底是什么，PET 和 SET*等指标的原始尺度是否适用于描述我国严寒地区城市的热舒适度，局部暴露皮肤的极端感受对整体舒适性的影响如何体现，严寒地区冬季室内外大温差下人体会产生何种热反应和生理反应以及二者之间关系如何，这些问题都是非常有意义的研究内容。事实上，人在寒冷条件下的短期和长期生理反应和热不适感，即所谓冷应力的研究，近年来逐渐得到关注。如 Li 等(2011)提出了简易指标，用于分析长期条件下不同地区人的冷热应力；Mäkinen 等(2004)研究了季节转换条件下人体的动态冷适应等。但这些研究尚不成熟，且关注点更多地放在了冷应力对人体健康伤害的影响方面，与热舒适研究的出发点不完全一致。

3.2　严寒地区室外人体长期动态舒适性变化问卷调查及分析

本节主要采用前述的第一种研究思路，通过长期跟踪问卷调查和气象参数观测，探索全年时间尺度下人群热感觉随环境参数变化的规律，在热感觉和舒适度季节性变化规律的基础上，采用不同热生理指标提出评价方法，同时对人群热适应性进行探究。

3.2.1　问卷与观测概况

本研究以哈尔滨市为研究对象，选取哈尔滨工业大学的一个校区作为研究区域，该校区面积约 47hm^2，建筑高度均不超过 50m 且建筑分布较为分散。研究区域见图 3.1。

影响人体舒适性的环境参数主要包括环境温度、相对湿度、空气流速和太阳辐射，因此测量的气候参数为空气温度、相对湿度、风速和太阳辐射。室外气象参数通过放置于研究区域内距离地面约 10m 高的楼顶的自动气象站进行记录，记录间隔为 5min。自动气象站技术指标见表 3.1。

长期跟踪问卷调查旨在追踪室外人群热感觉和热舒适的季节性变化规律，研究人体在季节变换时对室外环境的热感觉及适应能力等。理论上，被调查者越多则研究结果越可靠，但同时要考虑研究所花费的人力和物力。根据以往的热舒适实验研究工作，为保证结果具有统计学意义，被调查者应达到 30 人以上。本研究选取 31 名身体健康的研究生进行全年热感觉及热舒适跟踪调查。考虑到性别和在当地居住时间长短可能对热感觉有影响，根据性别和居住时间比例选取被调查者，最终参加问卷调查的 31 名被调查者中有男性 16 人、女性 15 人，截至调查开始日在当地居住超过一年的调查者 18 人、未超过一年的调查者 13 人。被调查者的年龄集中在 22～29 岁之间；身高最低为 152cm、最高为 183cm，平均身高为 167cm；体重最低为 42kg，最高为 85kg，平均值为 66.56kg。

图 3.1　研究区域

表 3.1　自动气象站技术指标

气象参数	分辨率	测量范围	精度
空气温度	0.02℃	−40～70℃	±0.2℃
相对湿度	0.1%	0～100%	±2.5%
风速	0.1m/s	0～70m/s	±0.3m/s
太阳辐射(向下短波辐射)	1W/m²	0～2000W/m²	<5%

全年热感觉及热舒适跟踪调查由 2016 年 4 月 28 日开始，至 2017 年 4 月 27 日结束。在调查阶段，每周选取一个天气晴朗的调查日，请 31 名被调查者在早上、中午和傍晚共进行三次问卷的填写。为了尽可能消除被调查者接受调查之前所处环境对其的影响，被调查者被要求在室外活动至少 20 min，在即将回到室内前填写问卷。被调查者均为学生，因此寒假期间未能开展调研。此外为了消除被调查者寒假期间所处环境带来的热惯性影响，要求被调查者在假期结束全部返回调研地点一周后才继续开展调研工作，因此 2017 年 1 月 18 日～2 月 22 日没有进行问卷调研，这一阶段称为调研暂停期，问卷及气象数据欠测。

　　由于被调查者需要在室外填写问卷，为了减少对被调查者活动的限制，便于室外环境中问卷的填写和收集，本研究采用发送电子问卷至被调查者手机端的形式进行调研。调查问卷主要内容包括两个部分，首先是被调查者当前所穿衣物以及活动水平的记录，其次是针对当前环境进行热感觉投票(thermal sensation vote，TSV)和热舒适度投票(theramal comfort vote，TCV)以及偏好投票。被调查者为固定群体，其生理参数资料，如身高、体重和性别等均已在问卷调查开始前收集完毕，因此被调查者只需在问卷中填写姓名即可。在问卷调查开始之前，被调查者均学习过热舒适研究的相关知识，对热舒适的研究方法有一定的了解。

　　热感觉投票标度最常用的是 7 级标度。在本研究中，因哈尔滨处于严寒地区，冬季温度较低，冷感觉需要更详细的区分，因此在 7 级标度的基础上增加“非常冷”和“无法忍受的冷”两种标度。为了保证冷热投票划分区间一致，在热感觉一侧相应增加“非常热”和“无法忍受的热”两种标度。最终，热感觉投票 TSV 采用 11 级标度，见表 3.2；热舒适投票 TCV 采用 7 级标度，见表 3.3。

表 3.2　TSV 标度量表

热感觉	无法忍受的冷	非常冷	冷	凉	稍凉	适中	稍暖	暖	热	非常热	无法忍受的热
TSV 值	−5	−4	−3	−2	−1	0	1	2	3	4	5

表 3.3　TCV 标度量表

热舒适	非常不舒适	不舒适	较不舒适	适中	较舒适	舒适	非常舒适
TCV 值	−3	−2	−1	0	1	2	3

　　本研究所讨论指标均使用 RayMan 模型计算。该模型在德国工程师协会指导规范的基础上开发，通过输入相应参数即空气温度、相对湿度或大气压力、风速、总辐射或平均辐射温度，以及人体生理参数，如身高、体重、年龄、性别、服装热阻、活动量等，可以计算常用的热舒适评价指标、辐射通量密度以及日照时长等。该模型凭借计算简便、结果准确性较高的优点广泛应用于城市区域风环境与热气候相关研究领域。

　　被调查者的基本生理资料如身高、体重、年龄和性别等在问卷调查开始前已统一记录，且每份问卷的填写时间在提交时会自动记录。本研究通过输入问卷提交时间所对应的气象参数、问卷记录的服装热阻和活动水平，计算所有问卷对应的生理等效温度(PET)和标准有效温度(SET*)。

3.2.2　热感觉与热舒适的全年动态分析

1. 各季节气象参数动态变化

　　图 3.2 和图 3.3 为调查期间日平均空气温度、相对湿度、风速和太阳辐射的波动情况。气象站位于竖直高度 10m 处，测量地面风速的风速仪安装在距离地面 2m 高度处，因此

需要进行风速修正：

$$U_1 = U_2 \left(\frac{z_1}{z_2} \right)^{\alpha_U} \tag{3-1}$$

式中　U_1——已知风速，距离地面 10m 高度处，即 z_1 处的风速，m/s；

　　　U_2——地面风速，距离地面 2m 高度处，即 z_2 处的风速，m/s；

　　　α_U——风速修正指数，由相应地貌情况确定，取为 0.4。

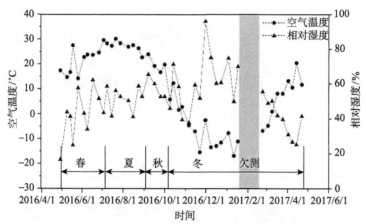

图 3.2　调查期间日平均空气温度和相对湿度变化

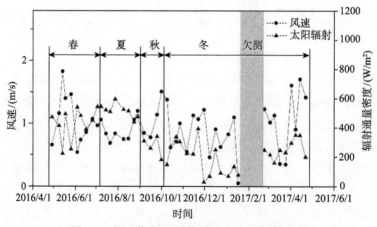

图 3.3　调查期间日平均风速和太阳辐射变化

　　调查期间，最低日平均温度出现在冬季的 1 月 11 日，约为−17℃，最高日平均温度出现在夏季的 7 月 21 日，约为 30℃；最冷月为 12 月和 1 月，月平均温度均约为−12℃；最热月为 7 月，月平均温度约为 28℃。相对湿度的变化趋势总体上与空气温度相反，在冬季前期，受降雪及融雪的影响，相对湿度较高，冬季即将结束时相对湿度变低，调查期间相对湿度变化范围为 20%~95%。调查期间日平均风速在 0~2m/s 之间，春季和冬季风速波动较剧烈，夏季风速较稳定。调查期间日平均太阳辐射在 50~600W/m² 之间，秋季和冬季太阳辐射较低。总体来说，调查期间气象参数季节性变化较明显，春季多风且风速大，夏季温度较高但风速较低，春夏两季太阳辐射较强；秋季温度降低、风速升高、太阳辐射减弱；冬季温度极低，相对湿度较高，风速波动较大，太阳辐射则为全年最低水平。

2. 热感觉全年动态变化

图 3.4 所示为调查期间热感觉变化，纵坐标值为各调查日平均热感觉投票(mean thermal sensation vote，MTSV)，展示人群的平均热感觉。

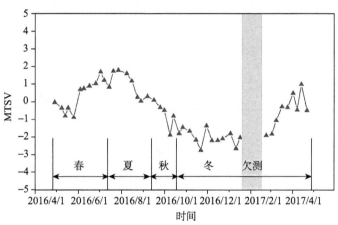

图 3.4　调查期间平均热感觉投票变化

可以看到，春季平均热感觉在"稍凉"和"暖"之间波动。春季的热感觉变化总体与空气温度的变化趋势一致。夏季平均热感觉在"适中"和"暖"之间。夏季中期，平均热感觉达到全年最高值，空气温度也达到全年最高，太阳辐射值在此时达到较高水平。夏季的热感觉主要随空气温度的变化而变化，并且当太阳辐射增强、相对湿度升高时，人群热感觉升高。秋季仅持续 1 个月，热感觉连续下降，空气温度降低，相对湿度降低，风速增大和太阳辐射减弱都是热感觉下降的原因。在秋冬交替之时，热感觉为"凉"，达到秋季最低。冬季历时接近 7 个月，在这一漫长过程中，热感觉与空气温度紧密相关。此外，太阳辐射与热感觉的总体变化趋势相近，当太阳辐射增强时，热感觉一般较高。最低热感觉出现于 11 月底和 1 月中旬，人群平均热感觉为"冷"。

图 3.5 所示的是各季节热感觉投票的频率分布情况。春季热感觉投票范围为"非常冷"至"热"，分布较对称。投票中占比最大的为"适中"(31.1%)。总体来看，春季 TSV 大于 0 的占 42.8%，热感觉偏暖。夏季热感觉由"稍凉"变化至"热"，较集中分布于 TSV 大于 0 的一侧。虽然夏季的"适中"与"稍暖"投票频率与春季相近，但"热"的投票比春季多 10%以上，这说明，从春季到夏季人群感觉越来越热。气象参数统计表明，这是由夏季空气温度较高同时风速较低所导致。秋季热感觉变化范围为"冷"到"热"，较集中分布于 TSV 小于 0 的一侧。总体来说，秋季热感觉偏凉，而同为过渡季节的春季总体热感觉偏暖。这可能是因为春季高温天气较多，而秋季空气温度较低且相对湿度较

高、太阳辐射较弱。冬季热感觉范围为"无法忍受的冷"至"热"。与其他三个季节不同，冬季占比最高的热感觉是"冷"(26.9%)。冬季室外环境空气温度低，相对湿度全年最高，太阳辐射全年最低，无法补偿低温带来的冷感觉——这种气象参数组合使得冬季室外环境总体寒冷。另外值得注意的是，其他季节未出现的"非常冷"(7.9%)和"无法忍受的冷"(0.2%)于冬季出现，但是占比较低，表明冬季室外环境虽然比其他季节恶劣，但对大多数人而言并未达到难以忍受的程度，这可能是因为人们在冬季会相应地增添衣物保存自身的热量，也可能是因为人群对室外环境产生了生理适应和心理适应。

　　各季节热感觉投票的频率分布表明，严寒地区城市室外热感觉的变化有较明显的季节特征。春、夏、秋三个季节，人群普遍感觉"适中"，这三个季节的风环境与热气候基本可以满足舒适性要求。而冬季人们普遍的热感觉为"冷"。

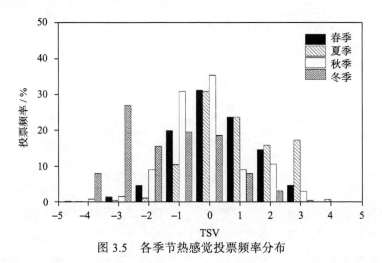

图 3.5　各季节热感觉投票频率分布

3. 热感觉影响因素分析

　　为了探究空气温度、相对湿度、风速和太阳辐射这 4 种气象因素对室外热感觉的影响，将热感觉投票与这 4 个气象参数进行偏相关分析，分析结果如表 3.4 所示。表中 p 为相关关系的显著性系数，r 为相关系数。当显著性系数 p 小于 0.05 时，认为偏相关关系显著。

表 3.4　热感觉投票与气象参数偏相关分析结果

季节	空气温度		相对湿度		风速		太阳辐射	
	p	r	p	r	p	r	p	r
春季	0.000	0.511	0.268	−0.042	0.139	−0.056	0.000	0.314
夏季	0.000	0.457	0.025	0.135	0.217	0.074	0.000	0.324
秋季	0.044	0.177	0.499	0.060	0.632	0.042	0.000	0.315
冬季	0.000	0.477	0.314	−0.027	0.151	0.038	0.000	0.097

可以看到，各季节热感觉与空气温度的偏相关分析显著性水平均小于 0.05，这表明各季节热感觉与空气温度均有显著偏相关关系，且相关系数均为正，说明在相对湿度、风速和太阳辐射保持不变时，热感觉随着空气温度的升高而升高。相对湿度在夏季对热感觉有显著影响，相关系数为 0.135，表明夏季热感觉随着相对湿度的增大而升高。可以看出，相对湿度在高温环境对热感觉影响较大、在温和或者低温环境对热感觉无显著影响。若剔除空气温度、相对湿度和太阳辐射对热感觉的影响，风速与热感觉无显著相关关系。生活经验告诉我们冬季风速增大时会感觉更冷，这是因为风速和其他气象参数共同作用于人体热感觉。在人体与外界热交换的过程中，风速主要影响皮肤表面的汗水蒸发产生的热损失以及对流热损失，这两项热损失还分别受相对湿度和空气温度的影响。太阳辐射与热感觉的偏相关显著性水平在所有季节都小于 0.05，这说明太阳辐射与热感觉全年显著相关，且均随太阳辐射增强而升高。不过值得注意的是，冬季两者相关系数最小，仅为 0.097，这可能是由于冬季太阳辐射变化范围较小，两者虽然有显著相关性，但冬季太阳辐射的变化引起的热感觉变化有限；夏季两者相关系数最大，这说明太阳辐射在高温环境对热感觉的影响最显著。

此外，个体差异（包括性别和长期居住地差异）也可能会影响人群的热感觉，本研究为此分析了不同性别及不同居住时间人群的热感觉差异。如前文所述，被调查者性别比接近 1:1，58%的被调查者在调研开始时已在严寒地区居住超过一年，其他被调查者未超过一年。

图 3.6 所示为各季节不同性别被调查者的热感觉投票和服装热阻分布情况。可以看出，春季男性与女性的热感觉平均水平相近，男性总体热感觉偏高，女性热感觉波动较大；夏季男性平均热感觉为"稍暖"，比女性平均热感觉高一个尺度；秋季，男性平均热感觉水平下降至"适中"，而女性热感觉平均水平接近"适中"；进入冬季之后，男性平均热感觉下降至"凉"，女性热感觉下降至"稍凉"。与秋季相比，冬季男性热感觉下降比女性剧烈，而且值得注意的是，极端冷感觉"无法忍受的冷"投票都是由男性做出，表明冬季男性的热感觉总体比女性要低。由图可见，夏季男性服装热阻比女性低，

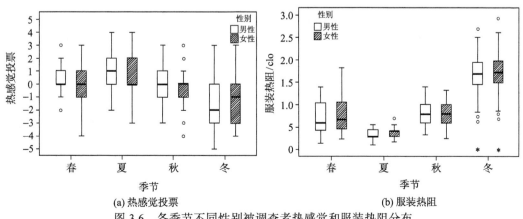

(a) 热感觉投票　　　　　　　　　　　(b) 服装热阻

图 3.6　各季节不同性别被调查者热感觉和服装热阻分布

但热感觉却高，冬季在服装热阻相差不大的情况下，男性比女性感觉更冷。这说明，造成性别间热感觉季节性差异的，主要是性别本身的环境忍耐度不同，而不是着装热阻。总体上男性比女性对环境的忍耐度低。

　　图 3.7 给出了各季节不同居住时间被调查者热感觉投票和服装热阻分布情况。春季两类被调查者的热感觉平均水平都为"适中"，且变化范围相差不大；夏季平均热感觉相近，在严寒地区居住超过一年的被调查者热感觉变化范围比未超过一年的人群大；秋季居住超过一年的人群热感觉变化范围相对较小；冬季在严寒地区居住时间超过一年的被调查者平均热感觉为"稍凉"，而居住时间未超过一年的被调查者平均热感觉为"凉"。由此可见，居住时间这一因素会对人们的热感觉产生一定影响。对两类被调查者的服装热阻分布进行分析，发现两类被调查者各季节服装热阻分布未呈现显著差异。这说明，在严寒地区居住时间未超过一年的被调查者冬季热感觉较低的主要原因是其还未完全适应严寒地区的冬季室外环境。

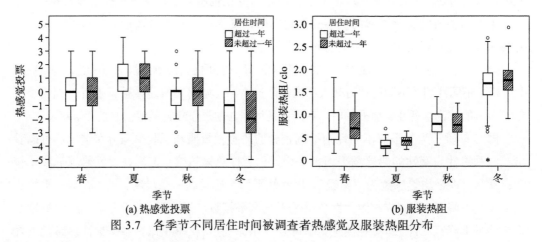

(a) 热感觉投票　　　　　　　　　　　　　(b) 服装热阻

图 3.7　各季节不同居住时间被调查者热感觉及服装热阻分布

4. 热舒适全年动态分析

　　图 3.8 给出的是全年平均热感觉投票(MTSV)和平均热舒适投票(MTCV)的变化情况。春季人群平均热舒适基本上在"适中"至"较舒适"范围内波动，表明春季人群舒适度较好。值得注意的是，5 月热舒适投票出现了负值，这是由热感觉突升所造成的。总体来说，春季前期热感觉低于"稍暖"时，热舒适随着热感觉的上升而上升，春季后期热舒适比前期高，但当热感觉高于"稍暖"时，热舒适有所下降。夏季，热舒适于 7 月下旬出现负值，说明此时人群出现不舒适，而平均热感觉曲线表明此时正值全年热感觉最高之时。之后，随着热感觉下降，热舒适上升，在夏秋交替之时人群普遍感觉"较舒适"。秋季热感觉持续下降，但人群热舒适保持稳定，普遍为"较舒适"。冬季开始，热感觉和热舒适同时出现剧烈的变化，平均热感觉变化至"凉"时，平均热舒适急剧恶化，从"较舒适"变为了"不舒适"。此后直至 3 月中旬，热舒适投票一直为负，说明在这将近 6 个月的时间内人群的舒适度都较差。从 3 月下旬开始至冬季结束，人群平均热舒适没有出

现"不舒适",平均热感觉在"稍凉"和"稍暖"之间波动。总体来说,春、夏、秋季人群室外舒适度较好,冬季前6个月舒适度较差,且相比于夏季高温天气的影响,冬季严寒气候对人群舒适度的影响程度更高。

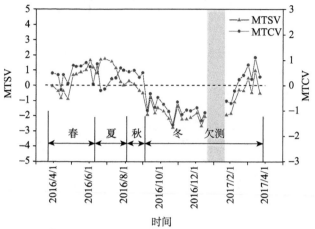

图3.8 全年平均热感觉和平均热舒适变化

图3.9所示的是各季节热舒适度投票频率的分布情况。由图可见,春季,"适中"占比最多(33.3%),不舒适一侧的投票占比 18.8%;夏季,"较舒适"占比最多(26.5%),不舒适一侧的投票占比 26.7%;秋季与春季相近,"适中"投票最多(31.6%),不舒适一侧投票占比19.7%;冬季"较不舒适"投票(32.6%)比其他季节高10%以上,也是整个冬季占比最多的投票,不舒适一侧投票占比达到 54.7%。各季节热舒适投票频率表明,春季和秋季人群的不舒适较少,而严寒地区城市冬季室外环境确实较为恶劣,不能满足大多数人的舒适要求。

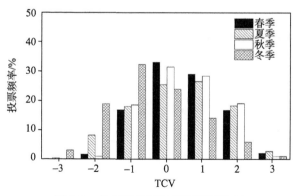

图3.9 各季节热舒适投票频率分布

5. 热感觉与热舒适的关系

为了探究各季节人群热感觉和热舒适的关联关系,将每个季节热感觉投票对应的热舒适投票进行平均,得到热感觉投票与平均热舒适投票的对应关系,见图 3.10。春季,当热感觉为"冷"、"凉"和"热"时，人群普遍产生不舒适感。夏季，当热感觉为"热"、"非常热"和"无法忍受的热"时，人群普遍"较不舒适"，而且值得注意的是，当热感觉投票达到"热"以后，即使热感觉继续上升，平均舒适度投票也几乎无变化。秋季热感觉为"凉"时，不舒适感出现。冬季在热感觉为"稍凉"、"凉"、"冷"、"非常冷"和"无法忍受的冷"时，人群都有不舒适感。

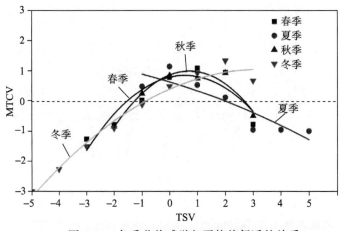

图 3.10　各季节热感觉与平均热舒适的关系

此外，在不同季节，同样的热感觉会带来不同的热舒适度，如热感觉在"稍凉"左右时，夏季舒适度最高，春季和秋季舒适度较好，但在冬季会造成不舒适感。再比如"适中"热感觉带来的舒适度在过渡季节较高、在冬季最低。当热感觉在"适中"和"稍暖"之间时，冬季和夏季的舒适度相近或相同，当热感觉再继续上升，冬季舒适度超过夏季；当热感觉大于"暖"时，冬季舒适度最高，其他季节舒适度处于下降趋势，且夏季有不舒适度产生。

3.2.3　严寒地区全年热感觉与热舒适评价方法

1. PET 尺度划分

生理等效温度(PET)是基于慕尼黑能量平衡模型(Munich energy-balance model for individuals, MEMI)开发的指标。MEMI 主要基于人体的热平衡方程，求解需要三个变量，即服装表面温度、皮肤温度以及人体核心温度，因此需要与另外两个方程联立构成方程组求解，见式(3-2)～式(3-4)：

$$M - W - C - R - \left(E_{\mathrm{d}} + E_{\mathrm{sw}} + E_{\mathrm{re}} + C_{\mathrm{re}}\right) - S = 0 \tag{3-2}$$

式中 M——人体代谢率，$\mathrm{W/m^2}$；

　　W——人对外做的功，$\mathrm{W/m^2}$；

　　C——人体对流热损失，$\mathrm{W/m^2}$；

　　R——人体辐射热损失，$\mathrm{W/m^2}$；

E_d——皮肤表面水蒸气扩散带走的热量，W/m^2；

E_{sw}——皮肤表面汗水蒸发带走的热量，W/m^2；

E_{re}——呼吸潜热损失，W/m^2；

C_{re}——呼吸显热损失，W/m^2；

S——蓄热量，W/m^2。

式(3-2)中的各项均反映人体单位表面积的产热和散热量。

$$F_{cs} = v_b \times \rho_b \times c_b \times (T_c - T_{sk}) \tag{3-3}$$

式中 F_{cs}——从人体核心传至皮肤表面的热量，W/m^2；

v_b——从人体核心流向皮肤的血流量，$L/(s \cdot m^2)$；

ρ_b——血液密度，kg/L；

c_b——血液比热容，$J/(kg \cdot ℃)$；

T_c——人体核心温度，℃；

T_{sk}——皮肤温度，℃。

$$F_{sc} = (1/I_{cl}) \times (T_{sk} - T_{cl}) \tag{3-4}$$

式中 F_{sc}——从人体皮肤表面传至服装表面的热量，W/m^2；

I_{cl}——服装热阻，clo，$1clo=0.155m^2 \cdot ℃/W$。

PET 的定义为，当人体处于某一环境(室内或者室外)，其核心温度和皮肤温度与一个身高 180cm、体重 75kg、服装热阻 0.9clo、代谢率 80W/m² 的男性在一个典型房间时的核心温度和皮肤温度分别相等，那么这个典型房间的空气温度就是当前实际环境中的生理等效温度 PET。其中典型房间假定平均辐射温度等于空气温度，水蒸气分压力等于 1200 Pa(近似于空气温度为 20℃时相对湿度为 50%)，风速等于 0.1m/s(Mayer et al.，1987)。

图 3.11 所示为全年 PET 与 MTSV 的关系。以 1℃为 PET 区间，将落在每个区间的所有 TSV 进行平均，将得到的 MTSV 与 PET (计算方法见 3.2.1 节)进行线性拟合，得到 PET 与 MTSV 的关系。

根据全年 PET 和 MTSV 的拟合公式，得到以哈尔滨 PET 尺度。在本研究中，可以确定 PET 上下限值的热感觉范围为"凉"至"暖"，其他热感觉如"热"、"很热"、"冷"和"很冷"因无法明确具体 PET 区间故不表示于 PET 尺度中。将所得到的尺度与天津(Lai et al.，2014)、台湾(Lin et al.，2008)和雅典(Matzarakis et al.，1996)的 PET 尺度进行对比如表 3.5 所示。

本研究得到的哈尔滨 PET 尺度范围为–19~55℃。在 PET 为 10~25℃时，热感觉为"适中"，这一范围与天津地区对应的中性范围相近，比雅典和台湾低。这说明严寒地区城市的人们对低温环境更加适应，因而温度较低时，严寒地区城市人群的热感觉比热带和温和气候区的人群高。哈尔滨地区"稍暖"热感觉对应的 PET 尺度为 25~40℃，这一尺度范围比另外三个地区大。哈尔宾"稍暖"热感觉对应的 PET 下限与天津和雅典相近，但上限分别比这两个地区高了 9℃和 11℃。哈尔滨"暖"对应的 PET 范围为 40~55℃，比其他地区的 PET 范围宽，且上限和下限都更高。另一方面，哈尔滨"稍凉"和"凉"热感觉对应的 PET 尺度范围比其他地区大。哈尔滨的总体 PET 尺度范围比其他地区大，说明严寒地区城市人群热感觉对 PET 变化不如其他地区人群敏感。

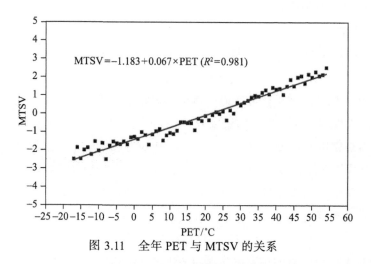

$$MTSV = -1.183 + 0.067 \times PET \quad (R^2 = 0.981)$$

图 3.11　全年 PET 与 MTSV 的关系

表 3.5　各地区 PET 尺度对比　　　　　　　　（单位：℃）

热感觉	哈尔滨 PET 尺度	天津 PET 尺度	雅典 PET 尺度	台湾 PET 尺度
很热	—	>46	>41	>42
热	—	36~46	35~41	38~42
暖	40~55	31~36	29~35	34~38
稍暖	25~40	24~31	23~29	30~34
适中	10~25	11~24	18~23	26~30
稍凉	−4~10	−6~11	13~18	22~26
凉	−19~−4	−11~−6	8~13	18~22
冷	—	−16~−11	4~8	14~18
很冷	—	<−16	<4	<14

2. SET*尺度划分

标准有效温度 SET*是在有效温度 ET 的基础上发展而来，它将干球温度、湿度和空气流速综合成了一个指标，表示当前环境对人体热感觉的影响。SET*定义为，某个空气温度等于平均辐射温度、相对湿度为 50%、空气流动速度为 0.125m/s 的假设环境中，一个身着标准热阻服装($I_{cl} = 0.6$clo)、代谢当量为 1MET(1MET=58.15 W/m²)的人，若他的平均皮肤温度和皮肤湿润度与他在实际环境和实际服装热阻条件下相同，则热损失也必相同，那么这个假设环境中的空气温度就是上述实际环境的 SET*。SET*的理论基础是 Gagge(1971)提出的人体温度调节的两节点模型。该模型将人体分为两层，分别称为核心层和皮肤层。人体进行新陈代谢在核心层产生一部分热量，其中一部分通过呼吸直接损失到外界环境中，其余的热量则传到了皮肤层。传到皮肤表面的热量，一部分因为汗液的蒸发而散失，其余的热量通过所穿衣物传到衣物外表面，之后以辐射和对流的形式散失到外界环境中。

图 3.12 所示为全年 SET*与 MTSV 的关系。以 1℃为 SET*区间，将 TSV 进行平均，得到每 1℃ SET*对应的 MTSV，然后进行线性拟合，根据拟合公式得到哈尔滨 SET*尺度。在本研究中，SET*覆盖的热感觉范围为"凉"至"暖"。本研究得到的 SET*尺度与 SET*原始尺度(Gagge,1971)列于表 3.6。SET*原始尺度中热感觉标度与本研究的标度不完全一致，分别为"很热"、"热"、"暖"、"稍暖"、"适中"、"稍凉"、"凉"、"冷"、"很冷"。哈尔滨"适中"热感觉对应的 SET*范围与之相近。哈尔滨"暖"对应的范围比较宽，上限达到 45℃，这在原始尺度里对应的热感觉为"很热"。这说明，严寒地区城市人群室外热感觉对 SET*变化不敏感。

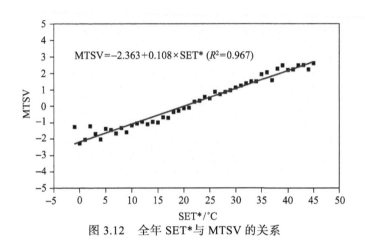

图 3.12　全年 SET*与 MTSV 的关系

表 3.6　各地区 SET*尺度对比

热感觉	哈尔滨 SET*尺度/℃	原始尺度/℃
很热	—	35～40
热	—	
暖	28～45	30～35
稍暖	27～38	25～30
适中	17～27	20～25
稍凉	8～17	
凉	−1～17	15～20
冷	—	10～15
很冷	—	<10

3. 全年热感觉与热舒适预测

建立热感觉预测模型，不仅可以量化环境中各参数对热感觉的影响，而且可以利用预测模型通过计算气象参数和人体参数得到人群室外平均热感觉。本研究以空气温度 T_a、相对湿度 RH、风速 V_a 以及太阳辐射 G 为自变量，以热感觉投票为因变量，通过多元线性回归得到各季节及全年热感觉预测模型，见表 3.7。

表 3.7　各季节及全年热感觉预测模型

季节	热感觉预测模型
春季	$\mathrm{TSV} = -2.662 + 0.125T_a - 0.076V_a + 0.001G \left(R^2 = 0.665 \right)$
夏季	$\mathrm{TSV} = -5.948 + 0.204T_a + 0.017\mathrm{RH} + 0.001G \left(R^2 = 0.556 \right)$
秋季	$\mathrm{TSV} = -2.459 + 0.098T_a + 0.002G \left(R^2 = 0.423 \right)$
冬季	$\mathrm{TSV} = -1.444 + 0.083T_a + 0.001G \left(R^2 = 0.569 \right)$
全年	$\mathrm{TSV} = -1.339 + 0.077T_a - 0.075V_a + 0.001G \left(R^2 = 0.715 \right)$

前文对不同季节热感觉和热舒适的关系分析表明，各季节人群的热舒适度并不完全相同，相同的热感觉也会带来不同的热舒适度，因此在进行热舒适区间划分时需细分到季节，从而得到不同季节热感觉与热舒适的对应关系。通过曲线拟合得到各个季节以及全年热感觉和热舒适的关系式，见表 3.8。

表 3.8　各季节及全年热舒适预测模型

季节	热舒适预测模型
春季	$\mathrm{TCV} = 0.787 + 0.215\mathrm{TSV} - 0.198\mathrm{TSV}^2 \ (R^2 = 0.748)$
夏季	$\mathrm{TCV} = 0.629 - 0.278\mathrm{TSV} - 0.021\mathrm{TSV}^2 \ (R^2 = 0.706)$
秋季	$\mathrm{TCV} = 0.86 - 0.361\mathrm{TSV} - 0.255\mathrm{TSV}^2 \ (R^2 = 0.883)$
冬季	$\mathrm{TCV} = 0.389 - 0.404\mathrm{TSV} - 0.062\mathrm{TSV}^2 \ (R^2 = 0.968)$
全年	$\mathrm{TCV} = 0.351 + 0.196\mathrm{TSV} - 0.107\mathrm{TSV}^2 \ (R^2 = 0.857)$

3.2.4　人群室外热适应分析

在上述对热感觉和热舒适的季节变化分析过程中，发现不同季节热感觉与热舒适的对应关系并不完全一致。这说明人们在特定环境中的热感觉和热舒适不仅建立在外界环境和人体之间的热交换基础上，也可能受到适应性的影响。本研究主要关注的是适应性中的行为适应和心理适应。

1. 行为适应

为了研究人群在全年气象波动过程中出现的行为适应，对人群服装热阻进行分析。图 3.13 所示的是各季节服装热阻与空气温度的关系。取 5℃为一个温度区间，将每个温度区间内服装热阻取平均值，得到不同温度对应的服装热阻水平。可以看出，春季服装热阻总体随温度的升高而降低，在空气温度低于 20℃时，服装热阻并没有明显随着温度升高而降低，而是基本维持不变。当空气温度稍高于 20℃时，服装热阻出现明显下降，而当温度继续上升时，人群服装热阻平均值又基本保持不变。夏季空气温度从 15℃变化到　35℃，但服装热阻基本不变，这是因为实际生活中此时已不能依靠继续减少服装热阻来适应环境。秋季服装热阻同样基本没有变化，即使秋季有近 15℃ 的温差。冬季的数据显示，随着空气温度降低，人们逐渐增添衣服。当冬季将要结束，空气温度回升，人们会减少所穿衣物，尽量保持较好的热舒适水平。

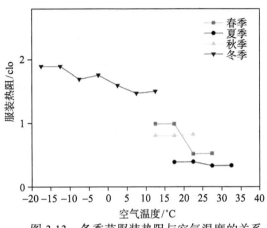

图 3.13　各季节服装热阻与空气温度的关系

值得关注的是，不同季节同一温度对应的服装热阻不同。当空气温度区间为 10～15℃ 时，冬季的服装热阻最高，春季次之，秋季最低。这体现了人们对外界环境的反应有滞后性，在春季人们习惯慢慢减少衣物，在秋季则慢慢增加衣物，来提高自己对环境的适应力。同样的温度下冬季的衣物最多，是因为人们对服装产生了一定的依赖心理，一旦衣物增加之后，人们不愿贸然脱去衣物，因此冬季的服装热阻一直维持在较高水平。当空气温度在 15～20℃ 之间时，春季服装热阻最高，秋季次之，夏季最低。同样的温度下夏季服装热阻较低，是因为人们在入夏经历高温后更期望有凉爽的环境，当空气温度比较低时，人们为了凉爽而保持服装热阻水平不变。

2. 心理适应

热舒适指标的计算过程中包含了服装热阻，指标值的大小也在一定程度上体现了服装热阻的变化，因此对比分析相同热舒适指标对应的实际热感觉，可以更明确行为适应的影响，从而更清晰地体现心理适应的作用(Lin et al.，2011)。本研究将各季节的热舒适指标与实际热感觉投票进行对比。

图 3.14 给出了各季节 PET 与 MTSV 的关系，并对各季节的数据进行线性拟合，得到各季节 PET 与 MTSV 的线性关系式。可以看出，秋季 MTSV 与 PET 关系式的斜率最大，即秋季 MTSV 相对于 PET 的变化最大；冬季的关系式斜率最小，即 PET 变化相同时冬季 MTSV 的变化最小。MTSV 为 0 时对应的 PET 即为各季节的中性 PET，春、夏、秋、冬季的中性 PET 分别为 18.7℃、20.0℃、21.9℃、18.0℃，各季节中性 PET 相差不大，其中冬季的最低，秋季的最高。冬季中性 PET 低是因为人们在漫长的冬季产生了一定的适应性。同为过渡季节，秋季中性 PET 较高，春季中性 PET 较低，这与热经历有关，

秋季之前的夏季让人们对高温有了一定适应性，因此更偏爱稍暖的温度，而春季之前的冬季则让人们适应了较低的温度，因此感觉较舒适的温度比秋季低了近 3℃。这说明，人们在季节变换和气象参数波动过程中产生的心理适应，确实会影响不同季节的热感觉和热舒适。

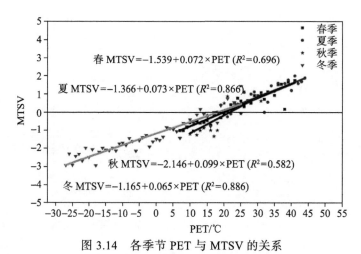

图 3.14　各季节 PET 与 MTSV 的关系

图 3.15 给出了各季节 SET*与 MTSV 的关系，并对各季节的数据进行线性拟合，得到各季节 SET*和 MTSV 的关系式。可以看出，冬季关系式的斜率最大，即 MTSV 相对于 SET*的变化最大；夏季的最小，即 SET*变化相同时夏季 MTSV 的变化最小。当 MTSV 为 0 时对应的 SET*即为各季节的中性 SET*。春、夏、秋、冬四个季节的中性 SET*分别为 18.3℃、14.5℃、21.3℃、26.4℃，可以看到，冬季的中性 SET*最高，夏季的最低。

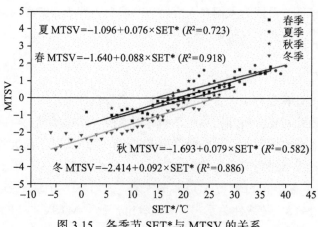

图 3.15　各季节 SET*与 MTSV 的关系

Lin 等(2011)给出了香港地区 MTSV 与 SET*的线性关系式，见表 3.9。与本研究中哈尔滨的关系式比较可以发现，香港地区夏季关系式的斜率较大，冬季关系式的斜率较小，这说明香港地区人群对夏季室外环境较敏感；哈尔滨地区冬季关系式的斜率最大，夏季关系式的斜率最小，这说明严寒地区城市人群对冬季室外环境更为敏感。其原因在于，香港地区夏季炎热，室内一般为空调环境，较为凉爽，人们在室内环境停留的时间一般比室外长，当习惯了室内较为凉爽的环境再到室外时，会对炎热更敏感。哈尔滨冬季室内为供暖环境，设计温度一般为 18～24℃，与室外温度差最高可以达到 50℃，因此长时间处于室内温暖环境的人群对寒冷更敏感。

表 3.9　香港地区 MTSV 与 SET*的关系

季节	MTSV 与 SET*的关系式
夏季	$MTSV = -3.814 + 0.13 \times SET^* \left(R^2 = 0.92 \right)$
冬季	$MTSV = -2.066 + 0.074 \times SET^* \left(R^2 = 0.95 \right)$

不论是 PET 还是 SET*，其与热感觉的季节性关系都表明，在不同季节，相同的温度指标可能对应着不同的热感觉。因为指标包含了气象参数以及服装热阻等因素，所以季节间的差异反映的就是心理适应对热感觉的影响。需要指出的是，对比发现，各季节中性 PET 和中性 SET*的规律并不一致。与其他季节相比，冬季中性 SET*最高，但中性 PET 最低。根据之前的推测，冬季中性 PET 低是因为人们在漫长的冬季产生了一定的适应性。在香港地区开展的研究(Hwang et al., 2011)计算了夏季和冬季的中性 SET*，发现冬季中性 SET*比夏季的低了 1.3℃；在香港地区开展的另一项研究(Ng et al., 2012)对比了 PET 指标，发现冬季中性 PET 比夏季的低了 4℃，这与 PET 分析得出的规律相符。PET 分析与 SET*分析出现不同结果可能因为这两个指标是建立在不同的模型基础上：首先，PET 的理论基础即 MEMI 在计算人体表面热流量时，将衣物覆盖部分和直接暴露在环境中的部分分开计算；其次，SET*定义中假设环境相对湿度为 50%，而 PET 假设环境水蒸气分压力为 1200Pa；最后，在 SET*的假设中，实际环境中的皮肤湿润度和平均皮肤温度要与假设环境中一样，而在 PET 的假设中，则是两个环境中人体核心温度和皮肤温度分别相等。

3.3　严寒地区冬季室外人体舒适性试验研究及评价方法

本节通过测量冬季人体从室内到室外这一过程中各部位皮肤温度，研究严寒地区人体热反应的动态变化，以及皮肤温度和热感觉、热舒适之间的关系。通过设置不同的工况，暴露人体不同部位，探究低温室外环境下局部冷刺激对人体热感觉和热舒适的影响，为通过实施更合理的建筑内部环境控制策略改善人体舒适度提供数据支持。

3.3.1　试验方法

试验研究在黑龙江省哈尔滨市的冬季开展，受试者男女比例相当且统一着装。皮肤温度记录仪是一个封装在 16mm 厚的不锈钢外壳内的芯片，测量精度 ±0.1℃，皮肤温度测点为 7 点，分别为脸部、腹部、小臂、手背、大腿、小腿和脚背。环境参数采用 TRM-ZS2 型自动气象站进行测量，测量参数主要为空气温度、相对湿度、风速以及太阳辐射。

　　为了研究冬季局部暴露在严寒环境中的部位对生理热反应的影响，在室外测试阶段，通过使用围巾和手套设置了四种工况，分别为无暴露工况(C1)、手与脸部皆暴露工况(C2)、仅手部暴露工况(C3)和仅脸部暴露工况(C4)。工况 C1 中，受试者在室外阶段同时穿戴围巾和手套；工况 C2 中，受试者在室外阶段既不穿戴围巾也不佩戴手套；工况 C3 中，受试者仅穿戴围巾；工况 C4 中，受试者仅佩戴手套。

　　测试流程见图 3.16。在测试开始之前，受试者需穿着特定衣物，并使用医用透气胶布将皮肤温度记录仪粘贴在身体的 7 个测点部位。为了尽可能消除受试者不同初始热状态的影响，测试流程以一个 30min 的适应阶段作为开始。在该阶段，受试者静坐于室内从事简单的电脑操作活动。接下来是第一阶段，受试者继续从事适应阶段的活动，同时皮肤温度记录仪开始记录，该阶段持续 20min。在第一阶段的最后 1min，受试者需要行走至房间门口，穿上羽绒服，并按照各工况设置的规定着装。在受试者走出房间后第二阶段开始，这一阶段受试者持续慢走或静止站立，每一位受试者都在测试中分别进行这两种活动。出于对受试者身体健康的考虑，第二阶段限制在 30min 的时长以内。第二阶段结束后，第三阶段开始，受试者回到室内，脱去第一阶段最后增加的衣物并重复进行适应阶段的活动，该阶段持续 30min。整个测试流程持续 80min。

　　测试过程中受试者需填写问卷。问卷包含总体和局部热感觉投票、热舒适投票等问题。局部热感觉投票涉及的身体部位与皮肤温度测点相对应。热感觉投票和热舒适投票的标度与 3.2 节长期动态研究采用的标度(表 3.2 和表 3.3)一致。此外，在第一阶段的第 3min 以及第三阶段的第 3min 进行血压测量。测试过程中问卷调查填写及血压测量时间点见图 3.16。

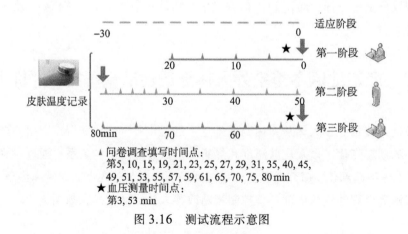

图 3.16　测试流程示意图

3.3.2　冬季人体室外热感觉及热舒适变化

图 3.17 显示的是受试者脸部、手背、小臂、腹部、大腿、小腿和脚背以及总体热感

觉变化情况。在第一阶段，总体和局部热感觉均处于"稍暖"水平。第二阶段，当受试者受到冷刺激后，总体和局部热感觉不同程度地下降。在工况 C1 中，大腿及小腿部位在第二阶段热感觉投票值下降幅度最大，最终为"稍凉"，且总体热感觉与这两个部位相近。在工况 C2 中，手背热感觉最低，在第二阶段第 10min 已下降至"凉"，同时，总体热感觉与此部位最接近；另一个暴露部位脸部的热感觉则是所有部位中第二低的——在"稍凉"水平上下波动。在工况 C3 中，总体热感觉同样接近热感觉最低的部位，最终在第二阶段的最后与手背的热感觉一起下降至"凉"与"冷"之间。在工况 C4 中，脸部热感觉最低，在第二阶段的最后为"凉"，同样地，总体热感觉与之为接近。这四种工况中的热感觉变化规律都表明，总体热感觉与身体最冷部位的热感觉最接近。在第三阶段，总体与各局部热感觉均恢复至较稳定状态，但热感觉水平比第一阶段略低。

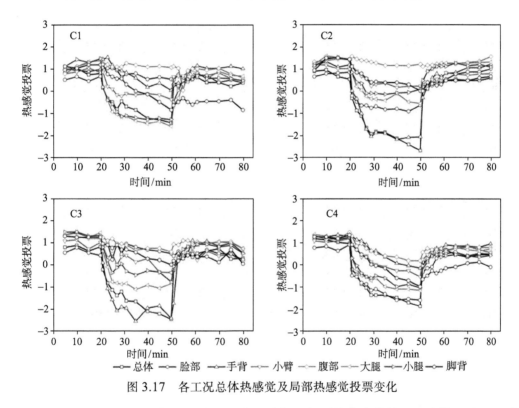

图 3.17　各工况总体热感觉及局部热感觉投票变化

图 3.18 显示的是受试者在试验过程中的热舒适投票均值变化情况。在第一阶段，总体舒适感在"较舒适"水平左右。在第二阶段，热舒适并没有像热感觉一样马上降为负值。当脸部和手部均未暴露时，热舒适较逐渐下降，最终稳定在"较不舒适"水平。当手部和脸部分别单独暴露时，热舒适水平较低，在第二阶段最后也达到了"较不舒适"水平。当脸部和手部同时暴露时，第二阶段总体热舒适最后降低至"不舒适"水平。在第三阶段，热舒适水平都在进入室内的瞬间上升至"适中"水平，之后渐渐恢复至"适中"与"较舒适"之间的水平，且这一阶段热舒适水平均比第一阶段低，说明室外冷经历会对之后的室内热舒适水平造成影响。与热感觉水平比较可发现，尽管工况 C2 和 C3

热感觉相近，但在暴露部位较多的工况 C2 中，热舒适低了 1 个标度，这表明总体热舒适不仅与总体热感觉有关，还与局部热感觉有关。

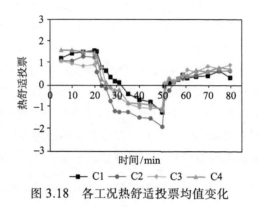

图 3.18　各工况热舒适投票均值变化

3.3.3　冬季人体室外热生理反应变化

图 3.19 展示了各工况各部位的皮肤温度变化情况。在第一阶段，各部位的皮肤温度均在 34℃左右。在第二阶段，工况 C1 中各部位的皮肤温度下降幅度小于其他工况。在工况 C2、C3 和 C4 中，暴露部位的皮肤温度比未暴露部位下降更剧烈且最终明显更低。在工况 C2 中，手背温度下降至 20℃，脸部温度下降至 23℃。在工况 C3 中，手部作为

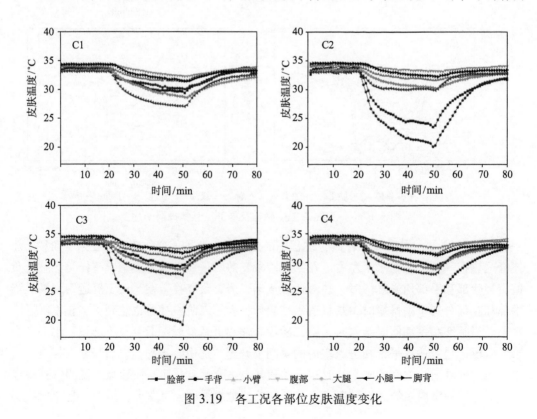

图 3.19　各工况各部位皮肤温度变化

唯一暴露的部位，手背温度下降至 19℃。在工况 C4 中，脸部温度下降至 21℃。这几个工况的数据表明，手部温度变化大于脸部。在第三阶段，皮肤温度逐渐回升，在 30min 内渐渐趋于稳定，并且，手部温度的恢复速率高于脸部。

　　通过回归分析得出总体热舒适与总体热感觉的关系，发现有局部部位暴露的工况即工况 C2、C3 和 C4 回归方程系数十分相近，这也与图 3.18 中对四种工况下受试者热舒适的对比分析得到的总体热舒适与局部热感觉有关的结论是相符的。因此，本研究将这三种工况中二者的关系用同一回归式表示，见表 3.10。可以看出，无论有无局部暴露，总体热舒适与热感觉的拟合优度均大于 0.8，说明拟合效果良好。在无暴露工况下，二者呈非线性关系，而在有暴露工况，二者呈线性关系。当热感觉大于 0 时，无暴露工况下人体会因热感觉的上升而出现不适感，而在有暴露工况下则恰恰相反。

表 3.10　总体热舒适与总体热感觉的关系

暴露情况	$\mathrm{TCV}_{总体}$ 与 $\mathrm{TSV}_{总体}$ 的关系式
无暴露	$\mathrm{TCV}_{总体} = 0.309 - 0.107\mathrm{TSV}_{总体} - 0.213\mathrm{TSV}^2_{总体}\ (R^2 = 0.845)$
有暴露	$\mathrm{TCV}_{总体} = 0.0675 + 0.628\mathrm{TSV}_{总体}\ (R^2 = 0.936)$

3.3.4　热感觉与热生理预测方法

　　将各部位的皮肤温度结合起来，得到平均皮肤温度 MST(mean skin temperature)，其计算方法如下：

$$\mathrm{MST} = 0.07T_{脸部} + 0.35T_{腹部} + 0.14T_{小臂} + 0.05T_{手背} + 0.19T_{大腿} + 0.13T_{小腿} + 0.07T_{脚背} \tag{3-5}$$

式中　$T_{脸部}, T_{腹部}, T_{小臂}, T_{手背}, T_{大腿}, T_{小腿}, T_{脚背}$——脸部、腹部、小臂、手背、大腿、小腿和脚背的局部皮肤温度，℃。

　　计算四种工况中第二阶段每 1℃ MST 区间内的平均热感觉，并作线性回归，二者关系见图 3.20 和表 3.11。可以发现，平均热感觉随平均皮肤温度上升而升高，但是在相同的皮肤温度下，手部暴露时热感觉更低。如在手部不暴露的工况 C1 和 C4 中，当受试者

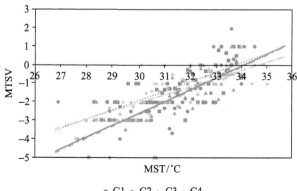

■ C1　● C2　▲ C3　● C4

图 3.20　不同工况 MTSV 与 MST 的关系

平均皮肤温度为 28℃时热感觉为"冷",但在其他两个手部暴露的工况中,受试者的平均热感觉为"非常冷",这表明手部的暴露很大程度地降低了总体平均热感觉。

表 3.11　总体平均热感觉与平均皮肤温度的关系

工况	MTSV 与 MST 的关系式
C1	$MTSV = 0.5092MST - 17.189$ $(R^2 = 0.533)$
C2	$MTSV = 0.6442MST - 21.941$ $(R^2 = 0.637)$
C3	$MTSV = 0.5123MST - 16.227$ $(R^2 = 0.520)$
C4	$MTSV = 0.4422MST - 15.31$ $(R^2 = 0.652)$

3.4　本章小结

本研究以严寒地区城市室外人群热舒适为研究对象,开展了为期一年的室外热舒适跟踪调查以及一系列热生理测试,对严寒地区城市室外人群舒适性动态变化规律进行了分析,并对热感觉、热舒适预测方法进行了探讨,得出以下结论:

(1) 热感觉的变化有较明显的季节性特征,春季平均热感觉在"稍凉"和"暖"之间,夏季平均热感觉由接近"稍暖"降至"适中"。秋季平均热感觉从"适中"变为"稍凉"。冬季平均热感觉在"冷"和"稍暖"之间波动。对各季节热感觉投票频率分布的比较表明,冬季人们普遍感觉为"冷"。春、夏、秋季人群室外舒适度较好,冬季 10 月至 3 月舒适度较差。冬季超过 50%的不舒适投票表明,哈尔滨冬季室外环境确实不能满足大多数人的舒适要求。

(2) 春季、秋季和冬季热感觉与空气温度、太阳辐射的相关性显著,夏季热感觉与空气温度、相对湿度和太阳辐射显著相关。人们在长期气象波动条件下会出现心理适应和行为适应现象。行为适应有一定的滞后性,严寒地区人群在夏季和冬季的心理适应与热带地区人群有差异。热感觉与热舒适的关系有着季节性差异,不同季节相同热感觉可能带来不同的热舒适水平。

(3) 室外严寒环境下,手部温度变化较大,且更大程度地影响了总体热感觉。在冷感觉下,即使平均皮肤温度相同,手暴露时对应的热感觉也更低。总体热感觉与身体最冷部位的热感觉最为接近,而总体热舒适不仅与总体热感觉有关,还与局部热感觉有关。无暴露工况下,总体热感觉与热舒适呈非线性关系,而在有暴露工况,二者呈线性关系。

第4章 严寒地区城市风环境的风洞
试验技术与应用

4.1 城市风环境的风洞试验技术概述

模型试验是依据相似性原理，将实际或理想化的城市区域按一定比例进行合理缩尺后制作成试验模型，将模型设置在风洞或水槽内进行测量，进而对城市区域的风场特性或热湿传递规律进行独立而详细的研究和分析。其中，风洞试验的应用更为广泛，大气边界层风洞被广泛应用于城市区域建筑周边或街道峡谷内的气流结构(Kuo et al., 2015; Ho et al., 2017)以及大气扩散和交换作用(Allegrini et al., 2013; Cui et al., 2016)等研究。与严寒地区结合较为紧密的研究包括：Okaze 等(2012)利用风洞试验研究了大气边界层下的吹雪发生过程；Sugiura 等(1998)利用风洞试验研究积雪与大气间的热水分交换；Fujitomo 等(2007)将试样试验和风洞试验相结合，研究了车辆碾压过的冰雪路面与大气间的热水分交换过程；Kind 等(1995)通过风洞中的发热圆柱研究严寒地区气候条件下人体的散热情况；石超等(2015)通过风洞试验研究了雪漂移现象，探讨了雪粒堆积随时间和风速的变化规律；刘庆宽等(2015)通过风洞试验，采用不同材料对雪飘移问题进行了研究，等等。

模型试验在室内进行，因此受气象条件影响较小，可以准确地控制试验条件(如温度、压力、风速、风向等)，同时可以任意改变试验工况(如建筑几何外形、建筑数量、建筑布局等)，便于进行敏感度分析。但是，实际城市与试验模型之间尺度相差很大，在模型试验中很难满足所有的相似准则，例如风洞与实际城市的雷诺数通常存在较大差异；此外，模型试验也很难完全反映实际复杂的城市风环境，难以体现实际情况下多种因素共同的作用过程，因此，相比于现场观测方法，风洞试验对试验平台条件、操作者的试验技巧和理论基础要求更高。

4.1.1 风洞试验相似理论

通常情况下，在风洞内无法完全实现原型所在实际城市风环境中的各种条件，针对这种实际情况，试验模型为大型测试对象提供了试验的可行性，即可以通过采用一定缩尺比的试验模型在风洞中完成测试，此时要考虑的问题就是风洞中经过缩尺处理之后的试验模型能否真实地反映实际研究对象所面临的空气动力学现象。为了保证模型试验中得到的结果能够推广到实际对象上，原型和试验模型之间必须遵循相似理论的三个定理：

(1) 凡彼此相似的现象，必定具有数值相同的相似准则；

(2) 当某一现象由 n 个物理量的函数关系来表示，且这些物理量中含有 m 种基本量纲时，则能得$(n-m)$个相似准则，并且描述这一现象的函数关系式可表示成$(n-m)$个相似准则间的函数关系式；

(3) 凡具有同一特性的现象，当单值条件彼此相似，且由单值条件的物理量所组成的相似准则在数值上相等，则这些现象必定相似。

对于建筑风洞试验中的必要相似条件，首先要考虑的是使试验模型的几何形状与实物保持一致，这称为"几何相似条件"；其次，是将作用于实际建筑上的自然风特性根据缩尺比作用于试验模型上，这称为"运动相似条件"；除此之外，还必须满足研究对象的控制作用力相似，这称为"力学相似条件"。几何相似条件要求试验模型与原型及其所在的流场在几何形状上具有相似性、对应长度保持相同比例、对应夹角大小相等，该条件在风洞试验模型对实际建筑进行缩尺时自然能够满足；运动相似条件需要在风洞中模拟自然风的风场特性，使风洞试验中模拟风场与自然风场的平均特性以及湍动特性相似，即保证风洞中来流的平均风速分布和湍流强度分布等与实际风场相似，此外，还需要保证风洞中模拟的大气边界层高度，使试验模型完全处于城市大气边界层内，该条件需要通过在风洞中模拟出符合实际大气边界层的流场来满足；力学相似条件包括动力相似条件和热力相似条件，本试验中不考虑热力因素，因此仅需要考虑动力相似条件，即保证试验模型和实物原型在满足运动相似条件的流场中对应面元所受的力方向相同、大小成比例。

4.1.2 风洞试验相似准则

流体的运动微分方程和相应的初始条件可以准确地描述流体在实际情况下的运动状况，风洞试验的相似准则就是从运动微分方程中推导出的空气流动相似判据。在近地面高度范围内，空气运动的运动状态为低速运动，将空气视为不可压缩流体，式(4-1)为流体运动连续性方程(质量守恒方程)，式(4-2)为运动方程(动量守恒方程)：

$$\frac{\partial u_i}{\partial x_i} = 0 \tag{4-1}$$

$$\frac{\partial u_i}{\partial t} + u\frac{\partial u_i}{\partial x_j} = -\frac{1}{\rho}\frac{\partial p}{\partial x_j} + \nu\frac{\partial^2 u_i}{\partial x_j \partial x_j} - 2\varepsilon_{ijk}u_k\Omega_j + g\frac{\delta T}{T_0}\delta_{3i} \tag{4-2}$$

式中 δ_{3i}——克罗内克函数；

v——动力黏滞系数；

ε_{ijk}——置换符号，若 ijk 顺排则为 1，若 ijk 逆排则为–1，若有两个下标相同则为 0；

Ω_j——j 方向的地球自转角速度；

$g\dfrac{\delta T}{T_0}$——净浮力项，反映层结的影响，其中 T_0 为特征温度。

采用方程分析法从以上控制方程出发推导风洞试验遵循的相似准则。原型与模型控制方程中不同的物理量采用不同的比值，如式(4-3)所示，C_t 为时间缩尺比、C_l 为几何缩尺比、C_u 为速度缩尺比、C_p 为压力缩尺比、C_v 为动力黏度缩尺比、C_ρ 为密度缩尺比、C_Ω 为角速度缩尺比、C_g 为重力加速度缩尺比，均为无量纲数，式中带 * 的物理量代表模型的物理量。

$$t = C_t t^*, x_i = C_l x_i^*, u_i = C_u u_i^*, p = C_p p^*, v = C_v v^*,$$
$$\rho = C_\rho \rho^*, \Omega_j = C_\Omega \Omega_j^*, g = C_g g^* \tag{4-3}$$

将式(4-3)代入式(4-1)和式(4-2)中，则可以得到无量纲的流动控制方程，如式(4-4)和式(4-5)所示：

$$\frac{C_u}{C_l}\frac{\partial u_i^*}{\partial x_i^*} = 0 \tag{4-4}$$

$$\frac{C_u}{C_t}\frac{\partial u_i^*}{\partial t^*} + \frac{C_u^2}{C_l}u_j^*\frac{\partial u_i^*}{\partial x_j^*}$$
$$= -\frac{1}{\rho^*}\frac{\partial p^*}{\partial x_j^*}\frac{C_p}{C_\rho C_l} + v^*\frac{\partial^2 u_i^*}{\partial x_j^*\partial x_j^*}\frac{C_u^2 C_v}{C_l^2} - C_\Omega C_u 2\varepsilon_{ijk}\Omega_j^* u_k^* + C_g g^*\frac{\delta T}{T_0}\delta_{3i} \tag{4-5}$$

式(4-5)中所有项均除以 $\dfrac{C_u^2}{C_l}$，则得到

$$\frac{C_l}{C_u C_t}\frac{\partial u_i^*}{\partial t^*} + u_j^*\frac{\partial u_i^*}{\partial x_j^*}$$
$$= -\frac{1}{\rho^*}\frac{\partial p^*}{\partial x_j^*}\frac{C_p}{C_\rho C_u^2} + v^*\frac{\partial^2 u_i}{\partial x_j^*\partial x_j^*}\frac{C_v}{C_u C_l} - \frac{C_\Omega C_l}{C_u}2\varepsilon_{ijk}u_k\Omega_j^* u_k^* + \frac{C_l C_g}{C_u^2}g^*\frac{\delta T}{T_0}\delta_{3i} \tag{4-6}$$

式(4-1)、式(4-2)表示原型流体控制方程，式(4-4)、式(4-6)表示模型流体控制方程，如果要求模型和原型运动相似，则需满足式

$$\frac{C_l}{C_u C_t} = \frac{C_p}{C_\rho C_u^2} = \frac{C_v}{C_u C_l} = \frac{C_\Omega C_l}{C_u} = \frac{C_l C_g}{C_u^2} = 1 \tag{4-7}$$

即应同时满足以下相似准则：

施特鲁哈尔(Strouhal)准则 $\quad C_{St} = \dfrac{St}{St^*} = \dfrac{l}{ut} \bigg/ \dfrac{l^*}{u^* t^*} = \dfrac{C_l}{C_u C_t} = 1$

欧拉(Euler)准则　　　　　$C_{Eu} = \dfrac{Eu}{Eu^*} = \dfrac{p}{\rho u^2} \Big/ \dfrac{p^*}{\rho u^{*2}} = \dfrac{C_p}{C_\rho C_u^2} = 1$

雷诺(Reynolds)准则　　　$C_{Re} = \dfrac{Re}{Re^*} = \dfrac{ul}{v} \Big/ \dfrac{u^* l^*}{v^*} = \dfrac{C_u C_l}{C_v} = 1$

罗斯比(Rossby)准则　　　$C_{Ro} = \dfrac{Ro}{Ro^*} = \dfrac{u}{l\Omega} \Big/ \dfrac{u^*}{l^*\Omega^*} = \dfrac{C_u}{C_\Omega C_l} = 1$

弗劳德(Froude)准则　　　$C_{Fr} = \dfrac{Fr}{Fr^*} = \dfrac{u^2}{gl} \Big/ \dfrac{u^{*2}}{g^* l^*} = \dfrac{C_u^2}{C_l C_g} = 1$

如果两种流体运动同时满足几何相似和上述相似准则，那么模型与原型的运动是相似的，此时可以认为通过模型试验得到的测试结果适用于模拟原型在真实环境中的运动。在实践中，在风洞中进行模型试验必然存在各种客观条件的限制，同时原型运动具有相当的复杂性，很难使模型试验完全满足上述条件，甚至有些相似准则在现实条件中根本无法实现，比如在风洞试验时雷诺准则与施特鲁哈尔准则、雷诺准则与弗劳德准则就很难同时保证，因此，有必要从实际情况出发，考虑主要的相似准则而忽略次要的相似准则。

简化无量纲的运动方程(4-6)。Snyder(1972)认为，空气流动主要受对流力控制时，比如原型区域下垫面粗糙度较高或者模拟的原型区域半径小于 5km 时，可以忽略科氏力作用，因此方程(4-6)可简化为

$$C_{St} \frac{\partial U^*}{\partial t^*} + u_j^* \frac{\partial U^*}{\partial x^*} = \frac{1}{C_{Re}} \frac{\partial^2 U_j}{\partial x_j^* \partial x_j^*} - C_{Eu} \frac{\partial p^*}{\partial x_j^*} \tag{4-8}$$

式(4-8)中不出现含 C_{Fr} 和 C_{Ro} 的项，所以需要满足的相似准则为施特鲁哈尔准则、雷诺准则和欧拉准则。

St 表征非定常流动中惯性力与来流惯性力之比，由于本试验研究的是稳态情况，风洞内气流为定常流动，不需要考虑 St，但是试验中需要根据 St 来确定风洞试验中的时间缩尺比以及风速和风压测量的采样周期。例如，试验中所采用模型的几何缩尺比为 1∶200，考虑到实验室风机在低风速时无法稳定工作，为保证风机性能以及风速的稳定，测试风速往往取 10m/s 以上，而实际城市中对应高度的风速一般不会超过 6m/s，即风速缩尺比约为 2∶1，对应 St 相似下的时间缩尺比为 1∶100；以气象观测中平均风速 10min 的测试时间作为基准，按照时间缩尺比换算得到风洞试验中的采样时间为 6s，但是在风压测量中，为了考虑到长周期脉动分量的影响，通常需要采用 5～6 倍的采样时长(风洞实验指南研究委员会，2011)，因此最终确定单次工况的风速和风压的采样时长为 30s。

Re 表征流体运动中惯性力与流动黏性力之比，Re 大则说明流体运动中惯性力起主要作用，Re 小说明流体运动中黏性力起主导作用，是风洞试验中最重要的相似准则数。一般情况下，风洞试验中建筑模型采用的缩尺比为 10^2，而实际情况下的风速为 10^1 量级，如果将空气动力黏滞系数 v 视为常数，模型试验时要想满足雷诺准则，则要求风速达到

10^3 量级，显然这在一般建筑风洞中是不可能达到的条件。不过 Snyder(1972)指出，当 Re 大于 10^5 时，所模拟的大气流动特性就与 Re 无关了。

Eu 表征流体运动时表面压力与惯性力的关系，但流体运动时其表面压力由其他参数决定，Eu 本质上是其他准则数的导出函数。在流体力学中，Eu 与压差系数 C_p 表达式相同，如式(4-9)所示，压差系数 C_p 的缩尺比为 C_{cp}，如式(4-10)所示，为区分压差系数和压力缩尺比的符号，将压力缩尺比表示为 C_p'。

$$C_p = \frac{2\Delta P}{\rho u^2} = Eu \tag{4-9}$$

$$C_{cp} = \frac{C_p'}{C_p C_u^2} = C_{Eu} \tag{4-10}$$

因此，若风洞试验保证欧拉准则，则压差系数缩尺比 C_{cp} 为 1，即风洞试验中测得的压差系数与实际原型上的压差系数相等，可用测得的压差系数计算其他风速条件下的风压。

4.2　严寒地区城市住区典型建筑布局下风环境风洞试验研究

本研究中选取哈尔滨市作为严寒地区代表性城市，通过与城市规划专业研究者的交流与合作，运用文献调研以及实地考察等手段，对哈尔滨市城市住区的发展演变历程和现状进行梳理和归纳，总结出严寒地区城市住区的典型布局形式，进而通过大气边界层风洞试验对不同工况下住区内人行高度测点的风速比以及代表性建筑表面测点的风压系数进行测量。

4.2.1　严寒地区城市住区典型建筑布局方案

1. 哈尔滨市住区建筑布局形式的发展与现状分析

根据《居住区规划设计》(朱家瑾，2007)，住宅群体平面组合的基本形式包括以下五种：

行列式：指条形或联排住宅按照一定的朝向和间距成行或成列的布置形式，是居住区建筑最常用的一种布置形式，其优点在于可以保证住区内良好的通风条件以及绝大多数住户的日照条件。

周边式：又称为围合式，指居住建筑沿街道或院落周边布置形成围合或部分围合的形式，这种布局有利于节约用地，同时可以对住区内部起到比较好的防风防寒作用。

点群式：指低层独立式、多层点式或高层塔式住宅形成相对独立群体的布置形式，常围绕某一公共建筑、活动场地、绿地或水体来布置,以获得良好的自然通风和日照。

自由式:指由不规则平面外形的住宅形成或住宅不规则地组合在一起的布置形式,常因受地形地貌或规划用地的限制而通过居住建筑自由地布置来充分考虑通风和日照条件。

混合式:指多种形式结合在一起的布置形式,通常是行列式与围合式的组合,从而发挥各种平面形式的优势。

在不同的历史时期和阶段,由于社会制度、科技水平、生活理念及相关法规政策等因素的影响,居住区建筑往往呈现出不同的布局形式。我国的住宅与居住区规划建设事业在 1949 年以后取得了比较大的发展,同时也逐渐形成了一套相对完整的住区规划理论,并沿用至今。下面对哈尔滨市住区形式几个重要发展时期的特点进行简要回顾:

20 世纪 50～70 年代:50 年代,哈尔滨市住区在规划设计上比较重视学习和借鉴国外,特别是苏联的理论和经验,同时住区也得到了苏联的大力援建,因此住区带有浓厚的苏式风格。60 年代与 70 年代,住宅建设处于相对停滞时期,直至 70 年代末以后住宅建设才得以恢复。因此在整个 20 世纪 50～70 年代住区风格变化不大。受苏联的文化和建筑风格影响,该时期哈尔滨市住区通常由低层板式住宅围合构成,住宅楼多为 3～4 层的红砖木结构楼房,住区朝向以南北向为主,同时兼有东西向住宅来实现围合式布局,如图 4.1(a)所示。

20 世纪 80 年代:我国住区建设进入快速发展的新时期,住区建设开始走上自主创新的道路。总体来看,80 年代初期哈尔滨市建设的住区,以"安字片"、"芦家片"等地区为代表,主要呈现出围合式布局的特点,如图 4.1(b)所示,并比五六十年代建成的住区布局更为紧凑,围合的公共部分有所减小,住宅楼间距的缩小导致住区内部分住宅日照不足。

20 世纪 90 年代:随着社会进步和经济发展,人民对生活品质的需求显著提升,城市住区规划和结构也开始更多地追求多样化和多元化,并且更加重视居民活动空间以及住区环境的塑造。该时期哈尔滨市新建住区中"四菜一汤"的格局和"顺而不穿,通而不畅"模式逐渐流行,住区布局仍然以多层围合式为主,如图 4.1(c)所示,住区内部通常为住户提供了充足的户外空间以及良好的环境,但是东西朝向住宅采光不够的问题依然存在。

进入 21 世纪至今:行列式建筑布局因其良好的日照、采光、通风条件以及经济利益而受到开发商的青睐,新建的居住区通常都采用这种布局形式,同时哈尔滨市大量旧住区翻新改造项目也将老旧的紧凑布局的住区拆除并替换为采用行列式布局的新式住区。这一时期哈尔滨住区以多层行列式为主,如图 4.1(d) 所示。此外,近年来为了节约建筑用地、提高土地使用效率,哈尔滨市内高层住宅以及高层住区数量不断增加,这些高层住区布局形式同样以行列式为主,如图 4.1(e)所示,少部分住区由于地块限制而布置为围合式。尽管行列式布局最大程度地提高了住区的日照和采光条件,但是由于布局过于松散,不利于住区内部环境的有效调控;同时,高层建筑比例的增加也给住区内环境质量造成了一些不利影响。

图 4.1　哈尔滨市各时期代表性住区形式示例

2. 适于风洞试验研究的严寒地区城市住区典型布局方案

归纳和总结哈尔滨市现有住区的建筑形式以及布局特征，可以发现如下一些规律：

(1) 从建筑布局来看，哈尔滨市现有住区布局主要为行列式和围合式两类，此外，部分住区由于地块限制，由行列式布局和围合式布局组合而成的混合式布局也比较常见；从建筑形态来看，居住建筑主要为板式建筑，点式建筑比较少见；从建筑高度来看，哈尔滨住区主要建筑层数为 6 层、12 层、18 层以及 32 层。

(2) 从不同建成时间的住区布局形式来看，建成时间比较久远的住区中，居住建筑以多层为主，建筑间距较小且布局紧凑，布局形式主要为围合式布局；建成时间较近的住区中，高层住宅比例较高，特别是近年来建成的小区基本以高层为主，住宅的建筑间距较大，布局形式主要采用行列式布局。

(3) 具体来看，多层围合式住区、多层行列式住区、高层行列式住区及多/高层行列式住区四种类型的住区在哈尔滨市住区中最为常见。根据不完全统计，这四类住区数量总和占哈尔滨市住区总数的八成以上；其中多层围合式住区所占的比例最高，约占哈尔滨市住区总数的四分之一，其次为多层行列式住区，约占哈尔滨市住区总数的五分之一。

(4) 相比于南方城市住区，哈尔滨城市住区中围合式布局所占比例较高，这是由于围合度高的布局形式能够更好地应对严寒冬季的冷风侵扰；哈尔滨住区建筑间距和排布没有南方城市紧凑，这是为了减少居住建筑之间的遮挡，为住区内提供充足的日照条件以应对寒冷的气候。这两种因素使严寒地区城市住区形成了与南方城市不同的住区布局特色。

基于针对哈尔滨市住区情况的调研,最终确定哈尔滨市典型住区布局形式为以下七种(按住区所占比例排列):多层围合式、多层行列式、高层行列式、多/高层行列式、多/高层混合式、高层围合式以及多层混合式。其他一些类型的小区,包括低/多层行列式住区、高层点群式住区、低/高层行列式住区等,尽管也有少量存在,但所占比例太低,不具备代表性,因此没有体现在最终选定的典型住区布局中。

围绕上述七种典型住区布局,参考实际城市中各典型布局对应的具体住区常见形式,并对住区内建筑的布置方式、建筑尺寸、建筑几何形状等进行提炼、简化和一定的理想化处理,得到了适用于风洞试验研究的严寒地区城市住区典型建筑布局方案,如表 4.1 所示。表中 λ_B 表示建筑密度,z_H 表示平均建筑高度。各住区方案中住区规划用地南北向和东西向均设置为 320m。为了避免居住建筑不同几何外形对住区风环境的影响,所有居住建筑均简化为理想化的立方体建筑,建筑层数参考调研中得到的哈尔滨市住区主要建筑层数,并考虑到风洞试验缩尺限制,最终确定多层住宅为 6 层,高层住宅为 12 层和 18 层两种,所有居住建筑层高为 3m。参考实际城市中高层住区最外圈通常由 1~2 层的底层商服围合而成,对住区方案中出现高层住宅的住区同样设置了底层商服,商服高度为 4m。参照《居住区规划设计》中所给出的哈尔滨市建筑朝向建议(南偏西 15°至南偏东 15°)将所有住区方案中建筑主体朝向均设置为南向。此外,所有住区均未考虑绿化因素,从而忽略植被冠层对住区气流场的影响,仅考虑建筑布局对住区风环境的作用。

表 4.1 适用于风洞试验研究的严寒地区城市住区典型布局方案

工况	住区类型	住区方案示意图	λ_B	z_H/m	实际住区原型
A1	多层行列式		0.162	18.0	哈尔滨群力新苑小区
A2	多/高层行列式		0.238	24.9	哈尔滨宝石花园小区

工况	住区类型	住区方案示意图	λ_B	z_H/m	实际住区原型
A3	高层行列式		0.199	30.2	哈尔滨恒盛豪庭小区
B1	多层围合式		0.265	18.0	哈尔滨鸿景兴园小区
B2	高层围合式		0.186	42.7	哈尔滨荣耀天地小区
C1	多层混合式		0.200	18.0	哈尔滨尚品公寓小区 和风鬻社区

续表

工况	住区类型	住区方案示意图	λ_B	z_H/m	实际住区原型
C2	多/高层混合式	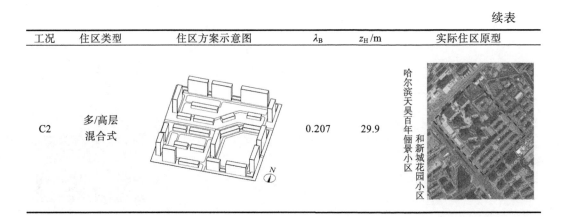	0.207	29.9	哈尔滨天昊百年俪景小区和新城花园小区

4.2.2　严寒地区城市住区典型建筑布局形式下风环境风洞试验方案

1. 大气边界层风洞实验室简介

严寒地区城市住区典型建筑布局形式下风环境的风洞试验在哈尔滨工业大学风洞与浪槽联合实验室(WTWF-HIT)进行，实验室内设有大小两个试验段，本试验在小试验段内进行，如图 4.2 所示。小试验段长 25m，矩形断面宽 4.0m、高 3.0m，小试验段前后安装有两个自动转盘，用以实现试验过程中的风向改变，两个转盘的直径均为 2.5m，可进行 360°旋转，旋转角度误差小于 0.1°。风洞实验室电机额定功率为 907kW，小试验段内可用风速范围为 3~50m/s，其中风速稳定区间为 5~42m/s，在该范围内风速连续可调且流场性能良好，风洞空载状态下流场风速的不均匀性小于 1%、湍流强度小于 0.46%、气流平均偏角小于 0.5°。

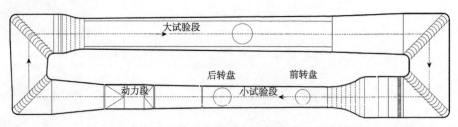

图 4.2　哈尔滨工业大学风洞与浪槽联合实验室示意图

为了满足运动相似条件的要求，需要使风洞中来流与严寒地区城市上游风特性相似，即在风洞中再现严寒地区城市大气边界层的风廓特性。实际城市地表建筑物形态以及下垫面构成十分复杂，不同的城市区域往往有着相异的下垫面形态，即使是同一区域，其上游城市形态也会因风向而异，因此想要通过在风洞中完全复现实际城市的地表形态来获得城市大气边界层的特征是不现实的。《建筑结构荷载规范》(GB 50009—2012)中指出，对于城市边界层所在范围，风速剖面基本符合指数率，其计算公式如下：

$$v_z = v_{10} \left(\frac{z}{10} \right)^{\alpha} \tag{4-11}$$

式中 v_z——z 高度处的风速，m/s；

　　　v_{10}——10m 高度处的风速，m/s；

　　　α——风廓指数率。

《建筑结构荷载规范》(GB 50009—2012)中，地面粗糙度按照海上、乡村、城市和大城市中心被划分为由 A 到 D 的四种类型，风廓指数率分别取为 0.12、0.15、0.22 和 0.30，因此可以通过在风洞内再现各类型地貌所对应的风廓指数率来反映相应的地表状态。本研究为了体现严寒地区城市典型大气边界层特征，参考于宏敏等(2013)基于黑龙江省哈尔滨、嫩江、齐齐哈尔、伊春四个城市过去 50 年的探空风速观测记录，选取 2000 年以后统计得到的 10~300m 高度平均风速数据进行计算，得到这四个城市的平均风廓指数率 0.32，将该指数率作为严寒地区城市的典型大气边界层风廓指数率。该风廓指数率与标准 D 类地貌的风廓指数率 0.30 接近，说明近年来严寒地区城市地表建筑密集且高层建筑较多。为了得到指数率为 0.32 的理想风廓，在风洞上游区域利用尖劈、漩涡发生器、粗糙元和地毯等模拟得到所需的大气边界层风场，如图 4.3 所示。

在自动化移动测架上安装一维热线风速探头，对建筑模型拟放置位置处的风廓进行测量。图 4.4 给出了测量得到的沿高度方向分布的来流平均风速 U 和湍流强度 I，并与指数率为 0.32 的风廓理论值进行了对比，图中选取的参考高度 z_{ref} 为 1m，位于参考高度的风速 U_{ref} 为 8.66m/s。从图中可以看到，风速测量值与目标风廓的风速理论值较为接近，完全能够满足后续风洞试验的需要。

图 4.3　风洞内上游地貌布置现场

2. 风洞试验测速及测压方法

在人行高度风环境的风洞试验研究中，最广泛采用的测速手段是基于 Irwin(1981)提出和设计的无风向风速探头。相比于传统的热膜法或热线风速仪，Irwin 探头对测试流场的扰动更小，可以测量各个风向的风速，而且成本低廉，加工和使用方便，可以进行大

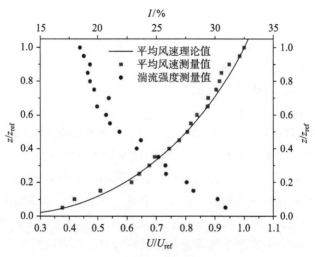

图 4.4　风洞来流风廓指标验证

范围的大量布点测量。本试验中采用的 Irwin 探头参考余世策等(2013)基于 Irwin 探头测速原理进行简化设计而得到的简易 Irwin 探头,探头设计如图 4.5 所示。探头主体为直径 10mm、高度 15mm 的中空圆柱体,采用有机玻璃材料制作,探头上部中空从而形成测压孔 K1,探头中央安装了一根高出探头主体 7.5mm 的中空钢管,用于测量钢管顶部测压孔 K2 处的压力 $p2$,按照风洞试验中 1:200 的几何缩尺比,7.5mm 换算到实际高度即 1.5m 的人行高度。在探头内部另安装了一根钢管,其顶部位于测压孔 K1 底部,用于测量测压孔 K1 的压力 $p1$。根据理论分析,当探头水平安置时,测压孔 K2 高度处的风速与两根测压管测量到的压差成正相关:

$$u = \alpha\sqrt{p1 - p2} + \beta \tag{4-12}$$

式中　u——测压孔 K2 高度处的风速,m/s;

　　　α,β——探头标定系数。

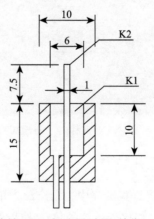

图 4.5　简易 Irwin 探头设计图(单位:mm)

为了确定探头标定系数 α、β，将热线风速仪安装在与 Irwin 探头相同的高度，二者位置接近，如图 4.6 所示，可以近似认为二者测得的风速相同。在风洞实验室空场状态下的均匀流场中，将不同风速下热线风速仪测量得到的风速与 Irwin 探头测得的压力差进行拟合，得到标定系数 α、β。试验中 Irwin 探头测压管测得的风压数据都经过了管道频响修正，消除了测压管路对信号的影响。采用最小二乘法拟合得到的结果如图 4.7 所示，最终得到标定系数为 $\alpha = 1.762$，$\beta = -0.217$。这与余世策等(2013)得到的探头高度为 7.5mm 时的标定系数($\alpha = 1.7615$，$\beta = -0.2216$)非常接近。

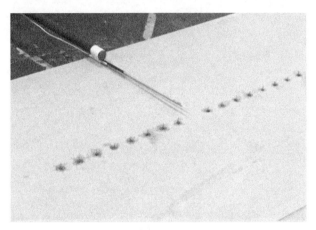

图 4.6　Irwin 探头标定试验装置

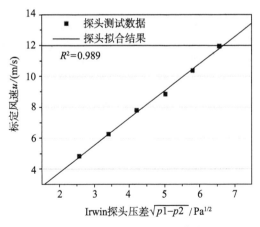

图 4.7　Irwin 探头标定曲线

风洞试验中大气边界层风廓线的调试和测定，以及 Irwin 探头的标定所采用的一维热线风速仪型号为 DENTEC 55P11，采集系统为多通道 MiniCTA。DENTEC 55P11 热线风速仪探头及 MiniCTA 采集系统如图 4.8 所示，试验中采样频率为 1000Hz，每次采样时间为 30s。建筑模型表面风压以及 Irwin 探头测压管压力测量采用 DSM3400 型号的电子式压力扫描阀进行，并通过实验室自编的信号采集及数据处理软件对压力数据进行采集和处理。DSM3400 电子式压力扫描阀如图 4.9 所示，试验中采样频率为 312.5Hz，每次采样时间为 30s。

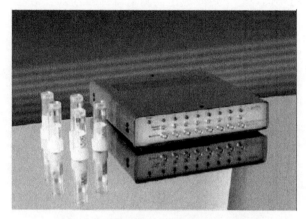

图 4.8　热线风速仪探头和采集系统

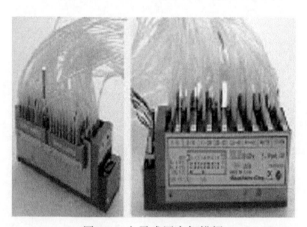

图 4.9　电子式压力扫描阀

3. 风洞试验建筑模型及测点布置

风洞试验中所采用的建筑模型基于上一节中提出的严寒地区城市住区典型建筑布局方案设计，建筑模型尺寸根据试验工况下的模型风洞阻塞率(模型顺风向投影面积/风洞试验段面积)确定。一般要求模型风洞阻塞率不大于 5%，同时考虑到缩尺比太大会导致测试精度降低，最终确定模型缩尺比为 1:200。考虑到电子压力扫描阀通道数的限制，每个工况中只选取 2~3 种建筑布局制作模型。测压模型采用 5mm 厚有机玻璃制成，模型各表面均匀布置测压孔用于测量建筑表面风压；其余建筑模型采用 2mm 厚 ABS 板制成。所有模型满足垂直边误差角度不大于 1°的制作精度，且均具有足够的强度和刚度，能够保证在试验最大阵风风速下不发生明显的振动和变形，从而保证试验的测量精度。所有模型均紧密固定在木质底座上，木质底座通过木螺丝固定在小试验段的自动转盘上，试验中每个工况均考虑 16 个风向角，风向角间隔 22.5°，整体变化范围为 0~360°，如图 4.10 所示。

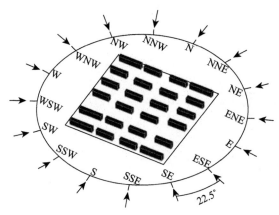

图 4.10　风向角示意图

为获得住区内人行高度的风速分布，在各工况内部 7.5mm 高度(对应实际的人行高度 1.5m)分别布置 50~90 个 Irwin 探头；为得到住区建筑表面风压系数分布特性，在各测压模型的四个朝向表面布置一系列风压测点。风压测点采用外径 1mm、内径 0.8mm 的中空钢管制作并嵌入测压模型外表面测点位置，中空钢管另一端通过塑料软管与电子压力扫描阀连接，测试前 Irwin 探头测压管以及测压模型风压测点的所有测压管均经过气密性检验。建筑模型、风速测点以及风压测点如表 4.2 所示。表中，测点示意图中黑色圆点为测点，灰色色块为测压建筑。

4. 风洞试验实施步骤

整个风洞试验包括前期准备、具体实施和后期数据处理等几个部分。其中前期准备的周期最长，包括建筑模型及试验方案的设计、建筑模型的加工、Irwin 探头的制作、模型及探头的组装、测压管编号及气密性检查等内容。具体实施部分则是整个风洞试验的核心部分，风洞试验现场如图 4.11 所示。

表 4.2　建筑模型及测点布置示意图

工况	建筑模型实物图	风速测点示意图	风压测点示意图
A1			数量：1 数量：2

工况	建筑模型实物图	风速测点示意图	风压测点示意图
A2			
A3			
B1			
B2			

续表

工况	建筑模型实物图	风速测点示意图	风压测点示意图
C1			
C2			

图 4.11　风洞试验现场

风洞试验的具体实施步骤如下：

(1) 风洞空场下对热线风速仪和 Irwin 探头进行标定。

(2) 按照标准 D 类粗糙度类型布置地貌，之后对小试验段进行清洁。

(3) 在自动化移动测架上安装一维热线风速探头，对建筑模型拟放置位置处的风廓进行测量。

(4) 根据测量结果调整漩涡发生器以及粗糙元位置，直至风廓指数率达到严寒地区城市典型指数率目标值(0.32)。

(5) 进行所有工况的布置和测试，各工况的布置和测试过程一致且独立，详细流程如下：①将 Irwin 探头测压管和测压模型测压管与电子压力扫描阀连接；②模型进场，模型底座与自动转盘固定；③电子压力扫描阀各通道置零，启动扫描阀采集零点数据，根据数据检查各通道有无坏点，记录坏点编号，如坏点较多则重新安装；④启动风机，等待风速达到指导风速并稳定；⑤启动压力传感器进行采样，采样频率为 312.5Hz，每次采样时间为 30s，共采集 2 个样本；⑥改变风向角，等待自动转盘旋转 22.5°，重复步骤⑤，直至完成 16 个风向角的测试；⑦风机停机，自动转盘归位，撤出当前工况，准备下一组工况并进行测试。

(6) 风洞清场，撤出所有模型及相关设备，完成试验。

4.2.3　风洞试验结果及分析

1. 人行高度风速

考虑到风洞试验中的指导风速与实际城市中的风速并不一致，因此通常需要对风洞试验的结果进行无量纲化处理后再进行分析。将本次测量中得到的风速结果处理为无量纲的风速比，风速比 R_i 定义如下：

$$R_i = \frac{U_i}{U_{10\mathrm{m}}} \tag{4-13}$$

式中　U_i——1.5m 人行高度(缩尺高度为 7.5mm)测点 i 处的风速，m/s；

　　　$U_{10\mathrm{m}}$——未受建筑干扰的 10m 高度(缩尺高度为 50mm)来流风速，m/s。

图 4.12 给出了各工况人行高度平均风速比分布。可以看到，围合式和混合式布局工况的平均风速比明显低于行列式布局工况，在建筑高度相近的情况下，行列式布局工况的平均风速比是围合式和混合式布局工况的 1.2 倍～1.5 倍；随着建筑高度的增加，平均风速比呈增加的趋势。相同建筑布局的情况下，高层住区工况的平均风速比比多层住区工况高 10%～30%。从空间平均值来看，多层围合式工况(工况 B1)的平均风速比最低，高层行列式工况(工况 A3)的平均风速比最高。从频率分布上看，多层围合式和多层混合式工况的平均风速比主要集中在 0.2～0.4 之间，风速比大于 0.5 的频率很低，而其余工况最大频率出现在平均风速比 0.5 左右。

风速本身具有脉动特征，Lawson(1990) 和 Durgin(1997)认为，在湍流强度较高的风场中阵风作用更重要，在湍流强度较低的风场中风的平均作用更重要，因此，为了综合考虑平均风和阵风的作用，提出了阵风等效平均风速的概念。阵风等效平均风速 U_{GEM} 定义如下：

$$U_{\mathrm{GEM}} = \max\left\{\bar{U}, \frac{\hat{U}}{1.85}\right\} \tag{4-14}$$

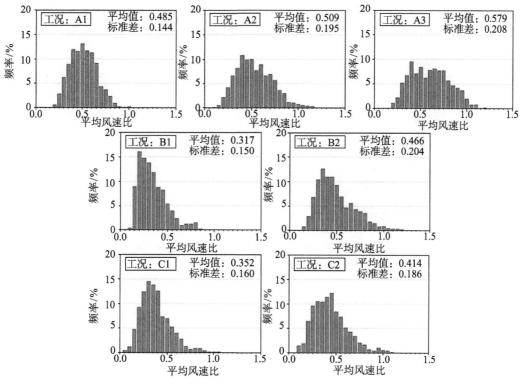

图 4.12　各工况人行高度平均风速比分布

式中 $\overline{U}$ ——平均风速，m/s；

　　$\hat{U}$ ——阵风风速，m/s，可以通过下式计算：

$$\hat{U} = \overline{U}(1 + gI_u)\qquad(4\text{-}15)$$

式中 g——阵风峰值因子，本研究参考 Soligo 等(1998)的建议，取为 1.5，该值适用于常
　　　见阵风条件；

　　I_u——湍流强度。

　　图 4.13 给出了各工况人行高度阵风等效平均风速比分布。从图中可以看出，阵风等
效平均风速比和平均风速比的分布具有相似的规律：围合式和混合式布局工况的阵风等
效风速比低于行列式布局工况；随着建筑高度的增加，阵风等效平均风速比呈增加的趋
势。对比图 4.13 和图 4.12 发现，阵风等效平均风速比明显高于平均风速比，这也说明了
在评价风环境时考虑阵风作用的重要性。

　　图 4.14 给出了各工况 16 个风向下平均风速比和阵风等效平均风速比分布。

　　从图中同样可以看出，阵风等效平均风速比和平均风速比的分布具有相似的规律，
同时，阵风等效平均风速比在各风向上均大于平均风速比。从数值上来看，工况 A3 的
平均风速比最大，工况 B1 的平均风速比最小。具体到风向上来看，对于行列式布局，由
于所有建筑朝向一致，当来流风方向与建筑朝向一致，即风向为北风或南风时，风速比

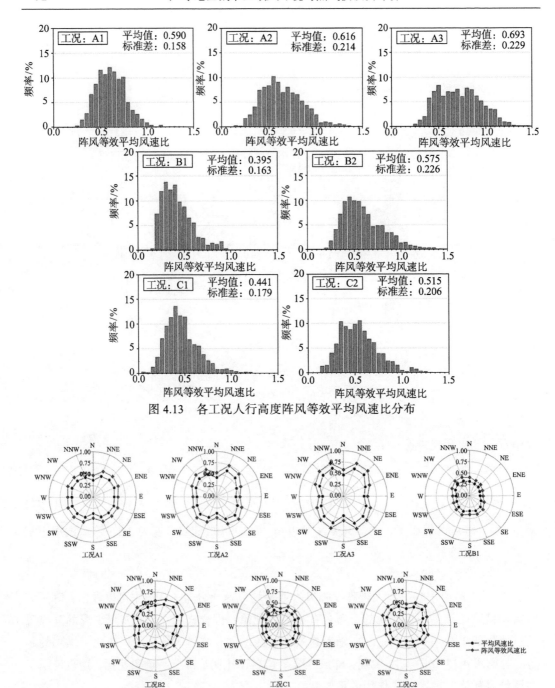

图 4.13　各工况人行高度阵风等效平均风速比分布

图 4.14　各风向下平均风速比和阵风等效平均风速比分布

出现显著的衰减；对于工况 A2 和工况 A3，当风向为东风和西风时，风速比也普遍较小，而对于其他风向，风速比则较为接近；对于工况 B2，当风向为东北风时，风速比出现了明显的增大，当风向为西南风时风速比也较大；对其他工况而言，风速比随风向改变的变化并不显著。

2. 建筑模型表面风压测试结果及分析

风工程领域的风洞测压试验中主要关注建筑结构的风荷载以及风致响应，而从建筑环境专业角度来说，建筑迎风面-背风面的风压差以及建筑整体的拖曳力则更为重要。合理的建筑迎-背风面的风压差是在建筑内部形成良好室内自然通风的重要前提，建筑拖曳力则是城市冠层模式中体现建筑或建筑群落对城市冠层大气动力学影响的重要参数。因此，本节中并不关注建筑某个特定表面的风压分布，而是侧重考察各建筑迎-背风面的风压差以及建筑拖曳力大小。

本研究中通过风压差系数来描述建筑迎-背风面的风压差大小，首先计算建筑迎-背风面风压数据的差值，再根据指导风速对该风压差进行无量纲化处理，得到的系数称为风压差系数 C_{pd}，具体计算公式如下：

$$C_{pd} = \frac{p_{\mathrm{f}} - p_{\mathrm{b}}}{0.5\rho_{\mathrm{a}}U_{\mathrm{ref}}^2} \tag{4-16}$$

式中 p_{f}——建筑迎风面风压，Pa；

　　p_{b}——建筑背风面风压，Pa；

　　ρ_{a}——空气密度，取 1.23 kg/m³；

　　U_{ref}——指导风速，取 8.66m/s。

为了方便叙述，对各工况测压模型进行编号，如图 4.15 所示。

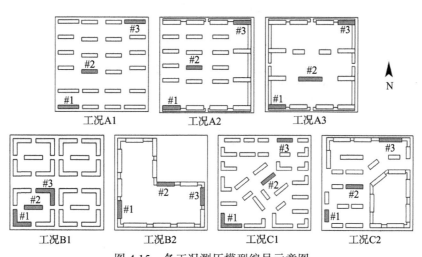

图 4.15　各工况测压模型编号示意图

考虑到测试工况较多，以哈尔滨市全年主导风向西南风向条件下工况 A1、B1 和 C1(以下简称工况 A1-SW、B1-SW 和 C1-SW)各测压模型表面风压差系数分布为例，对不同建筑布局下建筑表面风压差系数分布规律进行分析。图 4.16、图 4.17 及图 4.18 分别给出了工况 A1-SW、B1-SW 和 C1-SW 各测压模型表面风压差系数分布，图中各坐标轴对应表 4.2 中风压测点示意图中的各坐标轴，考虑到部分建筑长宽比较大，为了方便比较，

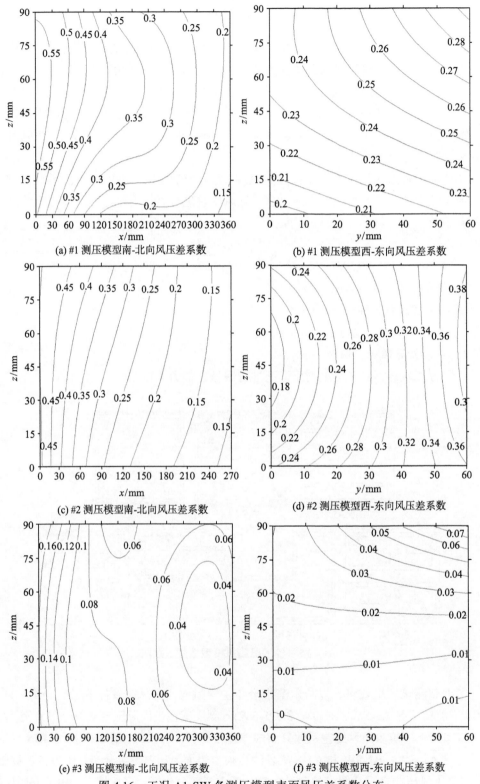

(a) #1 测压模型南-北向风压差系数

(b) #1 测压模型西-东向风压差系数

(c) #2 测压模型南-北向风压差系数

(d) #2 测压模型西-东向风压差系数

(e) #3 测压模型南-北向风压差系数

(f) #3 测压模型西-东向风压差系数

图 4.16　工况 A1-SW 各测压模型表面风压差系数分布

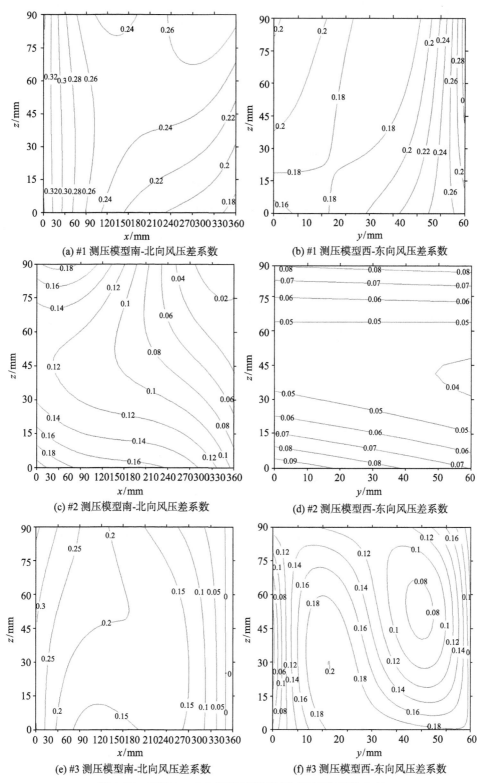

(a) #1 测压模型南-北向风压差系数

(b) #1 测压模型西-东向风压差系数

(c) #2 测压模型南-北向风压差系数

(d) #2 测压模型西-东向风压差系数

(e) #3 测压模型南-北向风压差系数

(f) #3 测压模型西-东向风压差系数

图 4.17　工况 B1-SW 各测压模型表面风压差系数分布

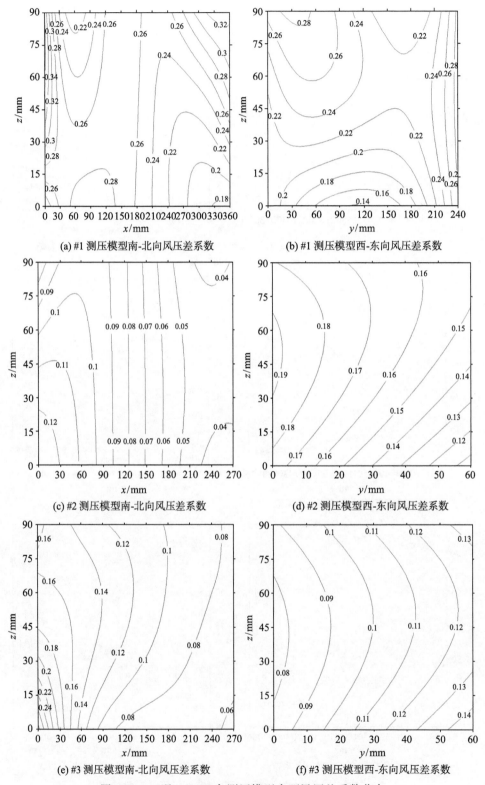

(a) #1 测压模型南-北向风压差系数

(b) #1 测压模型西-东向风压差系数

(c) #2 测压模型南-北向风压差系数

(d) #2 测压模型西-东向风压差系数

(e) #3 测压模型南-北向风压差系数

(f) #3 测压模型西-东向风压差系数

图 4.18　工况 C1-SW 各测压模型表面风压差系数分布

图中所有测压建筑表面都拉伸为相同大小的矩形。西南风向条件下，#1 模型为上风向测压模型，#2 模型为中部测压模型，#3 模型为下风向测压模型。

从图中可以看出，工况 A1-SW 上风向#1 模型的风压差系数最大，中部#2 模型次之，而下风向#3 模型由于受到上风向建筑的遮挡，受到的风力作用最小，风压差系数也明显小于前两者。工况 B1-SW 三个测压模型位置最为接近，同时住区特殊的建筑布局形式在 #2 和#3 模型西侧形成了通风廊道，因此下风向#3 模型的西北端同样受到了比较明显的风力作用，从图 4.17 (c)和(e)中可以看到，#3 模型的南-北表面风压差系数在最西侧达到了 0.3，明显高于#2 模型。此外，行列式布局工况 A1-SW 上风向模型南-北向表面西侧风压差系数明显高于围合式与混合式布局工况 B1-SW 与 C1-SW，这是由于行列式布局工况下在上风向模型西侧形成了比较良好的气流通路，而围合式与混合式布局工况的上风向模型呈 L 型，其围合作用导致模型西侧气流受到阻碍。

根据各测压模型表面风压差的结果进一步计算测压模型的拖曳力。将建筑迎风面和背风面上对应风压测点测得的风压差沿迎风面进行积分，得到测压建筑单体的拖曳力 F_r：

$$F_r = \int_{A_f} \left(p_f - p_b \right) \mathrm{d}a_f \tag{4-17}$$

式中　A_f——建筑迎风面面积，m^2。

基于指导风速计算建筑的拖曳力系数 C_d：

$$C_d = \frac{2F_r}{\rho A_f U_{ref}^2} \tag{4-18}$$

不同风向下各工况测压模型单体拖曳力系数变化如图 4.19 所示。从图中可以看到，除工况 B2 外，各工况中#2 测压模型因为处于住区内部，在各个风向下均受到上流建筑的遮挡，因此拖曳力系数普遍较低；而工况 B2 中#2 测压模型并未完全处于住区中间，因此，在某些风向下拖曳力系数较高。对于#1 和#3 测压模型，当模型位于上风向或在某些风向下建筑迎风面形成了比较良好的通风廊道时，其拖曳力系数显著升高；相应地，当模型位于下风向或来流风向与建筑朝向垂直时，其拖曳力系数则明显降低。以行列式布局工况为例，#1 测压模型朝向为南北朝向，其拖曳力系数的极大值出现在 S 风向和没有上游建筑遮挡的 NW 风向附近，而#3 测压模型拖曳力系数的极大值则出现在 N 风向和没有上游建筑遮挡的 SE 风向附近；无论对于#1 测压模型还是#3 测压模型，其极小值均出现在 W 和 E 风向。此外，高层建筑对风的拖曳作用更为显著，这直接反映为高层住区测压模型的拖曳力系数显著高于多层住区。以行列式建筑布局为例，多层行列式工况(A1)中建筑拖曳力系数最大值在 0.6 左右，而含有高层的行列式工况(A2 和 A3)中部分高层建筑测压模型在某些风向下拖曳力系数甚至会超过 1.0。在围合式和混合式布局工况中同样可以观察到这一现象。总体来看，各测压建筑单体的拖曳力系数受建筑布局、建筑几何形状、风向等多种因素共同影响，由于上风向建筑的遮挡，单体拖曳力系数通常会沿着风向而发生一定衰减，衰减的程度受建筑布局以及建筑几何形状等因素的影响。

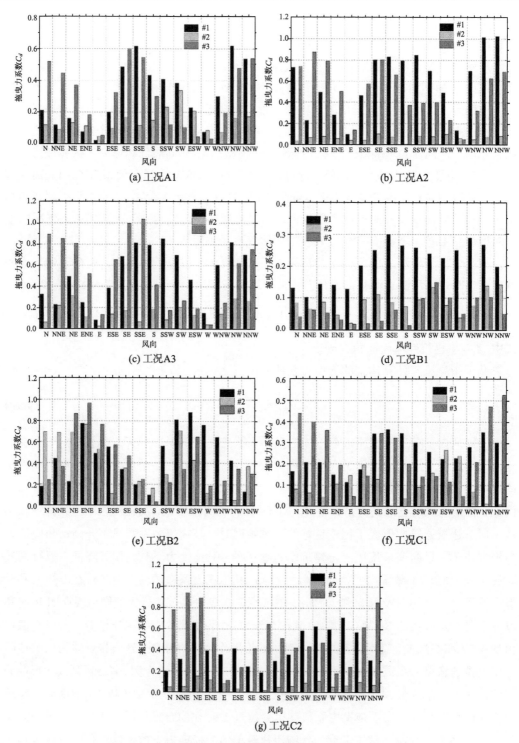

图 4.19 不同风向下各工况测压模型单体拖曳力系数变化

4.3　本章小结

本章基于哈尔滨市现状归纳出了严寒地区城市住区典型布局方案，结合文献调研获得了严寒地区城市的典型大气边界层风廓指数率，通过大气边界层风洞试验对典型布局形式下住区内人行高度风速以及测压模型表面风压进行了测量，并对测试结果进行了分析。主要结论如下：

(1) 各工况人行高度风速比的统计结果表明：住区围合式和混合式布局工况的风速比均明显低于行列式布局，建筑高度相近情况下，行列式布局工况的风速比是围合式和混合式布局工况的 1.2～1.5 倍；随着建筑高度的增加，风速比呈增加的趋势；相同布局情况下，高层住区工况比多层住区工况的风速比高 10%～30%。

(2) 住区各工况测压模型迎-背风面风压差系数以及建筑单体拖曳力系数的统计结果表明：无论是风压差系数还是拖曳力系数均受建筑布局、建筑几何形状、风向等多种因素共同影响，上游建筑的遮挡作用是影响风压差系数分布和拖曳力系数大小的重要因素，通常，上风向模型的风压差系数和拖曳力系数最大，中部模型和下风向模型的风压差系数和拖曳力系数则由于上风向建筑的遮挡而依次衰减，衰减的程度则受建筑布局和建筑几何形状等因素的影响。

第 5 章　严寒地区城市风环境与热气候
数值模拟技术与应用

5.1　城市风环境与热气候数值模拟技术综述

　　数值模拟方法是在满足部分合理假设条件的基础上，针对城市区域研究对象和物理问题建立相应的数学模型，进而通过数值模拟计算来获得城市区域风环境与热气候的相关信息。相比于现场实测和模型试验，数值模拟方法不受实际环境以及试验条件的限制，更易于控制计算条件，而且能够进行重复计算，节省时间和人力物力，此外，数值模拟能给出详细和完整的计算结果，有利于从理论上揭示城市局地气候的形成机理。

　　近年来，数值模拟方法随着计算机性能的快速提升以及模拟技术的不断发展而得到广泛应用，采用数值模拟方法对城市气候问题进行研究逐渐成为主流。与严寒地区结合较为紧密的研究不多，如 Jin 等(2017)利用 ENVI-met 软件模拟研究了不同建筑布局参数对严寒地区城市住区室外人行高度风环境的影响；邵腾(2013)通过数值模拟方法研究了住区布局形式和来流风向对严寒地区城市住区人行高度风环境的影响；张鹏程(2014)通过数值模拟方法研究了冬季雪被覆盖下严寒地区城市室外热气候和热舒适性。此外，比较有特色的研究还包括风力作用下吹雪过程的 CFD 模拟，如 Beyers 等(2008)对不同街区布局下风场和吹雪场的堆积和消散变化进行了分析；Ito 等(2010)将堆雪和融雪模型与 CFD 相结合，分析了不同情况下雪表面与大气间的热平衡关系；Tominaga 等(2010)将 CFD 与中尺度气象模式相结合，进一步分析评价了更大空间尺度的城市区域降雪过程，等等。

　　根据研究尺度和计算原理的不同，针对城市区域气候的数值模拟方法又可以细分为大气边界层气象模式方法、CFD 模拟方法以及城市冠层模型方法。这三种数值模拟方法都衍生于湍流运动基本方程，利用系综平均等方法来描述湍流统计量的演化，但具体的模型形式又有所差异。需要指出的是，数值模拟通常具有一定的计算误差，模拟结果的准确性往往因操作者的经验与技巧而异，因此数值模拟方法必须经过现场观测数据或模型试验数据的验证才能证明其结果的合理性和准确性。

5.1.1　大气边界层气象模式

大气边界层气象模式也称为中尺度模式，是一种用于模拟中尺度大气系统气象要素演变过程的数值模式，主要应用于中尺度范围的数值天气预报。大气边界层气象模式在20 世纪 80 年代已有相当发展，之后随着计算机性能以及高空探测技术的快速发展有了较大的发展，许多国家的科研机构开发出了多种中尺度大气数值模式并且投入实际运行使用(黄菁等，2012)，其中比较典型的有美国的 MM5 模式(Grell et al.，1994)、RAMS 模式(Cotton et al.，2003)、WRF 模式(Skamarock，2005)，加拿大的 MC2 模式(Benoit et al.，1997)，法国的 MESO-NH 模式(Lafore et al.，1988)，等等。此外，我国的中尺度模式也有迅速的发展(黄丽萍等，2017)。

大气边界层气象模式适用于对流活动相对较弱、垂直方向运动速度较小的情况，可用于预测各种复杂地形地貌条件下的风速、风向、湍动度、温度、湿度和污染物扩散等大气物理量的分布。一般而言，该类方法主要为气象学所使用，总体是宏观的模拟方法，针对较大空间尺度，时间步长也较大(一般设定 1 h 以上)；对于模式中涉及的位温、虚位温、水分混合比等气象学概念，使用者需通过适当的计算将其转换为气温、含湿量等常用的表述方式；另外，该模式主要是利用已有的外部观测资料来进行计算域内连续场的模拟，因此不能任意调整初始条件和边界条件。此外，中尺度模式不直接具备建筑尺度的流体动力学分辨率，当网格精度小于 1km 时，计算会出现不收敛甚至发散的情况，需要引入城市参数化方案(包括城市表面能量收支方程以及拖曳项等)来考虑城市冠层的影响(Vu，2002)。

5.1.2　CFD 模拟

1. 概述

CFD (computational fluid dynamics，计算流体力学)模拟是利用数值计算方法，建立湍流计算模型，再通过计算机求解流体运动基本控制方程组，对流体流动、热传导、组分扩散等物理现象进行仿真，从而揭示流体运动内在规律的一门新兴学科。随着计算机硬件、软件功能的飞速提升和计算算法的发展，CFD 模拟技术已在所有与流体相关的学科，如物理学、天文学、气象学、海洋学、宇宙机械、机械、土木与建筑学、环境学、生物学等领域内得到了广泛的应用。

CFD 模拟的优点在于能够对复杂下垫面的几何结构进行建模，即在模拟中"显式"地描述建筑物的存在，因此可以精确地描述城市冠层内复杂的气流结构和热力过程，并且可以提供丰富完整的流场信息；CFD 模拟的不足之处在于运算量大、计算周期相对较长，受计算机性能所限，当应用到城市中尺度范围或者长期非稳态计算时存在较大困难。从 20 世纪 80 年代开始，作为在建筑环境领域的延伸，CFD 模拟技术开始应用于研究建筑外部风环境与热气候问题。针对建筑周边的微尺度范围，CFD 模拟可充分发挥描述复杂几何形体的能力，给出街区内部的热力、动力以及物质扩散的细节。随着计算机性能的飞速发展，CFD 模拟技术正越来越成为研究城市区域风环境与热气候问题的主要数值模拟手段。

自从最早的 CFD 商用软件 PHOENICS 1981 年问世以来，已陆续诞生了 CFX、STAR-CD、CCM+、FLUENT、CRADLE 等多个知名商用软件。CFD 商用软件功能比较全面，适用性强，具有易于操作的前后处理系统，可与多种计算机操作系统实现兼容，已被广泛应用于各类科研和工程项目上。同时，也需要注意到，一直以来，学术界对 CFD 商用软件用于城市区域风环境与热气候领域基础研究存在一定争议和质疑，这主要是由于 CFD 商用软件的源代码不公开，其核心部分只能被当作"黑箱"。此外，一些使用者对计算流体力学基本原理及其在城市风气候和热气候领域的应用原则(日本和欧洲针对城市区域风环境与热气候 CFD 模拟提出的实践指导方针和操作指南，对初学者有重要的参考价值，如(Franke et al., 2007)和(Tominaga et al., 2008)等)缺乏必要了解，产生了大量似是而非的"研究成果"，这一现象在工程实际应用或跨学科应用中尤为普遍。尽管如此，仍应正确评价 CFD 商用软件在科学研究上的价值：CFD 商用软件提供了一个以计算流体力学为核心知识体系的可拓展的平台，可帮助研究者摆脱相对枯燥和繁琐的编程工作，而把精力集中在所关注的科学问题本身。

CFD 商用软件的使用者还需要了解以下两方面内容：

其一，各种 CFD 商用软件最为核心的湍流计算模型部分和计算方法部分差异不大，独特的地方大都在前后处理部分，使用者需尽量减少认识理解上的偏差以避免造成计算错误。此外，同一 CFD 商用软件在不同时期可能会推出不同版本，其与计算机的兼容性、操作步骤、计算内容等都可能有所差别，使用者需认真阅读使用手册，或参考其他人的使用心得，特别要对网格生成与处理、边界条件的定义、用户接口以及图形处理等仔细研究体会。

其二，由于计算机能力的局限性，利用 CFD 进行城市风环境与热气候模拟时依然以稳态的风环境计算为主，对区域内部各表面之间的相互辐射、人为热排放、植被蒸散作用等还难以精细化地反映。另外，城市大气参数、人类活动产生的能量吸收或排放都是瞬时变化的，严格意义上讲，无论热气候还是风环境根本不存在所谓"稳态"，因此以某一特定时刻的气象参数作为边界条件得到的 CFD 模拟结果，实际上不能代表这一时刻的真实情况，只能大体上反映该区域内气流流动和热量传输的定性分布规律。这一缺陷在 CFD 应用于热岛强度等城市热气候动态评价指标的模拟时尤为明显。

以下对本书中涉及的 CFD 模拟理论基础和湍流计算模型做一简单介绍，更为详细的内容可参考其他专著(刘京，2017)。

2. 基本控制方程

CFD 模拟的基本思想是，用有限个离散点上的变量值的集合来代替原本在时间域及空间域上连续的物理量的场，进而通过一定的原则和方式建立起表征这些离散点上场变量之间关系的代数方程组，然后通过求解这些代数方程组获得场变量的近似值。CFD 模拟所涉及的基本控制方程包括质量守恒方程(又称为连续性方程)、动量守恒方程(又称为运动方程或 Navier-Stokes 方程)、能量守恒方程以及组分方程等，具体形式如下：

连续性方程(质量守恒)：

$$\frac{\partial u_i}{\partial x_i} = 0 \tag{5-1}$$

运动方程，即 Navier-Stokes 方程(动量守恒)：

$$\frac{\partial u_i}{\partial t} + u_j \frac{\partial u_i}{\partial x_j} = -\frac{1}{\rho_a} \frac{\partial p}{\partial x_j} + \frac{\partial}{\partial x_j}\left(\nu \frac{\partial u_i}{\partial x_j} \right) - g_i \beta \left(\theta - \theta_0 \right) \tag{5-2}$$

温度传输方程(能量守恒)：

$$\frac{\partial \theta}{\partial t} + u_j \frac{\partial \theta}{\partial x_j} = \frac{\partial}{\partial x_j}\left(\alpha \frac{\partial \theta}{\partial x_j} \right) \tag{5-3}$$

式中 u_i，u_j——各方向上的瞬时速度，m/s；

x_i，x_j——各方向上的空间坐标，m

ρ_a——空气密度，kg/m³；

p——瞬时压力，Pa；

ν——运动黏滞系数，m²/s；

β——体积膨胀系数，1/℃，$\beta=1/(273+\theta_0)$；

θ——瞬时温度，℃；

θ_0——特征温度，一般可取流场的平均温度，℃；

α——分子温度扩散系数，m²/s。

3. 湍流的数值模拟方法

对湍流运动下 Navier-Stokes 方程的求解是控制方程求解的核心。湍流数值模拟方法可以分为直接数值模拟方法和非直接数值模拟方法。直接数值模拟方法就是直接针对瞬时 Navier-Stokes 方程进行数值计算，因为对湍流流动未做任何简化或近似，所以可以在理论上得到非常准确的结果，但是该方法对计算机内存和速度的要求非常高，难以应用于实际的工程计算。非直接数值模拟方法并不直接计算瞬时 Navier-Stokes 方程，而是对湍流做出一定的近似和简化处理。

非直接数值模拟方法主要分为大涡模拟(large eddy simulation，LES)和雷诺平均(Reynolds average Navier-Stokes equations，RANS)。LES 的基本思想是利用瞬时 Navier-Stokes 方程直接模拟湍流中的大尺度涡，对小尺度涡并不直接模拟，而是通过亚格子模型来考虑小尺度涡对大尺度涡的影响。该方法对计算机内存及速度要求低于直接数值模拟方法，但是仍然很苛刻，主要应用于单体建筑或简单的理想建筑布局条件下建筑群的风场模拟(如 Jiang et al.，2008；Gu et al.，2011)，依然较难应用于更为复杂的实际工程领域。

RANS 并不直接求解瞬时 Navier-Stokes 方程，而是把湍流运动看作由瞬时脉动和时间平均流动二者叠加而成，通过这种假设把脉动分离出来，从而便于考察脉动的影响。这种做法不仅可以减少计算量，降低对计算机的要求，而且在工程实际应用中也取得了很好的效果，是目前最为广泛使用的湍流数值模拟方法。雷诺平均化的 Navier-Stokes 方程形式如下：

$$\frac{\partial \overline{u_i}}{\partial t} + \overline{u_j}\frac{\partial}{\partial x_j}(\overline{u_i}) = -\frac{1}{\overline{\rho}}\frac{\partial \overline{p}}{\partial x_i} + \frac{\partial}{\partial x_j}\left(v\frac{\partial \overline{u_i}}{\partial x_j} - \overline{u_i'u_j'}\right) \tag{5-4}$$

式中 u_i'——瞬时速度分量，m/s。

公式(5-4)又被称为雷诺方程，可以看到，经过雷诺平均化处理得到的雷诺方程中增加了关于湍流脉动的雷诺应力项 $-\overline{u_i'u_j'}$。根据对雷诺应力做出的假定或处理方式不同，RANS 方法常用的湍流模型可分为两大类：雷诺应力模型和涡黏模型。其中，雷诺应力模型包括雷诺应力方程模型(RSM)和代数应力方程模型(ASM)，涡黏模型包括零方程模型、一方程模型和二方程模型等。

4. 湍流计算模型

考虑到计算速度和计算精度等原因，在城市区域尺度的风环境与热气候模拟研究中应用较广泛的是二方程的标准 k-ε 模型、标准 k-ω 模型以及 RSM。下面对这几种常用模型的主要特征方程进行介绍。需要说明的是，为书写简便，本小节各公式中的时均速度分量 $\overline{u_i}$ 均去掉上划线"－"。

(1) 标准 k-ε 模型及其改进方案

标准 k-ε 模型由 Launde 等(1972)提出，在模型中 k 表示湍动能，ε 表示湍动耗散率，与其相对应的输运方程分别为

$$\frac{\partial(\rho k)}{\partial t} + \frac{\partial(\rho k u_i)}{\partial x_i} = \frac{\partial}{\partial x_j}\left[\left(\mu + \frac{\mu_t}{\sigma_k}\right)\frac{\partial k}{\partial x_j}\right] + G_k + G_b - \rho\varepsilon - Y_M \tag{5-5}$$

$$\frac{\partial(\rho\varepsilon)}{\partial t} + \frac{\partial(\rho\varepsilon u_i)}{\partial x_i} = \frac{\partial}{\partial x_j}\left[\left(\mu + \frac{\mu_t}{\sigma_\varepsilon}\right)\frac{\partial\varepsilon}{\partial x_j}\right] + C_{1\varepsilon}\frac{\varepsilon}{k}(G_k + G_{3\varepsilon}G_b) - C_{2\varepsilon}\rho\frac{\varepsilon^2}{k} \tag{5-6}$$

式中 G_k——由平均速度梯度引起的湍动能 k 的产生项；

G_b——由浮力度引起的湍动能 k 的产生项；

μ_t——湍动黏度，由湍动能 k 和湍动耗散率 ε 计算得到，表达式如下：

$$\mu_t = \rho C_\mu \frac{k^2}{\varepsilon} \tag{5-7}$$

标准 k-ε 模型是目前使用最为广泛的湍流模型，但是该模型在处理强旋流、涡传递问题、近壁面弯曲流动、边界层流等方面存在缺陷，为了弥补标准 k-ε 模型的缺陷，许多学者提出了不同的修正方案，其中应用比较广泛的两种改进方案是 RNG k-ε 模型和

Realizable k-ε 模型。

RNG k-ε 模型由 Yakhot 等(1992)提出。该模型通过修正湍动黏度，考虑了平均流动中的旋流流动情况，同时在 ε 方程中反映了主流的时均应变率 η，可以更好地应对流线弯曲较大或高应变率的流动。其 k 方程和 ε 方程与标准 k-ε 模型非常相似：

$$\frac{\partial(\rho k)}{\partial t}+\frac{\partial(\rho k u_i)}{\partial x_i}=\frac{\partial}{\partial x_j}\left[\alpha_k(\mu+\mu_t)\frac{\partial k}{\partial x_j}\right]+G_k+\rho\varepsilon \tag{5-8}$$

$$\frac{\partial(\rho\varepsilon)}{\partial t}+\frac{\partial(\rho\varepsilon u_i)}{\partial x_i}=\frac{\partial}{\partial x_j}\left[\alpha_\varepsilon(\mu+\mu_t)\frac{\partial\varepsilon}{\partial x_j}\right]+\frac{C_{1\varepsilon}^*\varepsilon}{k}G_k-C_{2\varepsilon}\rho\frac{\varepsilon^2}{k} \tag{5-9}$$

Realizable k-ε 模型由 Shih 等(1995)提出，该模型与标准 k-ε 模型相比的主要变化是在湍动黏度的计算中引入了与旋转和曲率有关的内容，同时其 ε 方程中的产生项不再包含有 k 方程中的产生项 G_k。Realizable k-ε 模型关于 k 和 ε 的输运方程如下：

$$\frac{\partial(\rho k)}{\partial t}+\frac{\partial(\rho k u_i)}{\partial x_i}=\frac{\partial}{\partial x_j}\left[\left(\mu+\frac{\mu_t}{\sigma_k}\right)\frac{\partial k}{\partial x_j}\right]+G_k-\rho\varepsilon \tag{5-10}$$

$$\frac{\partial(\rho\varepsilon)}{\partial t}+\frac{\partial(\rho\varepsilon u_i)}{\partial x_i}=\frac{\partial}{\partial x_j}\left[\left(\mu+\frac{\mu_t}{\sigma_\varepsilon}\right)\frac{\partial\varepsilon}{\partial x_j}\right]+\rho C_1 E\varepsilon-\rho C_2\frac{\varepsilon^2}{k+\sqrt{\nu\varepsilon}} \tag{5-11}$$

(2) 标准 k-ω 模型及 SST k-ω 模型

Wilcox(1988)提出的标准 k-ω 模型，包含了对低雷诺数效应、可压缩性以及剪切流动输运的修正，模型中湍动能 k 和比耗散率 ω 的输运方程分别为

$$\frac{\partial(\rho k)}{\partial t}+\frac{\partial(\rho k u_i)}{\partial x_i}=\frac{\partial}{\partial x_j}\left(\Gamma_k\frac{\partial k}{\partial x_j}\right)+G_k-Y_k \tag{5-12}$$

$$\frac{\partial(\rho\omega)}{\partial t}+\frac{\partial(\rho\omega u_i)}{\partial x_i}=\frac{\partial}{\partial x_j}\left(\Gamma_\omega\frac{\partial\omega}{\partial x_j}\right)+G_\omega-Y_\omega \tag{5-13}$$

式中 Γ_k, Γ_ω——有效扩散率，其中考虑了对低雷诺数效应的修正；

G_k, G_ω——湍动能 k 和比耗散率 ω 的产生项；

Y_k, Y_ω——湍动能 k 和比耗散率 ω 的湍流耗散，其中考虑了对可压缩性的修正。

湍动黏度 μ_t 由湍动能 k 和比耗散率 ω 计算得到：

$$\mu_t=\alpha^*\frac{\rho k^2}{\omega} \tag{5-14}$$

SST k-ω 模型由 Menter(1994)提出，其核心思想是在近壁面区域利用 k-ω 模型计算而在主流区域利用 k-ε 模型计算，从而有效地混合利用 k-ω 模型在近壁区计算以及 k-ε 模型在远场独立自由流计算中的准确性和可靠性。SST k-ω 模型关于 k 和 ω 的输运方程如下：

$$\frac{\partial(\rho k)}{\partial t}+\frac{\partial(\rho k u_i)}{\partial x_i}=\frac{\partial}{\partial x_j}\left(\Gamma_k\frac{\partial k}{\partial x_j}\right)+\tilde{G}_k-Y_k \tag{5-15}$$

$$\frac{\partial(\rho\omega)}{\partial t}+\frac{\partial(\rho\omega u_i)}{\partial x_i}=\frac{\partial}{\partial x_j}\left(\Gamma_\omega\frac{\partial\omega}{\partial x_j}\right)+G_\omega-Y_\omega+D_\omega \tag{5-16}$$

SST k-ω 模型与标准 k-ω 模型非常相似，其主要改进包括：

① SST k-ω 模型中通过在湍动黏度 μ_t 中引入混合函数，将标准 k-ω 模型和标准 k-ε 模型结合到了一起；

② 在 ω 的输运方程中增加了交叉扩散项 D_ω，该项是由将标准 k-ε 模型变化为基于湍动能 k 和比耗散率 ω 的方程导致的；

③ 对湍流黏度的定义进行了修正，以考虑湍流切应力的输运；

④ 采用了不同的模型常数。

这些改进使 SST k-ω 模型比标准 k-ω 模型在更多层面的流动领域中表现出更高的准确度和可靠性，因此 SST k-ω 模型在实际应用中更为广泛。

(3) RSM

RSM 与涡黏模型不同(Launder et al.，1975；Gibson et al.，1978)，在 RSM 方法中不采用各项同性的湍动黏度来计算湍流应力，而是直接构建表示雷诺应力的方程，因而该模型相比涡黏模型要复杂得多，经量纲分析、整理后的雷诺应力方程可写成

$$\begin{aligned}\frac{\partial(\rho\overline{u_i'u_j'})}{\partial t}+\frac{\partial(\rho u_k\overline{u_i'u_j'})}{\partial x_k}=&-\frac{\partial}{\partial x_k}\left[\rho\overline{u_i'u_j'u_k'}+\overline{p'u_i'}\delta_{kj}+\overline{p'u_j'}\delta_{ik}\right]+\\&\frac{\partial}{\partial x_k}\left[\mu\frac{\partial}{\partial x_k}(\overline{u_i'u_j'})\right]-\rho\left(\overline{u_i'u_k'}\frac{\partial u_j}{\partial x_k}+\overline{u_j'u_k'}\frac{\partial u_i}{\partial x_k}\right)-\\&\rho\beta\left(g_i\overline{u_j'\theta}+g_i\overline{u_i'\theta}\right)+\overline{p'\left(\frac{\partial u_i'}{\partial x_j}+\frac{\partial u_j'}{\partial x_i}\right)}-\\&2\mu\overline{\frac{\partial u_i'}{\partial x_k}\frac{\partial u_j'}{\partial x_k}}-2\rho\Omega_k\left(\overline{u_j'u_m'}e_{ikm}+\overline{u_i'u_m'}e_{jkm}\right)\end{aligned} \tag{5-17}$$

RSM 中的 k 方程和 ε 方程如下：

$$\frac{\partial(\rho k)}{\partial t}+\frac{\partial(\rho k u_i)}{\partial x_i}=\frac{\partial}{\partial x_j}\left[\left(\mu+\frac{\mu_t}{\sigma_k}\right)\frac{\partial k}{\partial x_j}\right]+\frac{1}{2}\left(P_{ij}+G_{ij}\right)-\rho\varepsilon \tag{5-18}$$

$$\frac{\partial(\rho\varepsilon)}{\partial t}+\frac{\partial(\rho\varepsilon u_i)}{\partial x_i}=\frac{\partial}{\partial x_j}\left[\left(\mu+\frac{\mu_t}{\sigma_\varepsilon}\right)\frac{\partial\varepsilon}{\partial x_j}\right]+C_{1\varepsilon}\frac{\varepsilon}{k}\left(P_i+C_{3\varepsilon}G\right)-C_{2\varepsilon}\rho\frac{\varepsilon^2}{k} \tag{5-19}$$

式中 P_{ij}——剪应力产生项；

　　G_{ij}——浮力产生项。

相比于涡黏模型，RSM 从理论上更加严密地考虑了流线曲率、旋涡、有旋流场和应变率快速变化的影响，可以应对更为复杂流动的模拟，但是其对雷诺应力方程(5-17)中各项所做的进一步建模处理使该模型的求解变得困难，也影响了模拟精度。

5.1.3　城市冠层模型

城市冠层模型是用于模拟城市局地尺度能量收支与平衡的计算模式。该类方法在 20 世纪 70 年代末由地表能量平衡理论发展而来，最初作为大气边界层气象模式的辅助模型用于提供下垫面-冠层大气间热质交换的物性参数，用以填补中尺度气象模拟中城市下垫面动力特征参数化无法合理反映非均一性复杂下垫面影响以及模拟能量交换存在偏差的问题，后经不断发展，在 20 世纪 80 年代后期逐渐形成了独立的体系。

该类方法最大的特点是不拘泥于城市内复杂的布局，而是通过统计方法将城市简化处理为形态相似的连续建筑群落，通过对冠层内部建筑、土地、植被、天空之间复杂的热质交换计算，研究其特有的热物理现象以及城市高温化的成因，评估人为排热、绿化等措施对改善城市热气候的效果，研究不同城市区域建筑布局、建筑密度等因素对城市天空反射率的影响等。使用该类方法计算时，考虑到大气参数在竖直方向上的变化梯度比水平方向上要显著得多，因此对大多数城市冠层模式只考虑竖直方向上的一维问题，在水平方向上将城市简化处理为几何形态相似的建筑群体，通过计算不同类型的城市下垫面与大气间的辐射和能量平衡以及热质交换来获得城市局地尺度下的通量以及城市冠层内的气象参数分布。这种简化的做法使得城市冠层模型在满足一定准确性要求的前提下大大减小了计算量，因此更适用于城市局地气候的长期动态模拟。同时，以统计处理后的参数化方案对城市对象区域进行数字描述，使得整个模型的建模过程也比大气边界层气象模式和 CFD 模拟快速简单很多。城市冠层模型还处于发展阶段，尽管国外学者提出了一些不同的城市冠层模型(Grimmond et al.，2002；Kondo et al.，2005；Krayenhoff et al.，2007)，但是还缺乏成熟的商用模拟软件，在国内开发利用该类方法的就更较少。

本书中主要介绍基于 CFD 模拟及城市冠层模式的严寒地区城市风环境与热气候方面的研究成果。事实上，当对象域空间尺度较大时，可利用大气边界层气象模式的计算结果作为边界条件，从而提高计算精度。这部分工作已体现在另一部专著中(满孝新，2018)，本书不再赘述。

5.2　严寒地区城市滨水区局地热湿环境影响因素 CFD 分析

2.3 节介绍了通过现场观测研究严寒地区城市水体对局地建筑风环境和热气候的影响。受观测地点的选择、测试仪器的安装环境、天气状况和研究周期等的条件限制，很难系统研究下垫面形式、水体形态和滨水区周边建筑布局等其他多种因素对滨水区局地风环境与热气候的影响。本节建立适用于滨水区建筑风环境与热气候的 CFD 数值模拟方法，并与风洞试验结果进行对比验证，然后通过数值实验手段，以滨水区局地风环境与热气候的调节作用为研究目的，探究滨水区相关因素的影响。

5.2.1　滨水区建筑风环境与热气候 CFD 模拟方法

针对滨水区建筑风环境与热气候模拟，水体所处地理位置、周边的气象条件和水体自身的热物性参数是重点考察因素。实际滨水区周边除了水体之外，还存在人工构筑物、道路、树木等多种下垫面形式，上述下垫面同水体之间的差异性也是影响局地热环境的主要因素之一。综合看，需要考虑的大气边界条件包括风速风向、湍动特性、环境温湿度、太阳辐射及空气中的各类源项(如水蒸气)等。对不同水体边界条件进行量化表征的主要参数包括水体的水文特性(包括水体宽度、粗糙度、流量等)、物理特性(包括水温、蒸发量、热容量等)和辐射特性(包括不同波段的吸收率、发射率、透射率、反射率等)。

1. 气象因素设定

本研究中认为从地面向上的计算域可分为冠层区域和动态区域。冠层区域内的气流特征受地表下垫面粗糙度影响，其高度与下垫面内主要障碍物的尺度 z_0 相关，通常为 $(1.5\sim3.5)z_0$。动态区域即大气的对数发展区域，在该区域内风速随高度呈对数增长变化，其表达式为(Richards，1993)

$$u(z) = \frac{u^*}{\kappa} \ln\left(\frac{z + z_G}{z}\right) \tag{5-20}$$

$$u^*(z) = \frac{\kappa U_{10}}{\ln\left[(10 + z_G)/z\right]} \tag{5-21}$$

式中 z——垂直方向高度，m；

　　z_G——大气边界层厚度，m；

　　u^*——摩擦速率，m/s；

　　κ——von Karman 常数，$0.40 \sim 0.42$。

动态区域内各项湍流特征参数可根据摩擦速率和大气边界层高度进行计算，表达式如下(Richards，1993)：

$$k(z) = \frac{\left[u^*(z)\right]^2}{\sqrt{C_\mu}} \tag{5-22}$$

$$\varepsilon(z) = \frac{\left[u^*(z)\right]^3}{\kappa(z + z_G)} \tag{5-23}$$

式中 $k(z)$——高度为 z 处的湍动能，m^2/s^2；

　　$\varepsilon(z)$——高度为 z 处的湍动耗散率，m^2/s^3；

　　C_μ——模型半经验常数，取 0.09。

若已知大气边界层内的湍流强度和风速的垂直分布规律，湍动能和湍动耗散率还可以采用下式进行估算(Tominaga et al.，2008)：

$$I(z) = 0.1(z/z_G)^{(-\alpha-0.05)} \tag{5-24}$$

$$k(z) = \left[I(z) \cdot U(z) \right]^2 \tag{5-25}$$

$$\varepsilon(z) = C_\mu^{3/4} \cdot k(z) \cdot \frac{\mathrm{d}U}{\mathrm{d}z} \tag{5-26}$$

式中 $I(z)$——高度 z 处的湍流强度。

正如前文实测部分所述，太阳辐射为城市区域风环境与热气候 CFD 模拟中的主要得热源。太阳辐射强度与地球自转、太阳入射地面的高度和角度相关，受空气质量和云量的影响，太阳辐射经过一系列折射和反射后到达地表下垫面，同时，各下垫面辐射特性不同，在接受太阳辐射后彼此之间还存在进一步的辐射热交换，因此太阳辐射的计算一直是 CFD 模拟的重点和难点。本研究采用 CFD 商用软件 Fluent 14.0，太阳辐射模型选用该商用软件自带的太阳辐射加载模块。

在室外环境区域高度较高的情况下，通常还需要考虑因高度增加而产生的垂直方向上的温湿度梯度变化。一般来说，高度每升高 100m，温度约下降 0.6℃。但在大多数以建筑周边区域风环境与热气候为对象的研究中，计算尺度纵向跨度通常处于大气边界层的对数发展区内，高度通常低于 500m，因此本研究为了简化计算，将来流温湿度假设为定值。

2. 水体边界设定

在 CFD 数值模拟中，在计算水面的蒸发量时，本研究采用形式较为简单、涉及参数较少的 Bulk 系数法进行估算，具体表达式形式有所转换：

$$E = C_e \rho_a u (q_w - q_a) \tag{5-27}$$

式中 C_e——潜热量 Bulk 系数；

　　u——水面上方 2m 处风速，m/s；

　　q_w——水面温度对应的饱和含湿量，kg/kg；

　　q_a——空气含湿量，kg/kg。

在进行水蒸气传输规律的研究时，通常需要通过多种参数描述水蒸气的分布特性，除了相对湿度和含湿量之外，数值模拟时通常需要给出空气中水蒸气相应的组分含量，即水蒸气质量分数。该参数能更加直观地表示水蒸气与干空气在湿空气中的比重，它与含湿量的关系为

$$m = \frac{d}{1+d} \tag{5-28}$$

式中 m——水蒸气质量分数，kg/kg；

　　d——含湿量，kg/kg。

3. 林地设定

在滨水区常见下垫面中除了水体之外的另外一类常见下垫面为林地。林地的尺寸通

常与建筑物在同一个量级上。当研究区域较小、下垫面分布较为分散时，林地即为单一的树木，通常不能直接采用粗糙度的形式估算该下垫面对气流场的影响。为了详细计算树木对气流的阻碍和衰减作用，在数值模拟中针对植栽边界条件按照多孔介质进行设定。流体流经多孔介质时会因阻挡效应降低流体压力，需要在动量守恒方程中添加相应的源项来描述这一部分动量的损失，以与树木的衰减作用较为一致，因此将树木设定为多孔介质的方法较为可行。该介质设为均匀且无弹性的多孔材料，本研究中采用树木孔隙率设定多孔介质模型中惯性阻力系数和黏滞系数等重要参数，其关系式如下(Seginer et al.，1976)：

$$b = \frac{1}{C_1} = \frac{D_p^2 \lambda^3}{150(1-\lambda)^2} \tag{5-29}$$

$$C_2 = \frac{3.5(1-\lambda)}{D_p \lambda^3} \tag{5-30}$$

式中 b——渗透率，m^2；

　　C_1——黏滞系数，$1/m^2$；

　　D_p——颗粒孔径大小，m；

　　λ——孔隙率；

　　C_2——惯性阻力系数，$1/m$。

根据上述关系式，树木孔隙率对多孔介质的阻碍计算起关键作用。树木孔隙率会因为树木的植栽疏密度、植被的类型、枝叶特性及排列组合方式等的不同而产生各种变化。研究表明，在冬季，树木因树叶脱落而具有较大的孔隙率，约为 0.74；在春秋季，树木树叶的覆盖率适中，孔隙率约为 0.65；在夏季，树木枝叶繁盛，此时孔隙率最小，约为 0.55(Grant et al.，1998)。本研究中基于树木特性所简化的多孔介质中的颗粒孔径大小可视为树木的叶片大小，设定为 0.1m。

4. 其他下垫面特性设定

滨水区涉及环境因素较多，互相之间的作用较为复杂，为了重点研究水体对周边建筑风环境与热气候的影响，在模拟时对其他下垫面采用较为简化的形式。

对较为粗糙的实际表面来说，其动量粗糙度、热量粗糙度及水蒸气交换粗糙度可采用统一的粗糙度进行简化计算。实测研究表明，下垫面的粗糙度与下垫面粗糙物的平均高度相关。对较大区域的观测研究表明，两者之间存在如式(5-31)所示的近似关系，本研究根据前人大量的观测数据，总结出常见下垫面的粗糙度，如表 5.1 所示(Brutsaert，1982)。

$$z_0 \approx \frac{h_0}{30} \tag{5-31}$$

式中 z_0——下垫面的粗糙度，m；

　　h_0——下垫面粗糙物的平均高度，m。

表 5.1　常见下垫面的粗糙度

下垫面类型	粗糙度/cm
道路(柏油路)	0.002
宽广水面	0.01~0.06
草地(高度<0.1m)	2.3
草地(0.1m≤高度<0.5m)	5
农作物(1m≤高度<2m)	20
林地(10m≤高度<15m)	40~70
城镇	70~150
大城市	165

在数值模拟计算时，不同下垫面的差异性除了体现在各自的粗糙度之外，还体现在另一个重要的参数即辐射特性。不同下垫面对不同波段辐射量的吸收率和反射率不同，这是造成各下垫面温度及对其周边局地风环境与热气候影响不同的根本原因。表 5.2 为本研究根据崔耀平等(2012)以及朱岳梅(2008)的研究成果总结的常见下垫面的辐射特性。

表 5.2　常见下垫面的辐射特性

下垫面类型	反射率	吸收率	发射率
水面	0.06	0.92	0.99
道路	0.13	0.90	0.95
房屋	0.22	0.85	0.91
草地	0.25	0.80	0.93
林地	0.18	0.75	0.98
土壤	0.20	0.75	0.95

5.2.2　滨水区湿扩散 CFD 湍流计算模型比较

本节采用一方程模型(Spalart-Allmaras 模型，简称 S-A 模型)、二方程的四种模型(标准 k-ε (SKE)模型、RNG k-ε 模型、Realizable k-ε 模型、低雷诺数 k-ε (Low-KE)模型)及雷诺应力方程模型(RSM)，以 Narita(1992)等的风洞试验结果为依据，探讨各湍流计算模型在计算湿扩散及热扩散方面的差异性。图 5.1 及图 5.2 分别为风洞试验工作台示意图及建筑模型布局情况(Narita，1992)。

图 5.3 为各湍流计算模型采样区域横截面内水蒸气质量分数的分布情况，近水体表面处的水蒸气质量分数变化梯度较大，其详细分布细节图位于每个模型分布图的左上方。从各细节图中可以看出，水体上方的水蒸气质量分数随着高度的增加而降低且呈线性层状分布。在地表面岸堤高度处,SKE模型和RNG k-ε 模型的计算结果明显低于其他模型(接近 0.0205kg/kg 等值线)。可以看出，每个模型的计算结果均不完全相同，特别是在水体

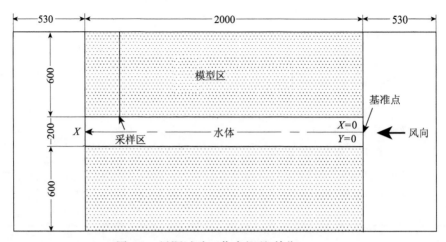

图 5.1　风洞试验工作台概况(单位：mm)

图 5.2　建筑模型布局

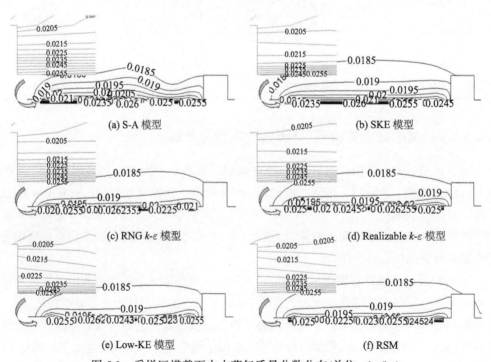

(a) S-A 模型　　　　　　　　　　　　　　(b) SKE 模型

(c) RNG k-ε 模型　　　　　　　　　　　(d) Realizable k-ε 模型

(e) Low-KE 模型　　　　　　　　　　　　(f) RSM

图 5.3　采样区横截面内水蒸气质量分数分布(单位：kg/kg)

上方及建筑区域水蒸气扩散范围内。与其他模型相比，应用 RSM 的计算结果中水蒸气质量分数较高，水体两侧扩散的距离较远，水体上方及相邻区域的水蒸气质量分数比其他二方程模型计算结果高。所有二方程模型计算的水蒸气扩散范围及数值在水体上方、岸堤及建筑群附近的分布规律大体一致，没有较明显的差别。S-A 模型的水体上方计算结果波动较大，在水体上方的数值明显更高，水蒸气质量分数的衰减速度略低于其他模型，同时周边建筑群内数值明显更低。

为了定量评价各湍流计算模型对湿扩散场的预测精度，本研究同时采用风洞试验数据采样点的湿度比 VP 作为指标，以水体周边湿度分布详细情况探讨水体影响范围的特征。湿度比 VP 的表达式如下所示：

$$VP = \frac{e - e_0}{e_s - e_0} \tag{5-32}$$

式中 e——采样点水蒸气分压力，Pa；

e_0——基准点水蒸气分压力，Pa；

e_s——水体温度对应的饱和水蒸气压力，Pa。

图 5.4 为各湍流计算模型模拟结果与风洞试验结果对比。图中，横坐标的 Y 代表采样点距水体中心点的距离、W 代表水体的宽度(风洞试验中宽度为 0.2m)。从风洞实验结果可以看出，各采样点 VP 随距离增加的变化较为明显：在水体中心区域，VP 约为 0.12，当距离增加到距水体边界最小时，VP 达到最大，约为 0.15；随后 VP 迅速衰减，在 Y/W 约为 0.75 时下降至约 0.05，此后随着距离的增加衰减较为缓慢。模拟结果中，除 S-A 模型外，其他模型数值变化趋势均与风洞试验结果规律相近，但计算结果都存在一定偏差，即水体上方的预测值偏大而建筑群内采样区域的预测值偏小。这主要由以下几个原因造成：第一，模拟中水体表面蒸发量的设定是基于式(5-15)，式中的 Bulk 系数是基于实测数据归纳所得，与风洞试验中的实际蒸发量存在一定的精度偏差。第二，二方程模型在解决建筑绕流问题上存在一些固有的缺陷，这导致对进入建筑群内部的气流的流动预测可能与实际情况不符。第三，风洞试验过程中对气流均匀性及各方向上的湍流状况未进行测试，模拟对试验的再现存在一定偏差。第四，VP 本身数值较小，测试仪器存在的测量误差可能对 VP 的计算产生较大影响。

图 5.5 为各采样点实测与模拟结果散点分布情况，横坐标为风洞试验实测值，纵坐标为各模型模拟计算值。图中黑色直线为 1:1 分界线。结合图 5.4 分析结果可以更直观地看出，VP 小于 0.06 时，各模型模拟计算值大多小于实测值，其中，RSM 计算值最接近实测值，S-A 模型和 SKE 模型预测精度最低。VP 大于 0.06 时，各模型预测值均不同程度地大于实测值，其中 RSM 和 S-A 模型的预测精度最低，RNG k-ε 模型和 Low-KE 模型预测结果最接近实测值。对照图 5.4 可知，在 VP 为 0.06 左右时，Y/W 约为 0.70，即采样点的位置位于临水方向第一排建筑群内。这说明，各模型以较为空旷平坦的水体下垫面为研究对象时，二方程模型可以相对准确地预测滨水区局地风环境与热气候流场分布情况；当研究对象区域为建筑内部的绕流区时，RANS 系列模型本身的缺陷会造成近壁区

预测值偏低，RSM 的预测值与实测值更为接近，RNG k-ε 模型其次。

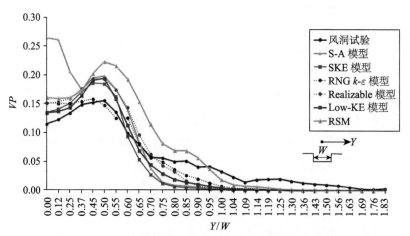

图 5.4　各湍流计算模型模拟结果与风洞试验结果对比

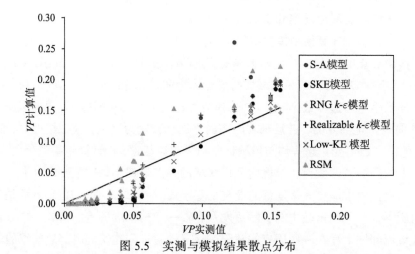

图 5.5　实测与模拟结果散点分布

结合图 5.5 分布规律，为了进一步定量对比不同模型的详细计算精度，本研究选取水体上方及建筑群两个不同区域位置的采样点，分别计算每个区域内的平均相对误差，以此为指标细化每个湍流计算模型对湿扩散预测的差异程度，其表达式如下所示：

$$AREVP = \frac{\sum\limits_{i=1}^{n} \left| \dfrac{VP_{\mathrm{s}} - VP_{\mathrm{m}}}{VP_{\mathrm{m}}} \right|}{n_{VP}} \times 100\% \tag{5-33}$$

式中 VP_{s}——采样点的 VP 模拟计算值；

　　VP_{m}——采样点的 VP 实测值；

　　n_{VP}——采样点的数量。

表 5.3 为各湍流计算模型平均 VP 相对误差($AREVP$)对比结果。从图 5.4 可以看出，当 $Y/W > 1$ 时，即采样点的位置为临水方向第二排建筑群以外时，VP 的实测值较小，低

于 0.03。考虑到这些较小数值受实测仪器精度的影响较大，因此这部分区域($Y/W>1$)内的采样点数据不作为评判模型预测精度的标准。从表中可以看出，在水体上方区域，RNG k-ε 模型的 $AREVP$ 明显低于其他模型，为 33.05%，这说明 RNG k-ε 模型更适合预测此区域内的气流运动规律。在建筑区域内，由于采样点本身数值较小，采样点的相对误差较大，RSM 的预测精度高于其他模型，为 50.25%。这说明在预测复杂性较高的各向异性绕流区湍流场时，RSM 确实具有良好表现。但 RSM 在水体上方区域的表现却相对较差(60.52%)。有研究表明，在采用 RSM 预测如自然对流这样的简单气流运动时并不能改善流场预测的准确性(Walsh et al., 2004)。整体来说，采用 RNG k-ε 模型在计算时的稳定性、计算周期、近壁处的优化及整体预测精度各方面表现最佳，与实测结果最接近。

表 5.3　各湍流计算模型平均 *VP* 相对误差　　　（单位：%）

采样点位置	S-A 模型	SKE 模型	RNG k-ε 模型	Realizable k-ε 模型	Low-KE 模型	RSM
水体上方	80.68	45.55	33.05	52.94	44.78	60.52
前两排建筑群内	73.11	76.50	56.34	64.54	66.82	50.25

5.2.3　数值实验方法

根据建筑的使用特性以及所处地段的不同，严寒地区城市滨水区会采用不同的建筑布局方式，图 5.6 给出了哈尔滨市滨水区实际建筑类型。综合考虑滨水区各因素的现状，结合规划专业理论与实践，基于本研究目标，最终确定以下 5 种滨水区局地风环境及热气候的主要影响因素，即建筑布局、容积率、岸堤高度、滨水间距和绿化条件。这 5 种影响因素中，建筑布局和容积率视为人工构筑物因素，岸堤高度和滨水间距视为水体因素，绿化条件视为草地和树木下垫面因素。水体位于建筑区域的一侧，毗邻低矮建筑。在实际滨水区规划建设时，结合规划相关准则，每个因素有各自的适用形式和变化特征，本研究主要分析的因素种类及变化形式如表 5.4 所示。

图 5.6　滨水区实际建筑类型

表 5.4　各因素计算条件

计算条件	水平 1	水平 2	水平 3	水平 4
	板式	点式	点板式	围合式
建筑布局 A				
容积率 B	1.5	2.5	3.5	4.5
岸堤高度 C/m	0	2	4	6
滨水间距 D/m	50	100	200	300
绿化条件 E	草地(60%)	草地(60%)+1 排树木	草地(60%)+2 排树木	草地(60%)+3 排树木

为了方便表述,各因素用字母表示。建筑布局用 A 表示,建筑之间采用较为理想、平均的格局部署,前后排间距随距水体距离的增加而相应增加,平均为 50m。根据建筑单体形式的不同,建筑两侧的间距最小为 20m(板式及围合式)、最大为 45m(点式)。

容积率用 B 表示,变化范围由常规的多层低容积率住区的约 1.5 至高层高容积率住区的约 4.5。需要指出的是,本研究为了将容积率作为单一非相交因素考虑,采用了理想化方案,以固定建筑间距、改变建筑高度的形式来调整容积率,不考虑高层和多层住区在建筑间距方面的不同要求。

岸堤高度用 C 表示,采用垂直岸堤形式。垂直岸堤高度变化范围为 0~6m。

滨水间距用 D 表示,为岸堤距滨水建筑区域的距离,最小间距水平值按防洪要求设置为 50m。在因素选择和设计中,特大型的江河滨水区域较为复杂,较小型的人工水体景观影响范围有限,因此本研究以中型水体尺度考虑,宽度固定为 300m。

绿化条件用 E 表示,绿化覆盖区域分布在水体与建筑区域之间的空地中,植被主要为下垫面高度较低、分布较均匀的草地和下垫面高度较高、以单体形式分布的树木这两种类型的结合。其中,草地绿化率按照城市水体周边公园一般情况固定设为 60%;树木以等间距分布的成排树林进行假设,根据不同的绿化要求假设为 0 排、1 排、2 排和 3 排,树木的设定高度为 8m,其中树冠高 5.5m,主要考虑水分蒸发和风阻的作用。

本研究采用正交试验设计方法(任露泉,2003),通过高效和优质的参数组合工况进行后续的模拟分析。基于表 5.4 选定的因素及水平值,假设每个因素的影响相对独立,确定 $L_{16}(4^5)$ 正交试验表,最小试验数为 16 次即可满足因素分析需求。正交试验设计方案如表 5.5 所示。需要指出的是,根据正交表选出的计算工况,是从复杂现实状况中抽取出核心的要素进行理想化探索,实际规划设计中也许不存在某种因素水平结合的可能性,如工况 4 中板式建筑布局与容积率 4.5 相结合的算例,但在本研究中为了分析因素的连续变化水平,仍将其一并进行讨论。

表 5.5　正交试验设计方案

工况	建筑布局(A)	容积率(B)	岸堤高度(C)	滨水间距(D)	绿化条件(E)
1	(1)板式	(1)1.5	(1)0	(1)50	(1)0
2	(1)板式	(2)2.5	(2)2	(2)100	(2)1
3	(1)板式	(3)3.5	(3)4	(3)200	(3)2
4	(1)板式	(4)4.5	(4)6	(4)300	(4)3
5	(2)点式	(1)1.5	(2)2	(3)200	(4)3
6	(2)点式	(2)2.5	(1)0	(4)300	(3)2
7	(2)点式	(3)3.5	(4)6	(1)50	(2)1
8	(2)点式	(4)4.5	(3)4	(2)100	(1)0
9	(3)点板式	(1)1.5	(3)4	(4)300	(2)1
10	(3)点板式	(2)2.5	(4)6	(3)200	(1)0
11	(3)点板式	(3)3.5	(1)0	(2)100	(4)3
12	(3)点板式	(4)4.5	(2)2	(1)50	(3)2
13	(4)围合式	(1)1.5	(4)6	(2)100	(3)2
14	(4)围合式	(2)2.5	(3)4	(1)50	(4)3
15	(4)围合式	(3)3.5	(2)2	(4)300	(1)0
16	(4)围合式	(4)4.5	(1)0	(3)200	(2)1

5.2.4　CFD 模拟条件设定

1. 模拟对象及计算条件

模拟基于 2.3 节实测地点的夏季现场长期观测数据，同时全面考虑太阳辐射、水蒸气扩散、绿化等因素在室外风环境及热气候中的作用。为保持计算稳定并简化计算，只有建筑物及不透水铺装参与太阳辐射稳态计算，不考虑建筑内部环境对室外环境的影响，其他各下垫面的温度采用定值边界条件。具体来说，选取典型的夏季晴朗高温气象条件，即 7 月 1 日下午 13:00 时刻作为室外气象计算条件，太阳辐射照度约为 689W/m²，室外主导风向为南风，气流吹向水面后进入滨水建筑区域。根据观测数据，设定水体温度为 26.0℃，入口空气温度为 31.0℃，草地表面温度为 27.5℃，树木表面温度为 27.0℃，土壤表面温度为 33.0℃。树木以多孔介质形式进行简化设置，考虑夏季城市水体周边树木茂密程度，将孔隙率设为 0.7。树木和草地的蒸腾作用按照 Fluent 中水分扩散简要模型进行设定，水蒸气扩散模型中的 Bulk 系数根据实测结果设定为 $3.12×10^{-3}$。模拟采用预测精度较好的 RNG k-ε 湍流计算模型，压力和速度耦合采用 SIMPLIC 算法，对流项采用 Bossinesq 假设，对流项离散采用二阶迎风差分格式。

2. 网格无关性验证

在进行数值模拟时，由于建筑尺寸相对规整，模型计算域采用计算误差较小且节省计算容量的非结构化网格配置。为了确定每个工况适宜的网格划分形式，将工况进行三种不同网格密度的划分, 其网格数分别为 $0.7×10^6$(较粗糙)、$1.5×10^6$(适中)、$2.4×10^6$(较细密)、$3.6×10^6$(很细密), 较细密的网格形式如图 5.7 所示。为了获得较为精确的预测结果并合理地利用计算资源, 网格划分中主要加密近水体和近建筑壁面处的网格。依据室外风环境与热气候的主要研究参数, 以水面上方不同高度处的水蒸气质量分数和温度作为评判标准, 分析不同网格划分形式下的计算结果。

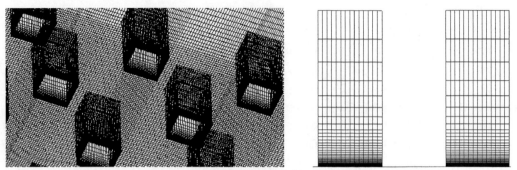

图 5.7　较细密的网格形式(以工况 6 为例)

从图 5.8 可以看出, 采用不同疏密程度的网格对应的水蒸气质量分数计算结果规律一致, 同一高度上水蒸气质量分数随着网格数的增加而降低, 但差值相对较小, 其中 $2.4×10^6$(较细密)的计算结果与 $3.6×10^6$(很细密)的计算结果相近。采用不同网格的温度计算结果变化规律一致。随着网格数的增加, 在同一高度上的计算温度变大, 与湿度结果相反。总体而言, 采用较细密 $2.4×10^6$ 的网格的各计算结果与采用很细密 $3.6×10^6$ 的网格计算结果相差较小, 但在计算同一工况时可节约 1/3 的计算时间, 具有较大优势, 因此本章中各工况均采用较细密的网格类型。

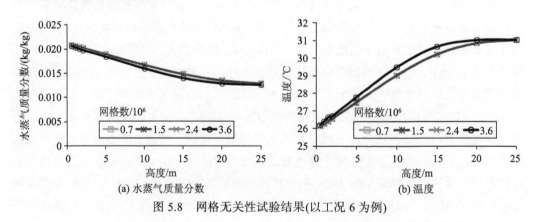

图 5.8　网格无关性试验结果(以工况 6 为例)

5.2.5　计算结果分析

1. 特定工况计算结果分析

本研究以滨水建筑区域内部 1.5m 高度处风速、水蒸气质量分数及空气温度分布情况作为研究对象讨论城市水体及各因素对滨水区局地风环境与热气候的影响。以工况 6 为例，该工况建筑布局为点式、容积率为 2.5、岸堤高度为 0m、滨水间距为 300m、绿化条件为草地与 2 排树木结合的形式，其布局情况如图 5.9 所示。在容积率的限定下，平均建筑高度约为 46.7m。

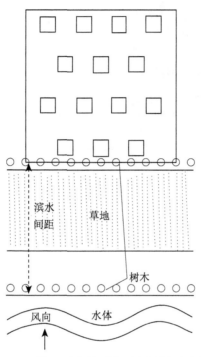

图 5.9　工况 6 对应的下垫面布局平面示意图

图 5.10 为工况 6 建筑区域内 1.5m 高度处风速、水蒸气质量分数及空气温度分布。从图 5.10(a)中可以看出，气流垂直于水体流向滨水建筑区域，在区域内呈对称分布；由于建筑的遮挡，建筑后侧风速较小，基本低于 1.0m/s；由于绕流作用，建筑两侧风速较大，在 1.5～2.0m/s 之间变化。住区内风速随距离增加呈逐渐衰减趋势,但由于建筑在横向 (沿河岸方向) 上交错分布，住区内并未形成明显的通风廊道。从图 5.10(b)中可以看出，水蒸气的扩散主要受主导气流及滨水建筑区域内建筑布局的影响，分布规律比较明显。水蒸气质量分数在靠近水体侧较高，最高约 0.01674kg/kg。随着距离的增加，滨水建筑区域内建筑的阻挡作用逐渐增大，后部区域的水蒸气扩散较为困难，衰减较快，因此水蒸气质量分数呈现降低趋势，最低约 0.01358kg/kg。相对而言，区域中空气温度的分布较为均匀图 5.10(c)。实际上，滨水建筑区域内热湿环境除了受水体侧低温流的影响，还与建筑及周边道路等人工下垫面相关。区域中空气温度最高值为 33.1℃(306.25 K)，最低值约为 30.4℃(303.55 K)。建筑表面等人工下垫面在太阳辐射下温度升高较快，使得人工下垫面附近的空气温度相对较高，这说明滨水建筑区域内空气温度受来自水体的低温气流影响较小，受太阳辐射造成的高温壁面影响更大。

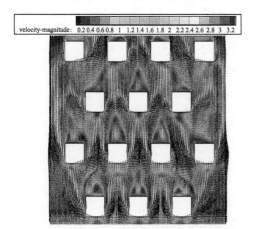

(a) 风速及矢量分布/(m/s)

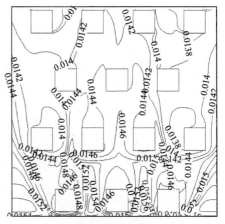

(b) 水蒸气质量分数/(kg/kg)

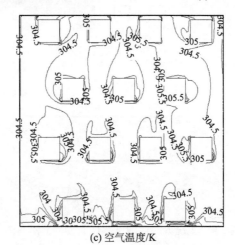

(c) 空气温度/K

图 5.10　工况 6 建筑区域内 1.5m 高度处风速、水蒸气质量分数及空气温度分布

2. 各工况计算结果比较分析

为量化分析不同因素的组合形式对滨水建筑区域风环境与热气候的影响规律，以同种建筑布局形式为依据，在滨水建筑区域内距地面 1.5m 高水平面的横向(沿河岸方向 X)和纵向(垂直河岸方向 Y)均匀选择具有流场代表特性的通风廊道及建筑绕流区采样点进行分析，采样点位置如图 5.11 中坐标轴刻度线位置所示。

图 5.11(a)的布局形式为板式，对应于工况 1～工况 4；图 5.11(b)的布局形式为点式，对应于工况 5～工况 8；图 5.11(c)的布局形式为点板式，对应于工况 9～工况 12；图 5.11(d)的布局形式为围合式，对应工况 13～工况 16。对图中标注位置等间距选取 100 个点进行横向或者纵向位置的平均统计，采用滨水建筑区域内 1.5m 高度处水蒸气质量分数和空气温度分布平均值来进行热湿环境分析。

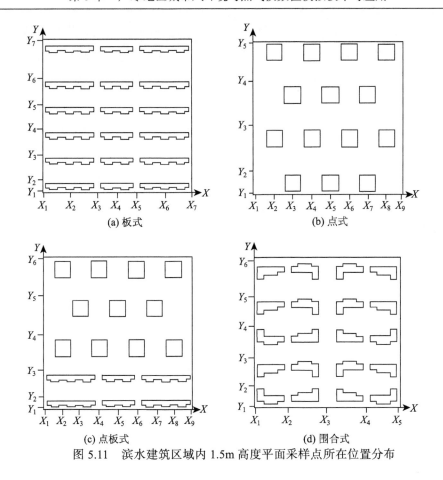

(a) 板式　　　　　　　　　　　(b) 点式

(c) 点板式　　　　　　　　　　(d) 围合式

图 5.11　滨水建筑区域内 1.5m 高度平面采样点所在位置分布

3. 水蒸气质量分数分布规律

图 5.12 为各工况采样点上水蒸气质量分数随横向距离变化的规律。计算起点从滨水建筑区域内最左侧边界开始(X=0)，沿 X 方向距离逐渐增加，最大为滨水建筑区域最右侧边界附近(X=323m)。从图 5.12 中可以看出，由于各工况中建筑布局沿住区中线(如图 5.11 所示，图(a)中 X_4、图(b)和图(c)中 X_5、图(d)中 X_3 为住区中线)呈对称分布形式，根据图 5.10 的分析，气流受建筑布局影响较大，水蒸气质量分数在主导气流的作用下，沿住区中线呈对称分布。板式(图 5.12(a))、点式(图 5.12(b))及点板式(图 5.12(c))中水蒸气质量分数沿横向出现 2 次峰值，围合式(图 5.12(d))水蒸气质量分数沿横向出现 1 次峰值。这与各建筑布局形成的通风廊道相关。结合图 5.11 可以看出，板式、点式及点板式建筑形成的主要通风廊道均位于建筑区域的两侧，中部区域的气流受到建筑的遮挡，而围合式建筑布局形成三个主要通风廊道，中部区域的建筑间距较大，通风效果更好，水蒸气质量分数在该区域内数值较大。对比可以看出，在各工况中工况 1 的水蒸气质量分数最大，平均为 0.01492kg/kg，比入口来流处水蒸气质量分数(0.01266kg/kg)高，以水体为散湿源的扩散作用最为明显，其次为工况 11(0.01470kg/kg)；水蒸气质量分数最小值出现在工况

8 和工况 12，分别为 0.01297kg/kg 和 0.01299kg/kg。结合表 5.5 可以看出，工况 1 和工况 11 的共同特点为岸堤高度为 0，而工况 8 和工况 12 的共同特点为容积率较高，且均伴有一定高度的岸堤，由此可以看出岸堤高度对水蒸气扩散影响较大。

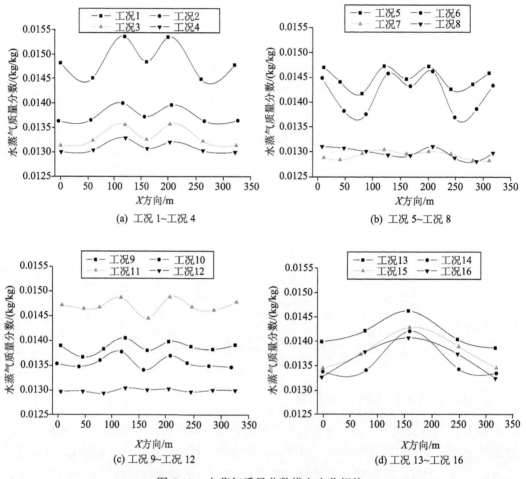

图 5.12　水蒸气质量分数横向变化规律

图 5.13 为各工况采样点上水蒸气质量分数随纵向距离变化规律。计算起点从靠近水体侧的滨水建筑区域边界开始(Y=0)，沿 Y 方向距离逐渐增加，到滨水建筑区域最远离水体的边界附近(Y=323m)。从图中可以看出，各工况中采样点的水蒸气质量分数分布规律大体一致，距离水体最近的采样点水蒸气质量分数最大，随着距离的增加而呈现不同程度的衰减。各工况中起始点水蒸气质量分数最大值出现在工况 1，为 0.01608kg/kg，其次为工况 6，为 0.01568kg/kg；最小值出现在工况 12 和工况 4，分别为 0.01306kg/kg 和 0.01324kg/kg。结合表 5.5 各因素设计条件可以看出，工况 1 和工况 6 的共同特点为岸堤高度为 0，这再次说明了岸堤高度的重要性；工况 12 和工况 4 的共同特点为容积率较高，同时伴有一定高度的岸堤影响及多排树木的阻碍，因此进入滨水建筑区域前水蒸气质量

分数较低。空气中的水蒸气含量除了在起始点存在较大差异，在进入滨水建筑区域后的衰减规律也不同。从图中可以看出，在距离为 150m 处的滨水建筑区域中间位置，各工况中工况 1 的水蒸气质量分数最大，约为 0.01475kg/kg。气流经过建筑区的阻碍，水蒸气质量分数最终在最远离水体处的采样点处(即距离为 323m 处)达到最高，为 0.01405kg/kg，出现在工况 11。以上规律反映了本研究采用的板式和点板式建筑布局的滨水建筑区域内空气流通性较好，有利于水蒸气的扩散。同时还可以看出，4 种建筑布局中采用围合式(图 5.13(d))建筑布局的各工况水蒸气质量分数均较小，且衰减剧烈。这是由于围合式建筑布局通风廊道较少且风阻较大。这从侧面反映出，滨水区采用围合式建筑布局不利于发挥水体对滨水建筑区湿环境的影响。

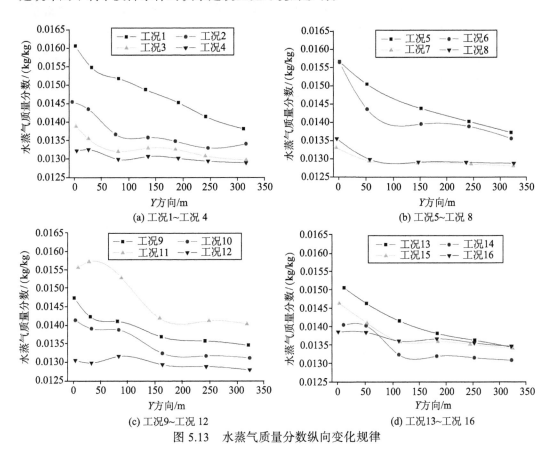

图 5.13　水蒸气质量分数纵向变化规律

4. 温度分布规律

图 5.14 为各工况采样点上温度随横向距离变化规律。采样点位置与图 5.12 相同，0m 处和 323m 处为滨水建筑区域的横向边界。对比图 5.12 可以看出，各工况的温度变化同样呈现对称分布，但规律各不相同。各布局中，采用板式(图 5.14(a))、点板式(图 5.14(c))和围合式(图 5.14(d))建筑布局的环境温度呈现出区域两侧温度较高、中间温度相对较低

的规律，而采用点式(图 5.14(b))建筑布局的环境温度呈现相反的趋势，且温度波动较小。结合图 5.10 可以看出，板式、点板式和围合式建筑布局中，滨水建筑区域横向两侧的采样点均靠近建筑和住区边界，受建筑壁面和住区外沥青路面的高温影响而温度较高。反之，点式建筑布局中，两侧边界的采样点距离建筑体较远，受主导气流的影响较大，温度相对较低。采用点式(图 5.14(a))和围合式(图 5.14(d))布局的建筑区域内温度变化较为剧烈，其中工况 13 温差最大，两侧温度最高达到 33.20℃，中部区域温度最低，为 30.43℃。这同样是两侧高温壁面和区域中部宽敞的通风廊道综合作用下的结果。综合对比各工况可以看出，在滨水建筑区域中部温度最低的工况为工况 1 和工况 13，温度约为 30.50℃。结合表 5.5 可以看出，它们的共同特点为容积率较低且中部均有较为宽敞的通风廊道。整体上，平均温度最高的工况为工况 3，温度为 31.96℃，其次为工况 12，平均温度为31.95℃。这两个工况的共同点为容积率较高，存在一定高度的岸堤，且建筑布局中均采用了通风效果较差的板式建筑类型，水体的降温作用被极大程度地削弱了。区域内整体平均温度最低的工况为工况 5，温度为 30.71℃，其次为工况 6，温度为 30.88℃。它们的共同点表现在采用点式建筑布局，且容积率相对较小，滨水建筑区域内气流较通畅，水体的降温作用较明显。

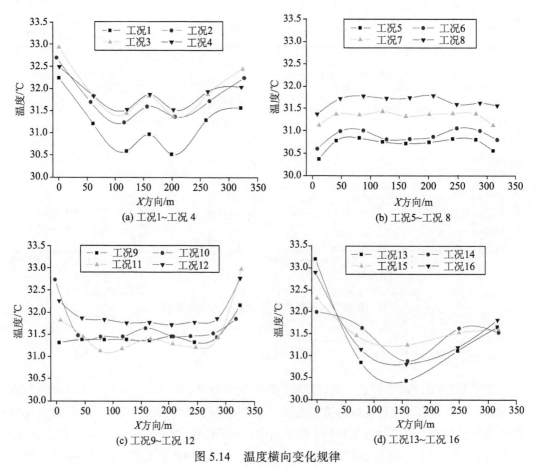

图 5.14　温度横向变化规律

图 5.15 为各工况采样点温度随纵向距离变化规律。采样点距离与图 5.13 相同。可以看出，各工况温度变化规律大致相同，在距离水体最近处(起始点)的空气温度最低，随着距水体距离的增加温度逐渐升高，在距离水体最远处温度达到最大值。起始点处的温度同样反映了气流进入滨水建筑区域内之前其他各因素的综合降温作用，起始点温度最低值为 30.22℃(工况 6)，其次为 30.45℃(工况 5)，该结论与图 5.14 关于整体平均温度最低值的结论相同。随着距离的增加，水体对住区的降温作用逐渐减弱，滨水建筑区域内空气温度不断升高，在最远离水体的边界处(Y=323m)达到最大，此处温度最低值仍然出现在工况 5 和工况 6 中。整体上，采用点式(图 5.15(b))和围合式(图 5.15(d))建筑布局的工况温度相对较低，采用板式(图 5.15(a))和点板式(图 5.15(c))建筑布局的工况温度相对较高。各工况的温度随着纵向距离的增加有所波动，其线性变化规律较不明显。对比图 5.13，整体来说，温度的纵向变化规律与水蒸气质量分数的变化规律不同，出现最优值的工况也不同，其原因是，水蒸气质量分数主要受散湿源水蒸气含量和扩散路径上气流变化的影响，其作用机理相对简单，而温度除了受上风向低温气流的影响之外，还受其他下垫面温度和太阳辐射的影响，其综合作用相对复杂。

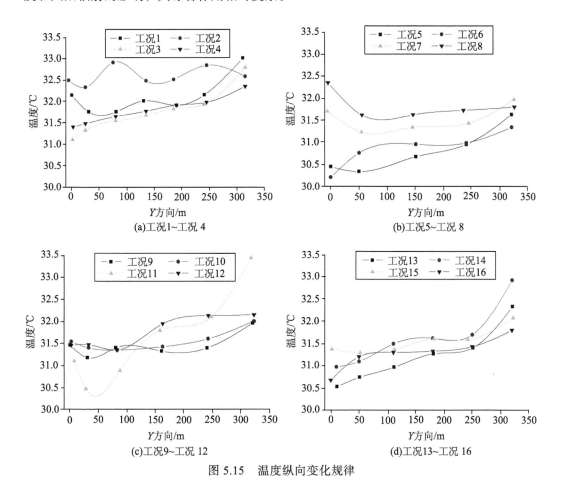

图 5.15　温度纵向变化规律

5.2.6　因素敏感性分析

上节通过对各工况温湿度场分布的分析定性得出了各影响因素与滨水建筑区域风环境与热气候之间的作用关系,本节在此基础上,采用极差法、方差法以及回归法(刘振学,2005)等正交试验结果分析方法进行进一步的数据归纳和分析。

1. 评价指标

(1) 水蒸气质量分数

针对滨水建筑区域内部 1.5m 高度平面平均水蒸气质量分数的数据分析各因素对湿扩散的影响作用。为直观地比较各因素的影响程度,本研究对水蒸气质量分数进行无量纲化处理,其具体表达式为

$$y_{1i} = \frac{\overline{m_i} - m_{\text{inlet}}}{m_{\text{water}} - m_{\text{inlet}}} \times 100\% \tag{5-34}$$

式中 y_{1i}——工况为 i 的水蒸气质量分数比,%;

$\overline{m_i}$——工况为 i 的滨水建筑区域内部 1.5m 高度平面平均水蒸气质量分数,kg/kg;

m_{inlet}——来流空气 1.5m 处的水蒸气质量分数,与温度相关,kg/kg;

m_{water}——水面近似饱和状态的水蒸气质量分数,与温度相关,kg/kg。

本研究中,水面的水蒸气质量分数最大,远离绿化带的滨水建筑区域内水蒸气质量分数通常小于该值,因此 y_1 通常小于 1,且越接近于 1 表明水体对滨水建筑区域内的水蒸气扩散程度越大。

(2) 温度

采用滨水建筑区域内部 1.5m 高度处的温度分布场数据分析各因素对水体降温作用的影响。为直观地比较各因素的影响程度,本研究对温度进行无量纲化处理,其具体表达式为

$$y_{2i} = \frac{\overline{T_i} - T_{\text{inlet}}}{|T_{\text{w}} - T_{\text{inlet}}|} \times 100\% \tag{5-35}$$

式中 y_{2i}——工况为 i 的温度比,%;

$\overline{T_i}$——工况为 i 的滨水建筑区域内部 1.5m 高度平面平均温度,℃;

T_{inlet}——来流空气 1.5m 处的温度,℃;

T_{w}——水面温度,℃。

由于设定的 T_{water} 小于 T_{inlet},进行绝对值处理。实际上滨水区内空气温度除了受水体影响之外,还受到下垫面蓄热传热及太阳辐射增温效果的影响,因此 y_2 越小表明水体对滨水区内空间平均温度的影响越大。对本研究中所有工况的计算结果进行分析(如图5.10(c)及说明)发现,各工况滨水区内局部温度均高于来流温度,因此本研究中 y_2 总为正值。

(3) 综合评价参数

上述参数分别是从滨水区风环境与热气候的角度进行单独分析，但是在某因素对温度和湿度影响作用相反的情况时，很难综合判断该因素对风环境与热气候的综合作用，因此在进行因素的参数化分析时常常需要采用一个综合评价指标来统一衡量滨水区各影响因素对风环境与热气候的综合作用。考虑夏季室外风环境与热气候的主要物理变量和常用指标体系，同时基于本研究数值模拟结果中局地气象参数的分布规律，采用国内外学者认为较为实用(张磊等，2007；Lemke et al.，2012)，同时也是《城市居住区热环境设计标准》(JGJ 286—2013)中采用的标准湿球黑球温度(WBGT)作为滨水建筑区域的综合评价指标。基于大量的实测研究，WBGT 可采用常规室外气象参数进行计算，其具体表达式如下：

$$\text{WBGT} = 1.159T_a + 17.496\text{RH} + 2.404 \times 10^{-3}\text{SR} + 1.713 \times 10^{-2}V - 20.661 \tag{5-36}$$

式中 T_a——空气干球温度，℃；

　　RH——空气相对湿度，%；

　　SR——总太阳辐射通量密度，W/m²；

　　V——风速，m/s。

为了直观地比较各因素的影响程度，对 WBGT 进行无量纲化处理，其具体表达式为

$$y_{3i} = \frac{\overline{\text{WBGT}_i} - \text{WBGT}_{\text{inlet}}}{\text{WBGT}_{\text{water}} - \text{WBGT}_{\text{inlet}}} \times 100\% \tag{5-37}$$

式中 y_{3i}——工况为 i 的湿球迷黑球温度比，%；

　　$\overline{\text{WBGT}_i}$——工况为 i 的滨水建筑区域内部 1.5m 高度平面平均湿球黑球温度，℃；

　　$\text{WBGT}_{\text{inlet}}$——来流空气 1.5m 处的湿球黑球温度，℃；

　　$\text{WBGT}_{\text{water}}$——水面湿球黑球温度，℃。

根据大气和水体的边界条件计算，$\text{WBGT}_{\text{inlet}}$ 为 24.83℃；水面处相对湿度接近 100%，$\text{WBGT}_{\text{water}}$ 较大，为 28.61℃。以上分布规律表明，y_3 越大，水体对滨水区内空间平均风环境与热气候的综合影响越大。由于滨水建筑区域内相对湿度一般高于入口相对湿度且影响较大，因此区域内平均湿黑球温度高于入口湿黑球温度，本研究中 y_3 总为正值。

2. 极差分析

根据正交试验设计中的极差分析方法计算分析上述三个评价指标。$y_1(j)$ 为任一列水平号为 j 时对应的水蒸气质量分数比之和，$y_2(j)$ 为任一列水平号为 j 时对应的温度比之和，$y_3(j)$ 为任一列水平号为 j 时对应的湿黑球温度比之和。任一列极差 $R_j = \max(y(j)) - \min(y(j))$，极差越大，说明该因素对计算结果的影响越大。各因素中优水平的确定与试验指标的变化相关。若指标数值越大模拟结果越接近期望值，则指标最大值对应的水平即为优水平。反之，若指标数值越小模拟结果越接近期望值，则指标最小值对应的水平为优水平。本研究中，水蒸气质量分数比越大、温度比越小、湿球黑球温度比越大，说明水体对滨水

建筑区域的湿度和温度影响作用越明显。为了更直观地进行分析，将极差分析结果用各因素影响趋势分析图表示(图 5.16～图 5.18)。

从图 5.16 中可以看出，五个因素中，容积率(B)和岸堤高度(C)相比于其他因素对水蒸气扩散的影响更为明显，各水平的变化趋势较大，极差值分别达到 26.97 和 22.39，其次为绿化条件(E)和滨水间距(D)，建筑布局(A)对水蒸气扩散的影响程度最小，各水平趋势线较为平缓，极差值仅有 1.48。

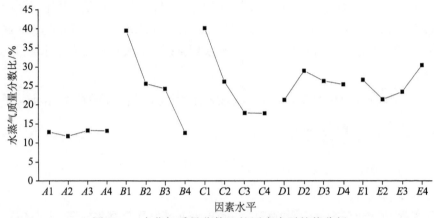

图 5.16　水蒸气质量分数比的因素水平趋势分析

从图 5.17 中可以看出，各因素的影响趋势有不同程度的变化。各因素的极差值相差不大，水平变化趋势均较为平缓。其中，滨水间距(D)对温度的影响最大，极差值为 9.08，之后依次为容积率(B)(8.90)、岸堤高度(C)、建筑布局(A)和绿化条件(E)。

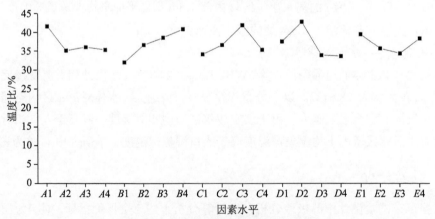

图 5.17　温度比的因素水平趋势分析

从图 5.18 中可以看出，各因素的影响程度与对温度的影响类似，各因素的极差值相差不大，水平变化趋势虽比温度变化幅度略大，但是幅值仍偏小，整体趋于平缓。各因素对湿球黑球温度的影响大致相同，影响最大的因素为岸堤高度(C)(16.16)，其次为滨水间距(D)(16.15)，其后依次为容积率(B)、绿化条件(E)和建筑布局(A)。虽然建筑布局的影响最小，其极差值为 10.33，但与最大影响因素岸堤高度(C)的极差值相差并不大。

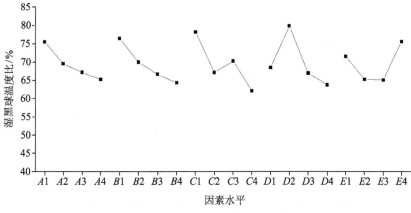

图 5.18　湿黑球温度比的因素水平趋势分析图

　　计算所得的极差分析表如表 5.6 所示。结合图 5.16～图 5.18 的分析可以看出，对于水蒸气质量分数比，优水平依次为 *A*3、*B*1、*C*1、*D*2、*E*4，即最佳条件为建筑布局为点板式、容积率为 1.5、岸堤高度为 0m、滨水间距为 100m、绿化条件为草地与 3 排树木相结合的形式；对于温度比，优水平依次为 *A*2、*B*1、*C*1、*D*4、*E*3，即最佳条件为建筑布局为点式、容积率为 1.5、岸堤高度为 0m、滨水间距为 300m、绿化条件为草地与 2 排树木相结合的形式；对于湿球黑球温度比，优水平依次为 *A*1、*B*1、*C*1、*D*2、*E*4，即最佳条件为建筑布局为板式、容积率为 1.5、岸堤高度为 0m、滨水间距为 100m、绿化条件为草地与 3 排树木相结合的形式。

表 5.6　极差分析表

	建筑布局(*A*)	容积率(*B*)	岸堤高度(*C*)	滨水间距(*D*)	绿化条件(*E*)
平均 $y_1(1)$	12.83	39.54	40.17	21.28	26.54
平均 $y_1(2)$	11.75	25.56	26.08	29.00	21.43
平均 $y_1(3)$	13.23	24.22	17.85	26.25	23.44
平均 $y_1(4)$	13.13	12.57	17.79	25.36	30.46
R_1	1.48	26.97	22.39	7.72	9.03
优水平	*A*3	*B*1	*C*1	*D*2	*E*4
主次因素			*BCEDA*		
最优组合			*A*3 *B*1 *C*1 *D*2 *E*4		
平均 $y_2(1)$	41.67	32.04	34.23	37.70	39.62
平均 $y_2(2)$	35.21	36.75	36.74	42.87	35.81
平均 $y_2(3)$	36.14	38.67	42.01	34.04	34.49
平均 $y_2(4)$	35.39	40.94	35.43	33.80	38.49
R_2	6.46	8.90	7.78	9.08	5.13
优水平	*A*2	*B*1	*C*1	*D*4	*E*3
主次因素			*DBCAE*		
最优组合			*A*2 *B*1 *C*1 *D*4 *E*3		

	建筑布局(A)	容积率(B)	岸堤高度(C)	滨水间距(D)	绿化条件(E)
平均 $y_3(1)$	75.59	76.54	78.29	68.53	71.59
平均 $y_3(2)$	69.63	70.08	67.20	79.93	65.32
平均 $y_3(3)$	67.26	66.74	70.35	67.01	65.11
平均 $y_3(4)$	65.26	64.37	62.13	63.78	75.72
R_3	10.33	12.18	16.16	16.15	10.61
优水平	$A1$	$B1$	$C1$	$D2$	$E4$
主次因素			$CDBEA$		
最优组合			$A1\,B1\,C1\,D2\,E4$		

对水蒸气质量分数比来说，草地与 3 排树木相结合的绿化形式在最大程度上发挥了水体外其他下垫面的水分蒸腾作用。对温度比来说，草地与 2 排树木相结合的绿化形式可以更好地突出水体自身的扩散能力。从湿球黑球温度比来看，适中的容积率，较为通透的建筑布局的组合，在无岸堤遮挡且滨水区周边绿化效果较好的情况下，水体对周边建筑区域风环境与热气候的综合影响程度最大。

3. 方差分析

正交试验数据中的方差分析法又称 F 检验，被广泛应用于对试验因素的影响性分析及对试验条件的优化等工作中。通常将正交表中的空列作为误差判断列(误差列)，以此为基准评判其他影响因素的显著程度。本研究正交试验设计表全部排满，未包含空列作为误差列，则可选择对各指标影响最小的因素作为误差列来判别其他因素的显著程度。从表 5.6 可以看出，水蒸气质量分数比和温度比的最小影响因素分别为建筑布局和绿化条件。基于上述处理，表 5.7～表 5.9 分别给出各因素对水蒸气质量分数比、温度比和湿球黑球温度比的显著性分析。表中各因素自由度为各因素水平数减 1，即为 3，误差的自由度为误差列自由度，本研究中同样也为 3。F 值反映该因素列与误差列之间的偏差，若 $F<1$，说明该因素对评价指标无影响，若 $F>1$，则通常与临界值相比较来判断该因素的显著程度。根据本研究因素列和误差列的自由度，F 的临界值为 $F_{0.01(3,3)}=29.46$、$F_{0.05(3,3)}=9.28$、$F_{0.1(3,3)}=5.39$，其结果主要分为以下情况：

表 5.7　水蒸气质量分数比方差分析表

因素	偏差均方和	自由度	F	显著性
容积率	1463.84	3	263.64	高度显著
岸堤高度	1334.86	3	240.41	高度显著
滨水间距	122.61	3	22.08	显著
绿化条件	186.00	3	33.50	高度显著
误差	5.56	3	—	—

表 5.8　温度比方差分析表

因素	偏差均方和	自由度	F	显著性
容积率	171.74	3	2.56	—
岸堤高度	141.19	3	2.10	—
滨水间距	215.90	3	3.21	—
建筑布局	113.13	3	1.68	—
误差	67.16	3	—	—

表 5.9　湿球黑球温度比方差分析表

因素	偏差均方和	自由度	F	显著性
容积率	335.50	3	1.40	—
岸堤高度	593.40	3	2.47	—
滨水间距	550.37	3	2.29	—
建筑布局	318.85	3	1.33	—
误差	240.18	3	—	—

① 若 $F>29.46$，则因素对结果的影响高度显著；

② 若 $9.28<F<29.46$，则因素对结果的影响显著；

③ 若 $5.39<F<9.28$，则因素对结果有影响；

④ 若 $F<5.39$，则因素对结果基本无影响。

从表 5.7 中可以看出，在以建筑布局为最小影响因素并作为误差列的情况下，各因素中除了滨水间距满足上述第②种情况，即对评价指标有显著影响之外，其他各因素均满足第①种情况，即对评价指标存在高度显著影响。同时，根据 F 值的大小也可以看出，在本研究考虑的各因素中，容积率和岸堤高度对水体在滨水建筑区域内湿扩散的影响远远高于其他参数。

从表 5.8 中可以看出，以绿化条件为最小影响因素并作为误差列的情况下，各因素对水体降温影响并无显著差异，这与极差分析的结论相一致。对比各因素 F 值可以看出，滨水间距对水体降温的影响最大，其次为容积率和岸堤高度。

从表 5.9 可以看出，在以建筑布局为最小影响因素并作为误差列的情况下，与对温度的影响规律相似，其他因素对湿球黑球温度的影响规律并无明显差异，从 F 值可以看出，岸堤高度对湿球黑球温度的影响最大，其次为滨水间距。

4. 显著因素分析

通过极差分析和方差分析可知，在水体周边局地风环境与热气候的影响因素中，最为重要的两个因素为容积率和岸堤高度。以下采用试验设计方法中常用的列举试验法以更确切地分析这两个因素对水体周边风环境与热气候的单一性影响(任露泉，2003)。该方法首先选定参考工况，然后通过改变参考算例的某一参数的同时保持其他参数与参考算例数值相同的方式增加对比算例，从而重点分析该参数对评价指标的具体影响程度。

　　结合极差分析结果，选定建筑布局为点板式，滨水间距为 100m，绿化条件为草地与 3 排树木结合的方式，分别增加针对容积率和岸堤高度的多跨度单因素计算分析，具体设定见表 5.10。

表 5.10　显著因素计算条件设定

工况	建筑布局(A)	容积率(B)	岸堤高度(C)	滨水间距(D)	绿化条件(E)
B-1	点板式	0.5	0	100	3
B-2	点板式	2.0	0	100	3
B-3	点板式	3.5	0	100	3
B-4	点板式	5.0	0	100	3
C-1	点板式	3.5	0	100	3
C-2	点板式	3.5	3	100	3
C-3	点板式	3.5	6	100	3
C-4	点板式	3.5	9	100	3

　　图 5.19 为容积率对各项评价指标的影响。从图中可以看出容积率对水蒸气扩散的影响较为明显，线性相关度较高。随着容积率的升高，水蒸气质量分数比呈线性趋势下降。容积率由 0.5 增至 5.0 时，水蒸气质量分数比降低了 28%。容积率达到 5.0 左右时，滨水建筑区域内湿环境已基本上不受水体的影响。这是因为，随着容积率增大，建筑的遮挡使风速衰减加快，水体上方空气不易被带入滨水建筑区域内。总体上来看，温度比随着容积率的增长呈波动缓慢下降趋势，相比于水蒸气质量分数比，容积率对温度比的影响较为复杂。这是因为，容积率对温度的影响除风力衰减作用之外，还同时存在建筑物对太阳辐射的遮蔽作用。从图中可以看出，容积率对综合指标湿球黑球温度比的影响较为明显。当容积率较小(0.5)时，湿球黑球温度比较高，达到 87%；当容积率增至 5.0 时，湿球黑球温度比降到 23%，下降幅度超出了水蒸气质量分数比和温度比等单一因素的变化幅度。这是因为虽然水蒸气质量分数比和温度比随容积率变化的具体形式不尽相同，但总体上的趋势是一致的，即容积率越大，热湿扩散越困难，因此湿球黑球温度比的变化在实质上体现了上述多种因素共同作用的叠加效果。

　　图 5.20 为岸堤高度对各项评价指标的影响。水蒸气质量分数比总体上随着岸堤高度的增加而呈降低的趋势。当岸堤高度高于 3m 时，建筑区域内空气湿度受水体影响较小，此时水蒸气质量分数比与岸堤高度为 0m 时相比仅降低了 5%。随着岸堤高度增加，温度比总体升高。这是因为，随着堤岸增高，低温空气难以扩散至滨水建筑区域内；同时，本研究中岸堤的构筑材料为人工下垫面(水泥)，在太阳辐射作用下，随着岸堤升高，岸堤对空气的增温作用逐渐加强，对环境的增温效果更为明显。当岸堤高度达到 6m 时，温度比升高至约 15%。当岸堤高度高于 6m 时，滨水建筑区域内空气温度基本不再受到水体影响。岸堤高度对湿球黑球温度比的影响较大，当岸堤高度由 0 增至 3m 时，湿球黑球温度比呈下降趋势，此时正处于水蒸气质量分数比降低、温度比升高的阶段，这说明在此区间内湿球黑球温度的变化更多地受湿度变化的影响。随后，随着岸堤高度的持

续增加，湿球黑球温度比无明显变化。当岸堤高度增加至 3m 后，水蒸气质量分数比基本保持不变，而温度比呈缓慢上升趋势，此时湿球黑球温度的变化更多地受温度变化的影响，因此湿球黑球温度比表现出与温度比相同的缓慢升高规律。

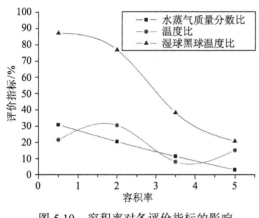

图 5.19　容积率对各评价指标的影响　　　　图 5.20　岸堤高度对各评价指标的影响

5. 回归分析

为量化得到各因素对评价指标的作用程度，对各因素对滨水区风环境与热气候的影响进行回归分析。在进行回归分析之前首先需要对各影响因素进行数值化处理。例如建筑布局，规划设计时对其并没有详细的量化指标。由于容积率中已包含建筑高度的影响，同时考虑因素之间不存在交互作用，本研究对建筑布局采用式(5-38)的参数化表达形式，其值代表该建筑布局形式对通风廊道的阻碍和遮蔽作用程度。本研究考虑的建筑单体各层尺寸及层高一致，式中以底层建筑迎风面积和建筑占地面积之比来量化各建筑布局形式。

$$X_1 = \frac{S_W}{S_L} \tag{5-38}$$

式中 S_W——底层建筑迎风面积，m^2；

　　　S_L——建筑占地面积，m^2。

通过式(5-38)的计算方法得出表征四种建筑布局的参数：板式 0.6515，点式 0.3479，点板式 0.4463，围合式 0.4608。绿化条件以固定草地覆盖率为 60%的同时变化树木的排数来设置因素水平。考虑到草地与树木在模型中的作用可能不同，将其统一表示为绿化率并不合理，因此基于草地条件不变，回归分析以树木设置排数作为绿化条件的代表参数。其他各因素均以各参数的具体数值表示。

由于各影响参数水平的取值范围各不相同，在进行回归之前需要对各因素的代表参数进行标准化处理，将各因素的参数量化到同一量级上。常用的数据标准化方法有"最小-最大标准化"、"Z-score 标准化"和"按小数定标标准化"(马立平，2000)。根据现有数据特点，本研究采用"最小-最大标准化"方法对原始数据进行线性变换。其变换原理为，设 $\min A$ 和 $\max A$ 分别为参数 A 的最小值和最大值，将 A 的一个原始值 x 通过标准化映射成区间 $[0,1]$ 中的 X 值，其公式为

$$X = \frac{x - \min A}{\max A - \min A} \tag{5-39}$$

通过采用上述方法对各因素代表参数进行标准化处理之后，分别以湿度、温度和湿球黑球温度的评价指标作为目标变量，得到的多元线性回归表示式如下：

$$Y_1 = 0.8726 + 0.0344X_1 - 0.5485X_2 - 0.5027X_3 + 0.0398X_4 + 0.0918X_5 \tag{5-40}$$

$$Y_2 = 0.2380 + 0.2635X_1 + 0.3279X_2 + 0.1016X_3 - 0.2582X_4 + 0.0539X_5 \tag{5-41}$$

$$Y_3 = 0.7185 + 0.1821X_1 - 0.2916X_2 - 0.0400X_3 - 0.1025X_4 - 0.147X_5 \tag{5-42}$$

式中 Y_1——水蒸气质量分数比；

　　Y_2——温度比；

　　Y_3——湿球黑球温度比；

　　X_1——建筑布局标准化参数；

　　X_2——容积率标准化参数；

　　X_3——岸堤高度标准化参数；

　　X_4——滨水间距标准化参数；

　　X_5——绿化条件标准化参数。

上述回归式中，水蒸气质量分数比的回归曲线 $R^2 = 0.81$，温度比的回归曲线 $R^2 = 0.55$，湿球黑球温度比的回归曲线 $R^2 = 0.50$。从式(5-40)中可以看出，各因素与水蒸气质量分数的线性相关度较好，对水蒸气扩散的影响作用较单一；滨水建筑区域内平均水蒸气浓度随建筑布局参数和绿化条件增大而呈现略微增长趋势，随容积率和岸堤高度的升高而明显下降，随滨水间距的增加而呈现略微增长趋势。以上规律与本章前文分析结果较为吻合，与常规认识较为不同的是滨水间距的影响规律。本研究中草地的绿化率以面积比进行设定，当滨水间距增加后，相应的草地绿化面积也随之增加，作为附加散湿源，草地带来的加湿作用并未被增加的扩散距离带来的阻碍作用而抵消，因此最终回归式中表现为滨水间距的增加增大了滨水建筑区域内湿度。

各因素与温度比的线性相关度较差，对温度场的影响作用较为复杂，从式(5-41)可以看出，滨水建筑区域内平均温度随建筑布局参数、容积率及岸堤高度的增大而呈现较为明显的增长趋势，随滨水间距的增加而降低，随绿化条件增加而呈现略微增长趋势。建筑布局、容积率及岸堤高度的影响结果与本章前文分析结果较为吻合，滨水间距对温度的影响规律同样归因于草地面积的改变，作为附加冷源，草地带来的降温作用并未被增加的扩散距离带来的阻碍作用而抵消，因此最终回归式中表现为温度随滨水间距呈现负增长。回归式中温度随绿化条件增加而呈现略微增长趋势，是因为绿化条件的增加意味着树木排数的增多，树木带来的挡风作用阻碍了水体侧的低温气流流向建筑区域内。

从式(5-42)可以看出滨水建筑区域内平均湿球黑球温度比随建筑布局参数增加呈上升趋势，随容积率、岸堤高度、滨水间距和绿化条件增加呈下降趋势。此结果与本章前

文分析较为吻合，这说明若想要将水体对周边风环境与热气候的作用发挥到最大，在规划阶段应尽可能地选择较低的容积率和岸堤高度。整体上，各因素对湿度和温度的多元线性回归表达式各项意义明确，其变化规律符合前文分析。另外，本研究绿化条件涉及草地和林地两种下垫面结合的形式，影响机制相对复杂，有待于今后进一步针对此问题进行更为深入的研究。

5.3　严寒地区城市住区典型布局风环境 CFD 模拟研究

考虑到 4.2 节关于严寒地区城市住区典型布局形式下的风环境风洞试验中无法获得住区内完整的气流场数据，很难全面研究和评价住区人行高度的风环境，本节通过 CFD 模拟的方法来获得各住区布局下详尽的人行高度风速分布，进而对住区人行高度的风环境进行评价。

5.3.1　数值建模及模拟

1. 计算域及网格生成

本节 CFD 模拟所采用的物理模型基于关于严寒地区城市典型布局住区风环境的风洞试验，模拟研究尺度采用风洞试验中的模型缩尺比例。模拟中计算域大小的选择参考 Franke 等(2007；2011)和 Tominaga 等(2008)指出的关于人行高度风环境 CFD 模拟导则，其中计算域上游距离设置为风洞试验中最后一层粗糙元到建筑模型的距离，对应风洞中建筑上游到粗糙元之间的光滑地面；计算域横截面尺寸设置为风洞实验室小试验段的断面尺寸；计算域下游距离设置为 $17H_{max}$(H_{max} 为最高建筑模型的高度)从而保证建筑尾流区后方流动充分的再发展。最终确定的计算域尺寸为 7.0m(长)× 4.0m(宽)× 3.0m(高)。

与风洞试验相对应，数值模拟中同样对 16 个风向下住区内的风环境进行模拟计算，为了保证每个风向条件下计算域与风洞试验对应，对每种住区方案均需要针对 16 个风向生成 16 份相似网格。网格的生成参考 Van 和 Blocken(2010)提出的 surface-extrusion 技术：首先对地面网格进行结构化网格划分，然后对竖直方向自定义轴线进行网格节点划分，最后沿着竖直方向自定义轴线对地面网格进行纵向拉伸从而得到整体网格。这种做法的优势在于，对于复杂的几何模型，可以有效地控制任意单个网格的质量以及整体网格的分辨率，所有网格均为结构化网格，保证了模拟结果的准确性；对于同一住区方案不同风向的网格，仅需要对住区建筑周边较小区域的地面网格参数进行微调，其余网格设置均保持一致，大大减少了同一住区方案重复生成 16 份网格所需的工作量。根据 Franke 等(2011)和 Tominaga 等(2008)建议的模拟人行高度风环境时人行高度风速应该位于地面以上第三或第四层网格，本模拟生成的网格中人行高度 1.5m 位于地面以上第四层网格。近壁面第一层网格节点到壁面的无量纲距离 y^+ 大部分处于 50～180 的范围内，因而近壁面流动处于对数律层内，满足使用壁面函数法的要求。图 5.21 给出了针对哈尔滨主导风向西南风向下的生成计算域(以工况 C2 为例)、整体网格(以工况 C2 为例)以及各工况的建筑局部网格示例，其中工况后括注的是网格数量。同一住区方案在不同风向下网格的总数量略有不同，最终每种工况约包含 210 万～390 万个网格单元。

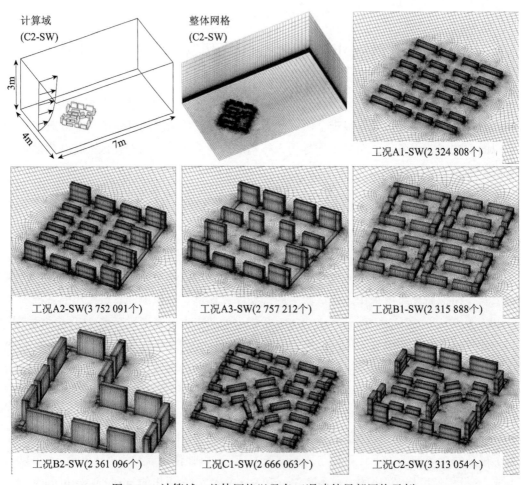

图 5.21　计算域、整体网格以及各工况建筑局部网格示例

2. 网格无关性检验

考虑到本研究中各住区工况的网格划分原则相似，因此这里仅选取工况 C2-SW 作为代表性工况进行网格无关性检验。Ferzige 等(2002)指出，在进行网格无关性检验时，精细网格在各个维度上的网格数量应该至少是粗糙网格的 1.5 倍。基于这一原则，对工况 C2-SW 分别进行了不同精细程度的网格划分，从而得到了粗糙网格、基础网格和精细网格这三种不同精度的网格。图 5.22 给出了三种精度的网格示意图，其中粗糙网格数量为 1 245 360，基础网格数量为 3 313 054 (同图 5.21 中 C2-SW)，精细网格数量为 6 731 468。

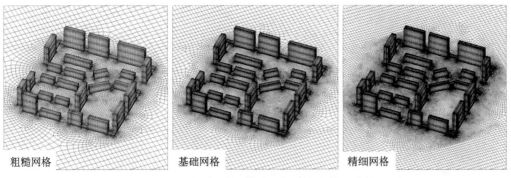

图 5.22　网格无关性检验不同精度网格示意图

图 5.23 给出了这三种不同细密程度的网格系统模拟得到的该工况风速比 $U/U_{ref,10m}$ 的结果对比，其中 U 为风洞试验中各 Irwin 探头测点处人行高度风速，$U_{ref,10m}$ 为未受建筑干扰的 10m 高度处来流风速。从图中可以看到，基础网格与精细网格模拟结果基本一致，而粗糙网格与基础网格模拟结果之间则存在比较明显的差异，这说明基础网格在确保了模拟精度的同时相比精细网格降低了网格数量，从而减少了计算量和计算时间，因此，对本研究中各工况网格划分采用基础网格的网格参数。

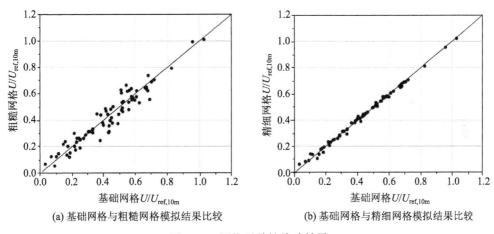

(a) 基础网格与粗糙网格模拟结果比较　　　　　(b) 基础网格与精细网格模拟结果比较

图 5.23　网格无关性检验结果

3. 边界条件及计算参数设置

入口边界根据风洞试验测量得到的来流风速和湍流强度沿高度方向分布情况进行定义，入口来流风速和湍流强度的拟合结果如图 5.24 所示。

入口来流风速按照对数律描述：

$$U_z = \frac{u_*}{\kappa} In \frac{z}{z_0} \tag{5-43}$$

式中 z_0——空气动力学粗糙长度，取为 6.1×10^{-3} m；

$u*$——摩擦速度，取为 0.673m/s；

κ——von Karman 常数，取为 0.42。

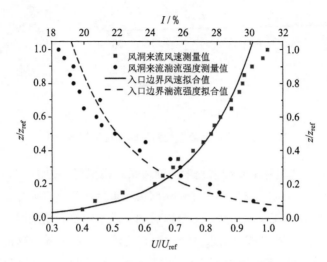

图 5.24   入口边界条件拟合值与风洞试验来流风廓测量值对比

湍动能 k、湍动耗散率 ε 及比耗散率 ω 根据风速和湍流强度按照如下定义：

$$k_z = a\left(I_u u\right)^2 \tag{5-44}$$

$$\varepsilon_z = \frac{u^{*3}}{\kappa(z + z_0)} \tag{5-45}$$

$$\omega_z = \frac{\varepsilon_z}{C_\mu k_z} \tag{5-46}$$

式中 a——经验常数，按照 Tominaga 等(2008)的建议取为 1；

C_μ——经验常数，取为 0.09。

出口边界定义为自由出流(outflow)边界，所有建筑表面、计算域的顶面、侧面和地面均设置为无滑移壁面，其中建筑表面、计算域的侧面以及顶面的物理粗糙度 K_S 均设置为 0，地面的物理粗糙度设置为 $K_S = z_0 = 6.1\times10^{-3}$m，对所有建筑表面以及地面的近壁流动均采用标准壁面函数法来进行处理。

所有 CFD 模拟均采用商用软件 Ansys Fluent 14.5，压力和速度的耦合采用 SIMPLE 算法，压力插值方案采用二阶格式，各控制方程采用二阶迎风格式进行离散，当所有残差不再表现出明显的降低或震荡，且达到 10^{-6} 的残差收敛条件时，认为计算达到收敛。

5.3.2   数值模拟结果验证及分析

1. 湍流计算模型的精度比较

在人行高度风环境模拟研究中应用较广泛的是标准 k-ε 模型及其两种改进方案 RNG k-ε 模型和 Realizable k-ε 模型、SST k-ω 模型、RSM，为了研究这五种常用湍流计算模型对本研究中住区风环境模拟预测的准确性，以代表性工况 A1-SW 作为研究对象，分别采用这五种常用湍流计算模型进行模拟，并将模拟结果与风洞试验中人行高度 Irwin 探头测量得到的平均风速比以及测压建筑单体拖曳力系数结果进行对比验证。

图 5.25 给出了人行高度风速比 $U/U_{ref,10m}$ 风洞试验测量值与 CFD 模拟结果的对比。

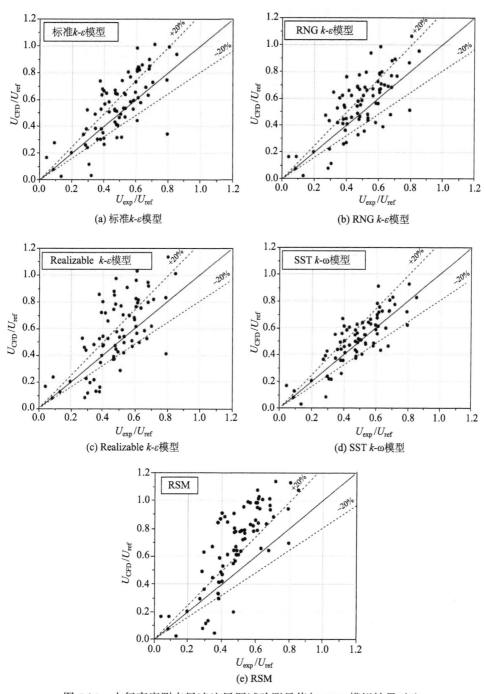

图 5.25　人行高度测点风速比风洞试验测量值与 CFD 模拟结果对比

可以看到，SST k-ω 模型模拟结果和风洞试验数据最为接近，对于大部分测点，模拟风速与测试结果误差均在 20%以内。标准 k-ε 模型的模拟精度仅次于 SST k-ω 模型，优于 RNG k-ε 模型和 Realizable k-ε 模型。而 RSM 模拟结果与风洞试验数据误差最大，在大部分高风速测点处其模拟风速普遍高于测量值。

图 5.26 给出了测压建筑拖曳力系数 C_d 的风洞试验结果与 CFD 模拟结果对比。从图中可以看出，各湍流计算模型模拟得到的各测压建筑的拖曳力系数普遍低于测量值，特别是对于中部的#2 模型，这是由住区内部，特别是中部区域气流结构较为复杂，各湍流计算模型对风速较低且流场复杂的尾流区域模拟精度较差所致。

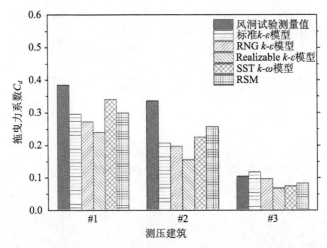

图 5.26　测压建筑拖曳力系数的风洞试验结果与 CFD 模拟结果对比

为了进一步分析各湍流计算模型模拟结果的准确性，以均方根误差(RMSE)作为衡量指标，定量比较各湍流计算模型预测结果与风洞试验测试数据之间的差异程度。RMSE的定义如下：

$$\text{RMSE} = \sqrt{\dfrac{\sum_{i=1}^{n}(X_{\text{obs},i} - X_{\text{cal},i})^2}{n}} \tag{5-47}$$

式中 n——样本数量；

$X_{\text{obs},i}$——风洞试验观测值；

$X_{\text{cal},i}$——计算模型预测值。

表 5.11 给出了各湍流计算模型模拟结果与风洞试验结果的均方根误差对比。可见，对于风速比，SST k-ω 模型的模拟精度最优，RSM 模拟精度最差；对于拖曳力系数，RSM模拟精度最好，SST k-ω 模型稍逊于 RSM，Realizable k-ε 模型的模拟精度最差。综合来看，SST k-ω 模型有效结合了 k-ω 模型对近壁面区域流动计算的准确性以及 k-ε 模型在远场独立自由流计算中的优势，相比于其他几种湍流计算模型，对于本书所研究的问题在整体精度上表现最佳，因此后续的数值模拟研究内容都将采用 SST k-ω 模型进行。

表 5.11　各湍流模型模拟结果与风洞试验结果的均方根误差对比

湍流模型	风速比	拖曳力系数
标准 k-ε 模型	0.1663	0.0913
RNG k-ε 模型	0.1978	0.1036
Realizable k-ε 模型	0.2057	0.1361
SST k-ω 模型	0.1108	0.0715
RSM	0.2693	0.0689

2. 数值模拟结果分析

对住区风环境而言,全年盛行风向对住区整体的风环境影响较大,而全年风频较低的风向则对整体风环境的影响较小,因此本节中限于篇幅未给出全部 16 个风向下所有住区方案的人行高度风速分布,而是以哈尔滨全年主导风向西南风和次主导风向南风条件下各住区方案人行高度的风速分布为例,对住区人行高度风速分布的一般规律进行探讨。图 5.27 和图 5.28 分别给出了西南风向和南风向下各住区方案人行高度风速比 $U/U_{\mathrm{ref,10m}}$ 的分布结果。

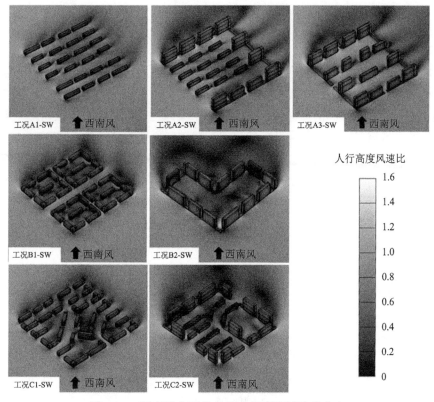

图 5.27　西南风向下各住区人行高度风速比分布

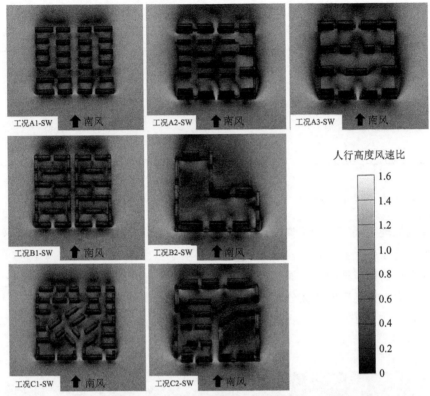

图 5.28　南风向下各住区人行高度风速比分布

　　从图中可以看到，西南风向条件下，行列式布局住区内部形成了较好的通风廊道，因此通风效果良好，住区内大部分区域风速比在 0.6～1.0 范围内，显著高于围合式布局和混合式布局的结果。而南风向条件下，由于来流风向垂直于主要建筑朝向，各工况住区内部大部分区域风速比都比较低，很多建筑尾流区风速比都在 0.4，甚至 0.2 以下。对于行列式布局和混合式布局住区工况，特别是行列式布局，西南风向下住区内部人行高度的风速比显著高于南风向下的风速比。这两种住区布局的各方案中大部分建筑主体朝向为南北朝向，因此当风向为南风时建筑对风的遮挡和阻碍作用最为显著，导致住区内的风速出现明显下降。对于围合式布局住区，住区内部空间被围合形式的住区建筑给封闭起来，因此哪种风向下住区内部人行高度的风速比都不高。

　　对于各住区方案，高风速比的区域($U/U_{\mathrm{ref},10\mathrm{m}} > 1$)主要出现在上游建筑迎风面两侧拐角的绕流区和住区入口或上游密集建筑之间形成的狭窄风道处；此外，对于存在高层建筑的行列式住区方案(工况 A2、A3)，住区布局形式相对开敞，在部分位于中游的高层建筑拐角处同样观察到了风速比比较高的区域。这些高风速比区域往往直接影响到住区内行人活动时的舒适感，而瞬时的强阵风甚至可能威胁到居民出行的安全，因此这些高风速比区域是住区内造成风害和风寒最为集中的区域。为了研究住区内不同风速比区域，特别是高风速比区域对住区行人活动的影响，下面从风应力和风寒的角度对住区内的风环境进行评价和分析。

5.3.3　典型布局形式下严寒地区城市住区风环境评价

自 20 世纪 70 年代起就有国外学者观察到高层建筑周围形成的强烈阵风影响到行人的正常活动甚至危及行人安全，由此，各国学者展开了大量关于人行高度风环境的研究。Davenport(1972)首先提出了以人体舒适性为基础的风环境评估标准。Penwarden(1973)针对原本以 10m 高度为基准的 Beaufort 风级进行了修正，修正后的 Beaufort 风级反映了 1.5m 人行高度的风速，从而建立了人行高度风速等级与值及其超越阈值概率的标准，此后众多学者，诸如 Lawson 等(1976)、Hunt 等(1976)、Murakami 等(1986)，也在各自工作的基础上提出了不同的风环境评价标准，国内文献将这类方法称为超越阈值概率法(陈伏彬等，2015；郑朝荣等，2018)。

国内建筑环境领域以及绿色建筑相关评价标准中通常基于风速阈值或风速比对风环境进行评价，而在风工程领域得到广泛应用的超越阈值概率法则综合考虑了风速阈值及其超越概率，因而其评价结果更为合理，本研究中引入该方法来评价城市住区人行高度的风环境。超越阈值概率法主要考虑了风的舒适性和危险性两个方面。风舒适性需要针对行人不同的活动类型给出合适的风速阈值并确定行人能够接受的该风速的出现频率；风危险性则需要给出对行人的出行产生危险的风速阈值和发生概率。需要指出的是，对于风工程领域，风舒适性和危险性仅考虑了风应力对行人的作用(Blocken et al.，2016)，即上述这些风环境评价标准实质上是针对风应力的标准，下文中将该类标准统称为风应力标准。然而对严寒地区风环境评价而言，仅考虑风应力作用是不够的，还需要考虑到由空气流动导致的人体裸露皮肤的体感温度的下降，即"风寒"作用，因此，本研究中基于风寒温度这一指标提出了一套用于评价严寒地区风寒作用的风寒等级。下面对风应力和风寒评价方法分别进行介绍，并基于这两种评价体系对严寒地区城市典型布局住区风环境进行评价。

1. 人行高度风应力评价方法

对长期气象资料中风速数据的统计分析表明，城市局地风速的概率分布可以通过双参数韦布尔(Weibull)概率分布函数来进行描述(Van et al.，2010)，其定义如下：

$$f(U) = \frac{k}{c}\left(\frac{U}{c}\right)^{k-1} \exp\left[-\left(\frac{U}{c}\right)^{k}\right] \tag{5-48}$$

式中 U——平均风速，m/s；

k——形状参数；

c——尺寸参数。

风速小于风速阈值 U_{thr} 的累积概率分布为

$$F(U<U_{thr}) = 1 - \exp\left[-\left(\frac{U_{thr}}{c}\right)^{k}\right], \quad 0<U_{thr}<\infty \tag{5-49}$$

由上式可以得到，对于某风向 θ_i，风速超越阈值 U_{thr} 的发生概率为

$$P_{exc}(U_{thr}, \theta_i) = 1 - F(U < U_{thr}, \theta_i) = \exp\left[-\left(\frac{U_{thr}}{c_i}\right)^{k_i}\right] \tag{5-50}$$

式中 k_i——对应于风向 θ_i 的形状参数；

c_i——对应于风向 θ_i 的尺寸参数。

那么，对于所有 N 个风向(本研究中为 16 个风向)，风速阈值 U_{thr} 的总超越概率为

$$P_{exc}(U_{thr}) = \sum_{i=1}^{N} P(\theta_i) \exp\left[-\left(\frac{U_{thr}}{c_i}\right)^{k_i}\right] \tag{5-51}$$

式中 $P(\theta_i)$——风向 θ_i 的风频。

长期气象资料中风速资料通常为标准气象站测量得到的 10m 高度风速数据，对人行高度风环境进行评价时，需要将风应力评价标准中人行高度的风速阈值转换至 10m 高度的风速阈值：

$$U_{thr,10m}(\theta_i) = U_{thr,ped} / R(\theta_i) \tag{5-52}$$

式中 $U_{thr,10m}(\theta_i)$——对应于风向 θ_i 的 10m 高度风速阈值，m/s；

$U_{thr,ped}$——风应力标准中的人行高度风速阈值，m/s；

$R(\theta_i)$——风向 θ_i 下人行高度风速与未受建筑干扰的 10m 高度来流风速的风速比，通过 CFD 模拟得到。

人行高度任意位置 i 对风应力标准中风速阈值 U_{thr} 的超越概率为

$$P_{exc}(U_{thr}) = \sum_{i=1}^{N} P(\theta_i) \exp\left[-\left(\frac{U_{thr,ped}}{R(\theta_i)c_i}\right)^{k_i}\right] \tag{5-53}$$

为了保证对具体的行人活动(如静坐、散步、快走等)所产生的风应力作用不会导致行人感到不舒适甚至对行人造成危险，对风速阈值 U_{thr} 的超越概率不能超过风应力标准中对各种活动类型规定的最大允许超越概率 P_{max}。然而，不同的风应力标准中对风速阈值 U_{thr} 和最大允许超越概率 P_{max} 的选取不尽相同，因此对于同样的情况，采用不同的评价标准往往得到的结论并不相同。Bottema(2000)、Sanz-Andres 等(2006)对不同的评价标准进行了比较，发现采用不同评价标准研究获得的结果之间存在显著差异。由于风应力标准评价结果与评价地点风速分布存在着直接的联系，对于不同的国家和城市，最为适用的风应力标准往往也并不相同。考虑到我国尚未有学者提出适合我国国情的风应力评价标准，同时也缺少关于适合我国严寒地区城市的风应力标准的研究，因此，本次研究拟采用的风应力标准为荷兰风害标准 NEN 8100，NEN 8100 标准定义如表 5.12 所示。Janssen 等(2013)应用该标准对荷兰埃因霍温理工大学的风环境进行了研究并与其他风应力标准进行了比较，研究结果表明，基于 NEN 8100 标准的评价结果相对准确和合理。考虑到 NEN 8100 标准中采用 5m/s 作为风速阈值，对埃因霍温市与哈尔滨市的人行高度风速超过 5m/s 的概率进行了比较，如图 5.29 所示。需要指出的是，图中埃因霍温市风

速统计数据取自文献(Janssen et al., 2013)，其风向统计为 12 个风向，而本研究中哈尔滨市风向统计为 16 个风向。从图中可以看出，两座城市风速超过 5m/s 的概率接近，采用 NEN 8100 标准对哈尔滨市的风应力作用进行研究是可行的。

表 5.12 NEN 8100 风应力标准

分类等级	U_{thr}/(m/s)	P_{max}	说明
长时间静坐	5.0	2.5%	适合长时间静坐的风环境
短时间静坐	5.0	5%	适合短时间静坐的风环境
散步	5.0	10%	适合散步的风环境
快走	5.0	20%	适合快走的风环境
不可接受	介于快走和危险之间		风环境较差
危险	15	0.05%	具有危险

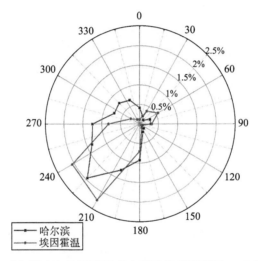

图 5.29 哈尔滨市与埃因霍温市人行高度风速超过 5m/s 概率比较

对严寒地区城市典型布局住区人行高度风应力评价具体步骤如下：

(1) 通过对哈尔滨市长期气象数据进行统计分析，得到全年 16 个风向的风频以及韦布尔概率分布的形状参数 k_i 和尺寸参数 c_i；

(2) 通过 CFD 模拟，获得严寒地区城市典型布局住区内人行高度平均风速比分布；

(3) 根据模拟得到的 16 个风向下住区各个位置的风速比，将 NEN 8100 标准的风速阈值 5m/s 换算成 10m 高度的风速阈值；

(4) 根据式(5-51)计算住区内各个位置对 16 个风向的总超越概率。

(5) 通过比较各个位置的超越概率与 NEN 8100 标准中各等级的最大允许超越概率 P_{max}，得到住区的风应力评价等级分布。

2. 人行高度风寒评价方法

在风工程领域，风舒适性仅考虑风应力对行人的作用而很少考虑风的热作用，这主要是源于以下几个原因：

(1) 人体的热舒适机理非常复杂，受到如温度、湿度、太阳辐射、风速、服装热阻、人体生理代谢等多种因素的综合影响，因此很难直接建立起风与人体热舒适的作用关系；

(2) 除了上述提到的因素以外，人体的热舒适还受到热适应性、心理期望以及环境波动的影响，因此很难定量得到热不适的阈值；

(3) Hunt 等(1976)的舒适性研究表明，风寒作用引起的热不适往往发生在风速高于6m/s 的情况下，这一风速已高于风应力导致不舒适时的风速阈值。

对严寒地区人行高度风环境研究而言，冬季极度寒冷的气候条件下，风导致的风寒效应和热不适非常显著，因此不能忽略对风寒作用的评价。以哈尔滨市为例，1 月平均温度仅为–17℃左右，最低温度甚至会达到–35℃或更低，即使在低风速甚至静风条件下，行人也可能感到热不适甚至有冻伤的可能。本章选取风寒温度(WCT)这一指标来反映严寒地区冬季住区内的风寒效应，并基于 WCT 提出一套用于评价严寒地区风寒作用的方法。

WCT 由 Siple 和 Passel(1945)提出的风寒指数 WCI 发展而来，表示基于低温和风力共同作用下裸露皮肤的散热率而得到的体感温度。2001 年，美国国家气象局和加拿大环境署共同发布了一套新的 WCT 计算方法，以更准确地计算皮肤感受到的严寒程度。新的 WCT 计算方法如下：

$$\text{WCT} = 13.12 + 0.6215 \cdot T_a - 11.37 \cdot u^{0.16} + 0.3965 \cdot T_a \cdot u^{0.16} \tag{5-54}$$

式中 T_a——空气温度，℃；

u——风速，km/h。

这里需要着重指出的是，本章中选取 WCT，而没有利用第 3 章中反复应用的建筑环境领域常用的热舒适性指标，如标准有效温度(SET*)、生理等效温度(PET)等来评价风寒作用，主要出于以下考虑：SET*和 PET 等热舒适指标更侧重于反映人整体的热感觉和舒适性，而 WCT 更多地关注裸露皮肤受风寒作用的影响。读者可以从不同角度领会严寒地区城市风环境与热气候对人体的影响。

表 5.13 列出了不同 WCT 下可能导致皮肤冻伤的暴露时间。基于该表内容，本研究中提出了一套风寒等级评价标准，各等级具体定义如表 5.14 所示。参考风应力标准的形式，在提出的风寒等级中将 WCT 阈值以及最大允许发生概率与不同的行人活动等级相关联。风寒等级中最后一个级别称为"严峻"而非"危险"，这是因为，当人们穿着足够保暖的衣物时在极低温环境下并不会发生危险，但是裸露皮肤则极可能在很短的暴露时间下发生冻伤。由于研究对象是行人发生冻伤的概率，不宜通过人体试验或医学调查的方式获得数据，表 5.13 和表 5.14 中的取值大部分基于前人研究，例如，可能发生冻伤的时间基于 Tikuisis 等(2002)以及 Shitzer 等(2012)的研究；WCT 阈值的取值基于Danielsson(1996)的研究，其研究表明当皮肤温度降到–4.8℃时发生冻伤的概率约为 5%，而稳态条件下皮肤温度降到–4.8℃时的所对应的 WCT 为–27℃；发生概率的取值则基于行人活动时间以及可能发生冻伤的时间，例如将长时间静坐时的冻伤时间定为 WCT 低于–27℃达到 30min，30min/d 的发生概率约为 2.5%，因此长时间静坐等级对应的最大允

许发生概率为 2.5%。与风应力标准不同，本研究提出的风寒等级意味着行人不仅会感到不舒适，而且有可能发生冻伤。

表 5.13　不同 WCT 下可能导致皮肤冻伤的暴露时间

$U/$ (km/h)	空气温度/℃											
	5	0	−5	−10	−15	−20	−25	−30	−35	−40	−45	−50
5	4	−2	−7	−13	−19	−24	−30	−36	−41	−47	−53	−58
10	3	−3	−9	−15	−21	−27	−33	−39	−45	−51	−57	−63
15	2	−4	−11	−17	−23	−29	−35	−41	−48	−54	−60	−66
20	1	−5	−12	−18	−24	−30	−37	−43	−49	−56	−62	−68
25	1	−6	−12	−19	−25	−32	−38	−44	−51	−57	−64	−70
30	0	−6	−13	−20	−26	−33	−39	−46	−52	−59	−65	−72
35	0	−7	−14	−20	−27	−33	−40	−47	−53	−60	−66	−73
40	−1	−7	−14	−21	−27	−34	−41	−48	−54	−61	−68	−74
45	−1	−8	−15	−21	−28	−35	−42	−48	−55	−62	−68	−75
50	−1	−8	−15	−22	−29	−35	−42	−49	−56	−63	−69	−76
55	−2	−8	−15	−22	−29	−36	−43	−50	−57	−63	−70	−77
60	−2	−9	−16	−23	−30	−36	−43	−50	−57	−64	−71	−78
65	−2	−9	−16	−23	−30	−37	−44	−51	−58	−65	−72	−79
70	−2	−9	−16	−23	−30	−37	−44	−51	−58	−65	−72	−80
75	−3	−10	−17	−24	−31	−38	−45	−52	−59	−66	−73	−80

可能导致皮肤冻伤的暴露时间	无冻伤危险	10～30分钟	<5分钟
	冻伤概率<5%	5～10分钟	

表 5.14　本研究提出的风寒等级评价标准

分类等级	WCT	发生概率	说明
长时间静坐	<−27℃	2.5%	长时间静坐下发生冻伤的概率较低的可接受环境
短时间静坐	<−27℃	5%	短时间静坐下发生冻伤的概率较低的可接受环境
散步	<−27℃	10%	散步经过下发生冻伤的概率较低的可接受环境
快走	<−27℃	20%	快走经过下发生冻伤的概率较低的可接受环境
不可接受	介于快走和危险之间		裸露皮肤有可能发生冻伤
严峻	<−50℃（$U \leqslant 10$m/s） <−40℃（$U > 10$m/s）	0.20%	裸露皮肤在极短暴露时间下仍可能发生冻伤

对严寒地区城市典型布局住区人行高度风寒评价的具体步骤如下：

(1) 通过对哈尔滨市长期气象数据进行统计，得到冬季 16 个风向下逐时的风速以及空气温度；

(2) 通过 CFD 模拟，获得严寒地区城市典型布局住区内人行高度平均风速比分布；

(3) 根据 16 个风向模拟得到的各个位置的风速比，将长期气象统计中 10m 高度的风

速换算成住区各位置人行高度的风速;

(4) 根据式(5-54)以及逐时空气温度和风速值计算住区内人行高度各个位置的 WCT, 并统计 WCT 低于-27℃的数量;

(5) 将统计得到的各位置 WCT 低于-27℃的数量除以长期气象数据冬季总样本数, 得到各位置 WCT 低于-27℃的发生概率;

(6) 通过比较各个位置 WCT 低于-27℃的发生概率与风寒等级中各级别的最大允许发生概率, 得到住区的风寒评价等级分布。

3. 哈尔滨市长期气象数据统计与分析

通过上述关于人行高度风应力以及风寒评价方法的介绍可以看到, 无论是对人行高度风应力还是对风寒的评价, 首先都需要对研究对象所在地点的长期气象数据进行统计分析。本研究中选择哈尔滨市作为严寒地区代表城市, 基于从美国国家海洋和大气管理局(NOAA)开源数据库 Integrated Surface Data 获得的哈尔滨市 1994 年 1 月至 2013 年 12 月共 20 年间的气象资料, 对哈尔滨市长期气象数据进行了统计和分析。

图 5.30 给出了基于哈尔滨市长期气象数据统计得到的全年和各季节风玫瑰图。其中, 各季节的划分依据气象行业标准《气候季节划分》(QXT 152-2012)中对常年气候季节的界定方法。从图中可以看出, 哈尔滨全年主导风向为西南风, 其风频为 12.28%, 平均风速为 3.18m/s; 冬季的主导风向同样为西南风, 其风频为 12.39%, 平均风速为 2.91m/s。从各个季节来看, 春、秋、冬季风向风频分布与全年分布类似, 主要盛行西南风和南风, 春季风速比其他季节高且西北风频率也较高, 而夏季除盛行西南风和南风外, 东南风和

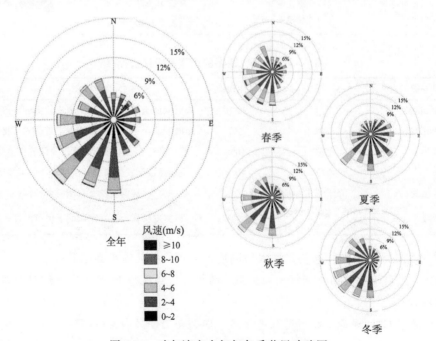

图 5.30　哈尔滨市全年与各季节风玫瑰图

东风也有较高的发生概率。总体来看，全年和各季节均盛行西南风和南风，且风速较高，说明这些风向对风应力评价中超越概率的影响最大。

图 5.31 给出了哈尔滨冬季风向和空气温度的联合分布图。从图中可以看出，哈尔滨市冬季空气温度整体较低，其中空气温度高于 0℃的概率仅为 16.98%，而空气温度低于 −20℃的概率达到了 7.4%。具体到风向来看，低于−20℃的冷空气主要来自南风(风向角 180°)和西南风(风向角 225°)，其概率为 3.77%，接近所有风向空气温度低于 −20℃总概率的一半，说明这些风向对风寒评价中发生概率的影响最大。

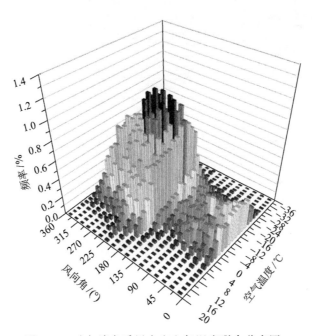

图 5.31　哈尔滨冬季风向和空气温度联合分布图

4. 严寒地区城市典型布局住区风应力与风寒评价

基于 NEN 8100 标准、哈尔滨市长期气象统计数据以及 CFD 模拟得到的 16 个风向下各住区人行高度风速比分布，图 5.32 给出了各住区人行高度风应力评价结果。表 5.12 中的不同风应力等级通过不同灰度在图中进行了描绘。从图 5.32 中可以看到，尽管结果综合考虑了所有 16 个风向，但是由于主导风向下人行高度高风速比区域对风应力的超越概率影响最大，图中被评价为"快走"的区域与图 5.27 和图 5.28 中出现的高风速比区域非常接近，例如图中大部分住区最西侧建筑的西北角被评价为快走等级，而住区最东侧建筑角落则没有表现出这种情况，这正是缘于西南风向的风频远远高于东风的风频。此外，住区入口处往往也被评价为快走等级，这些区域对应着由建筑之间狭窄风道形成的高风速区域。

从住区布局的角度来看，行列式布局住区内部人行高度的风应力评价结果明显要差

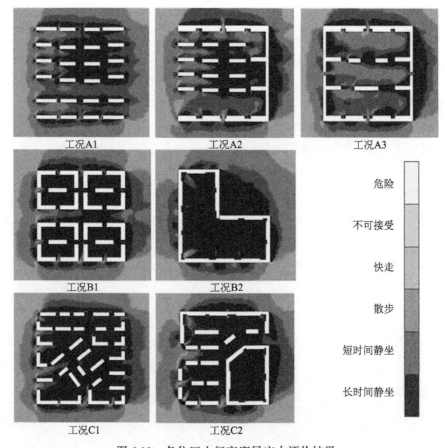

图 5.32　各住区人行高度风应力评价结果

于围合式布局以及混合式布局的住区：围合式布局以及混合式布局住区内部大部分区域的风应力评价等级为适合长时间静坐，而行列式布局住区，特别是高层行列式布局住区内部则有相当一部分区域被评价为适合短时间静坐或仅适合散步。

基于本研究提出的风寒等级、哈尔滨市长期气象统计数据以及 CFD 模拟得到的 16个风向下各住区方案人行高度风速比分布，图 5.33 给出了各住区方案人行高度的风寒评价结果。表 5.14 中的不同风寒等级通过不同灰度在图中进行了描绘。从图 5.33 中可以看到，风寒评价结果与图 5.32 中风应力评价结果有着较大的差异，风寒评价的结果比风应力评价结果更为严格，其中，行列式布局住区内部大部分区域的风寒评价结果为散步等级，而围合式布局以及混合式布局住区大部分区域的风应力评价等级为短时间静坐等级，此外，所有住区内部均未出现快走等级。图 5.32 中位于最西侧建筑拐角或建筑之间狭窄风道位置的那些被评为快走等级的风环境较差区域在图 5.33 中通常仅为散步等级，这说明，风寒等级中尽管考虑了风的作用，但是由于气温也有比较大的影响，风寒评价结果并不像风应力评价结果那样对高风速区域敏感。

总体来看，对于严寒地区住区，住区入口、建筑之间形成的狭窄风道以及高层建筑

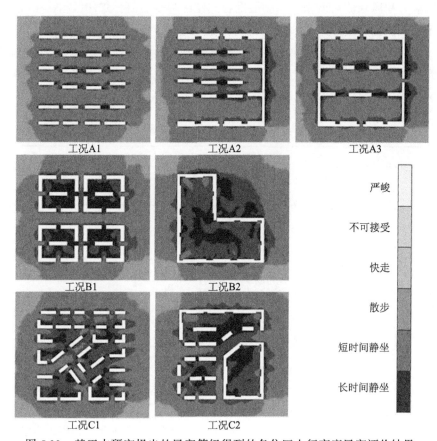

工况A1　　　　　工况A2　　　　　工况A3

严峻

不可接受

快走

散步

短时间静坐

长时间静坐

工况B1　　　　　工况B2

工况C1　　　　　工况C2

图 5.33　基于本研究提出的风寒等级得到的各住区人行高度风寒评价结果

周边是比较常见的风环境较差的区域，居民往往希望快速通过这些区域，相比于风寒评价结果，风应力评价结果对这些由高风速比导致的风环境较差区域的预测结果把握得比较准确；但是由于冬季空气温度较低，居民在住区室外长期间停留往往会感到非常不舒适，对于住区内部大部分区域，相比于根据风应力标准评价为长时间静坐等级的结果，根据风寒等级评价为短时间静坐等级和散步等级更为合理。这些说明了风应力标准与本研究提出的风寒等级各有其优势和不全面性，在评价严寒地区城市住区风环境时，需要将风应力与风寒的评价结合起来进行综合分析，才能获得更为合理和准确的结果。

为了定量研究不同住区布局对人行高度风应力以及风寒的综合影响，提出一套 5 分制的评分方法来对各住区人行高度风应力以及风寒评价结果进行评分，对表 5.12 和表 5.14 中各等级评分如下：5=长时间静坐，4=短时间静坐，3=散步，2=快走，1=不可接受，0=危险/严峻。根据图 5.32 和图 5.33 中的风应力和风寒评价结果对各工况内部区域所有位置的等级得分进行算术平均，得到各工况风应力以及风寒平均得分，如表 5.15 所示。从表中可以看到，工况 C1 的风应力平均得分最高，工况 B1 的风寒平均得分最高。总体来看，围合式布局以及混合式布局住区的得分比较接近，而行列式布局住区的得分则较低。从风应力和风寒的角度来看，多层围合式住区和多层混合式住区相比于其他住区布局形式可以提供更适宜的严寒地区住区风环境。此外，住区建筑高度的增加会导致风应力得分下降，但是建筑高度和风寒得分之间并没有明显的关系，这说明严格控制住区建筑高度有助于提高住区的风应力舒适度，但是对于降低住区平均风寒等级，即减少冬季整个住区内冻伤发生概率则没有明显的帮助。

表 5.15　各工况风应力及风寒平均得分

工况	A1	A2	A3	B1	B2	C1	C2
风应力	4.53	4.45	4.38	4.70	4.66	4.73	4.64
风寒	3.09	3.23	3.21	3.58	3.52	3.43	3.46

5.4　基于冠层模式的严寒地区城市区域风环境与热气候动态预测评价模型及应用

5.4.1　严寒地区城市区域风环境与热气候动态预测评价模型的建立

1. 既有城市冠层模型

本研究的理论基础是基于城市冠层模式开发的城市区域热气候预测模型(UDC 模型)(朱岳梅，2008)。该模型是通过与日本九州大学的国际合作研究，利用既有的 AUSSSM 模型(萩島理 ら，2001a)经过不断的改进、完善和拓展后形成的独特的城市热气候动态评价技术体系。近年来对该模型的改进工作主要包括：李芳芳(2012)将模型扩展到多功能类型建筑区域，可实现不同建筑类型并存的、负荷和排热规律各不相同的复杂建筑区域内的排热和热气候预测；蒋志祥(2012)建立了水体、植被与大气的热湿交换动态模型，并将其作为一个子模块与 UDC 模型耦合；敖靖(2014)建立了透水性铺装系统与大气热湿交换的水热耦合计算模型，并将其作为一个子模块与 UDC 模型耦合；饶峻荃(2015)在原有 UDC 模型基础上添加了建筑架空、构筑物遮阳以及湿黑球温度等计算模块；穆康(2016)建立了建筑空调系统大气排热模型，并将其作为一个子模块与 UDC 模型耦合，同时完善了建筑围护结构传热和负荷算法；刘琳(2018)在 UDC 模型的基础上进一步简化，建立了适用于城市初规和控规阶段的城市区域热环境与热舒适代理评价模型(DLEB)，并通过与 GIS 结合，实现了时空可视化。既有 UDC 模型的整体和各子模块在建模和拓展过程中经过各种实验和现场观测的验证(饶峻荃，2015；Zhu et al.，2006)，已证明可以较好地反映实际城市区域尺度风环境与热气候的动态变化。

既有的 UDC 模型由太阳辐射计算模块、城市建筑区域布局模块、下垫面-大气传热传质计算模块、多类型建筑热湿负荷计算模块、局地气候计算模块和热舒适计算模块等多个子模块共同组成，上述各计算模块之间相互耦合，因此可以通过整体计算来得到城市冠层区域内的热气候变化以及能量收支动态评价数据。

UDC 模型中各计算模块介绍如下。

(1) 城市建筑区域布局计算模块

UDC 模型采用"理想化"的处理方法，即为简化计算，通过对城市区域内的建筑物布局进行统计分析，将不规则的建筑布局转化为规则分布的矩形建筑群，建筑之间的空间按方向分割为三个不同的部分，如图 5.34 所示。

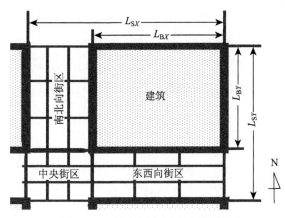

图 5.34　理想化城市区域示意图

一些反映城市与建筑规模的常用指标定义如下：

① 建筑密度 β。表示规划用地内各类建筑的基底总面积与用地面积的百分比率，计算式如下：

$$\beta = \frac{L_{\mathrm{B}X} L_{\mathrm{B}Y}}{L_{\mathrm{S}X} L_{\mathrm{S}Y}} \times 100\% \tag{5-55}$$

式中 $L_{\mathrm{B}X}$——水平面 X 方向上的建筑尺寸，m；

$L_{\mathrm{B}Y}$——水平面 Y 方向上的建筑尺寸，m；

$L_{\mathrm{S}X}$——水平面 X 方向上的建筑和街区总尺寸，m；

$L_{\mathrm{S}Y}$——水平面 Y 方向上的建筑和街区总尺寸，m。

② 容积率 φ。也称建筑面积毛密度，表示规划用地内各类建筑的建筑总面积与用地面积的比率，计算式如下：

$$\varphi = \frac{L_{\mathrm{B}X} L_{\mathrm{B}Y}}{L_{\mathrm{S}X} L_{\mathrm{S}Y}} \times N \tag{5-56}$$

式中 N——冠层内建筑平均层数。

(2) 局地气候计算模块

该模块的基本方程参照近藤裕昭等(1998)提出的城市冠层理论并进行了适当修改，对于建筑群之间及其上部的空气块，只考虑垂直方向的温度、风速和含湿量分布变化。该部分方程式汇总如下：

① 运动量方程

$$\frac{\partial U(z,t)}{\partial t} = \frac{1}{m}\frac{\partial}{\partial z}\left(-m\langle u'w'\rangle\right) - C_d a U |U|$$ (5-57)

式中 $U(z, t)$——城市冠层内瞬时风速，m/s；

$-\langle u'w'\rangle$——雷诺应力，$\mathrm{m^2/s^2}$；

m——流体体积密度，$\quad m = \begin{cases} 1 - \dfrac{L_{BX}L_{BY}}{L_{SX}L_{SY}} & (z \leqslant l_B) \\ 1 & (z > l_B) \end{cases}$；

C_d——建筑拖曳系数，反映建筑对风力的衰减作用；

a——单位流体体积的建筑立面面积，$1/\mathrm{m}$，$\quad a = \begin{cases} \dfrac{L_{BX}\sin\alpha_B + L_{BY}\cos\alpha_B}{L_{SX}L_{SY} - L_{BX}L_{BY}} & (z \leqslant l_B) \\ 1 & (z > l_B) \end{cases}$，

其中 α_B 为来流角度。

② 热力学方程

$$\rho c_p V \frac{\partial \Theta(z,t)}{\partial t} = \rho c_p V \frac{1}{m}\frac{\partial}{\partial z}\left(-m\langle \theta'w'\rangle\right) + G$$ (5-58)

式中 $\Theta(z, t)$——城市冠层内瞬时温度，℃；

$-\langle \theta'w'\rangle$——大气热流通量，$\mathrm{m\cdot ℃/s}$；

V——冠层内空气容积，$\mathrm{m^3}$；

G——以区域内建筑及交通排热等方式进入冠层内的显热散热量，W。

③ 湿量方程

$$\rho V \frac{\partial X(z,t)}{\partial t} = \rho V \frac{1}{m}\frac{\partial}{\partial z}\left(-m\langle x'w'\rangle\right) + S$$ (5-59)

式中 $X(z, t)$——城市冠层内瞬时含湿量，g/kg；

$-\langle x'w'\rangle$——大气湿流通量，$\mathrm{m\cdot g/(kg\cdot s)}$；

V——冠层内空气容积，$\mathrm{m^3}$；

S——以区域内建筑排热等方式进入冠层内的散湿量，kg/s。

④ 涡扩散方程

$$\begin{aligned} -\langle u'w'\rangle &= K_m \frac{\partial u}{\partial z} \\ -\langle \theta'w'\rangle &= K_h \frac{\partial u}{\partial z} \\ -\langle x'w'\rangle &= K_v \frac{\partial u}{\partial z} \end{aligned}$$ (5-60)

式中 K_m——湍动运动量交换系数，$\mathrm{m^2/s}$；

K_h——湍动热量交换系数，$\mathrm{m^2/s}$；

K_v——湍动湿量交换系数，$\mathrm{m^2/s}$。

(3) 多类型建筑热湿负荷计算模块

如前文所述，实际城市区域，尤其是大型城市综合体(HOPSCA)，包含了居住、办公、商业金融、文化娱乐、学校等各种类型的建筑，这些建筑相互依存，共同构成一个多功能建筑群落。为维持这些建筑的室内热环境，需要将内部负荷通过空调系统排至室外。人工排热量影响到大气热气候，反过来又影响建筑内部负荷。要注意的是，不同类型建筑的内部负荷逐时变化规律、空调系统的形式和安装位置等都存在明显差异，对区域内部热气候的影响也不同。本模块考虑了多功能类型建筑并存的城市区域实际情况，相关计算方程式汇总如下。

① 某类型建筑室内冷热负荷计算方程

$$c_p \rho V \frac{\mathrm{d}\theta_r}{\mathrm{d}t} = \sum A_i \alpha \left(\theta_{s,i} - \theta_r \right) + c_p \dot{m} \left(\theta_o - \theta_r \right) + H_g - H_a \tag{5-61}$$

$$\rho V \frac{\mathrm{d}X_r}{\mathrm{d}t} = \dot{m} \left(X_o - X_r \right) + L_g - L_a \tag{5-62}$$

式中 θ_r——室内温度，℃；

$\quad X_r$——室内含湿量，g/kg；

$\quad V$——房间容积，m³；

$\quad A_i$——室内壁面 i 的面积，m²；

$\quad \theta_{s,i}$——室内壁面 i 的温度，℃；

$\quad \theta_o$——室外温度，℃；

$\quad X_o$——室外空气含湿量，g/kg 干空气；

$\quad \dot{m}$——新风质量流量，kg/h；

$\quad H_g$——建筑内部人员、照明等的产热量，W；

$\quad H_a$——有空调设备运行时的空调负荷，W；

$\quad L_g$——建筑内部产湿量，g/h；

$\quad L_a$——空调设备运行时的空调湿负荷，g/h。

② 围护结构传热计算方程

假设建筑围护结构壁面各层沿表面方向结构均匀且物性参数不变，且沿表面的长、宽尺寸远大于围护结构厚度，忽略平行于表面方向的导热，采用经典的沿厚度方向的一维导热方程：

$$c_M \rho \frac{\partial t}{\partial \tau} = \frac{\partial t}{\partial x} \left(r \frac{\partial t}{\partial x} \right) \tag{5-63}$$

式中 t——建筑围护结构内温度分布，℃；

$\quad c_M$——建筑围护结构材料比热容，kJ/(kg·℃)；

$\quad \rho$——建筑围护结构材料密度，kg/m³；

$\quad r$——建筑围护结构导热系数，W/(m·℃)；

$\quad \tau$——时间，s；

x——建筑围护结构厚度方向，m。

③ 建筑空调系统大气排热计算模型

以排热形式相对复杂、排热强度较高且对大气温湿度影响最为直接的城市公共建筑常规的冷水机组加冷却塔空调制冷系统作为主研究对象，将上述建筑负荷计算结果与冷水机组模型和冷却塔模型相耦合(图 5.35)，最终得到各时刻大气状态参数下的建筑空调系统排热逐时值。

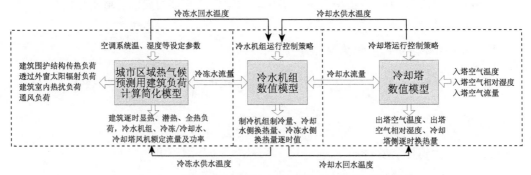

图 5.35 建筑空调系统大气排热模型数据流示意图

考虑到保障整体计算的可靠性以及计算复杂性不宜过大等因素，对制冷系统各设备内部的具体物理过程作简化处理，基于热力学的基本定理，得到各类冷水机组的多元多项式回归模型表达式如下：

$$M_E C(T_{E1} - T_{E2}) = I_P \cdot (B_1 \cdot T_{E2} + B_2 \cdot T_{C2} + B_3 \cdot T_{E2} \cdot T_{C2} + B_4 \cdot T_{E2}^2 + B_5 \cdot T_{C2}^2 + B_6) \tag{5-64}$$

$$M_C C(T_{C2} - T_{C1}) = I_P \cdot (B_7 \cdot T_{E2} + B_8 \cdot T_{C2} + B_9 \cdot T_{E2} \cdot T_{C2} + B_{10} \cdot T_{E2}^2 + B_{11} \cdot T_{C2}^2 + B_{12}) \tag{5-65}$$

式中 T_{C1}，T_{C2}，T_{E1}，T_{E2}——冷凝器进水温度和出水温度、蒸发器进水温度和出水温度，℃；

M_C，M_E——冷凝器和蒸发器的流量，kg/s；

$B_1 \sim B_{12}$——根据实测数据拟合所得制冷机组模型回归多项式的各项系数，不同类型冷水机组的性能参数不同，回归系数 $B_1 \sim B_{12}$ 的数值也不同，本模型中根据国内外主要大型厂家提供的大量各类型冷水机组实际运行参数或性能曲线，获得各主要类型典型冷水机组数学模型的回归系数 $B_1 \sim B_{12}$ 及相应模型的具体表达式；

I_P——负荷相关系数。由于室外气象参数逐时变化，空调系统在实际运行过程中大部分时间处于部分负荷运行状态，为简化计算，引入负荷相关系数的经验计算方法(高橋淳一 ら，1999)，该值与负荷率 l_r、室外空气温度 T_a 及冷冻水进出口平均温度 T_E 相关，可表述为下式：

$$I_P = \frac{-0.0168T_a + 0.1319T_E + 0.0023l_r + 3.1598}{-0.0168T_a + 0.1319T_E + 0.0023 \times 1 + 3.1598} \tag{5-66}$$

对逆流式和横流式两种机械通风式冷却塔分别建立热质交换数学模型。在传统的根据塔内水、空气两相存在的温度差和含湿量差，以冷却水温度、空气干球温度和空气湿度为变量的冷却塔三变量计算模型的基础上，增加蒸发水量损失方程，建立考虑了蒸发损耗的冷却塔四变量模型。具体计算方法不再赘述。

(4) 下垫面-大气传热传质计算模块

实际城市区域内除建筑表面外，还存在大量不同类型的下垫面。这些下垫面通过不同形式与大气间进行着热量和水分等物质能量交换，极大影响了城市区域内的风环境与热气候。本模型中考虑了不透水人工表面(如建筑外表面、混凝土路面等)、透水铺装系统、土壤、绿地(草地及树木)以及水体等常见的下垫面形式，各计算方法汇总如下。

① 下垫面热量平衡方程

$$R_{n,i} = R_{S\downarrow} - \varepsilon_i \sigma T_i^4 + \varepsilon_i \left(F_{iS} R_{L\downarrow} + \sum_j^{i \ne j} F_{ij} \varepsilon_j \sigma T_j^4 \right)_s = H_i + lE_i + CD_i \tag{5-67}$$

式中 $R_{n,i}$——作用在建筑表面或其他下垫面微元 i 上的辐射净通量，W/m²；

　　$R_{S\downarrow}$——作用在建筑表面或其他下垫面微元 i 上的向下短波太阳辐射通量密度，W/m²；

　　$R_{L\downarrow}$——作用在建筑表面或其他下垫面微元 i 上的向下长波红外辐射通量密度，W/m²；

　　ε_i——建筑表面或其他下垫面微元 i 的长波红外辐射率，W/(m·℃)；

　　σ——斯特藩-玻尔兹曼常数，取 5.67×10^{-8}，W/(m²·K⁴)；

　　F_{ij}——微元 i 对另一微元 j 的角系数；

　　T_i——微元 i 的绝对温度，K；

　　H_i——斯特藩-玻尔兹曼常数，取 5.67×10^{-8}，W/(m²·K⁴)；

　　lE_i——下垫面微元 i 的向上潜热通量(下垫面的水分蒸发和凝结引起的热量吸收或释放)，W/m²；

　　CD_i——由下垫面微元 i 向内部传递的导热通量(下垫面的蓄热部分)，W/m²。

② 地中温度计算方程(宇田川光弘，1986)

$$T_{0.5} = T_{gro} + \frac{1}{2} \Delta T_{grs} e^{-0.526 z_{0.5}} \cos \left[\left(n - n_{max} - 30.556 z_{0.5} \right) \frac{2\pi}{365} \right] \tag{5-68}$$

式中 $T_{0.5}$——地下 0.5m 深处温度，℃；

　　T_{gro}——地下常温层温度，取 15.3，℃；

　　ΔT_{grs}——地表温度的年较差，℃；

　　n——计算日数(如 1 月 1 日时，$n=1$；12 月 31 日时，$n=365$)；

　　n_{max}——年最高地表温度对应的 n。

③ 树木显热通量 H_t 及潜热通量 EV_t 计算方程(吉田伸治 ら，2000)

$$H_t = \left(6.79 + 5.99 U_{1.25} \right) \left(T_{t,i} - T_{1.25} \right) \tag{5-69}$$

$$EV_t = A_t \alpha_w \beta_t \left(X_t - X_a \right) \tag{5-70}$$

式中 $T_{t,i}$——树木表面温度，℃；

α_w——树冠散湿系数，取 $7.0 \times 10^{-6}\alpha_f$，kg/(m²·s)·kg / kg；

β_t——构成树冠的树叶群蒸发效率，一般可取 0.3；

X_t——叶面平均含湿量，kg/kg，一般可认为对应于树叶表面温度的饱和含湿量。

④ 不透水人工路面显热通量 H_a 及潜热通量 EV_a 计算方程(月松孝司 ら，2000)

$$H_a = \left(5.21 + 7.53U_{1.5}\right)\left(T_{a,i} - T_{1.5}\right) \tag{5-71}$$

$$EV_a = re_a\left(\varphi/\varphi_{\max}\right)k_x\left(X_a - X_{1.5}\right) \tag{5-72}$$

式中 $U_{1.5}$——距地面 1.5m 高处风速，m/s；

$T_{1.5}$——距地面 1.5m 高处空气温度，℃；

$T_{a,i}$——不透水人工表面温度，℃；

re_a——不透水人工表面蒸发比，是不透水人工表面上的水分量 Φ_a(kg/m²)与最大水分量 $\Phi_{a,\max}$(kg/m²)的函数；

X_a——对应于不透水人工表面的饱和含湿量，kg/kg；

$X_{1.5}$——距地面 1.5m 高处大气含湿量，kg/kg。

⑤ 建筑外表面对流换热量 H_b 计算方程(Shao et al.，2009)

$$H_b = \begin{cases} \left(7.64 + 2.05U_{1.5}\right)\left(T_{b,i} - T_{1.5}\right) & \text{（水平）} \\ \left(4.27 + 2.92U_{1.5}\right)\left(T_{b,i} - T_{1.5}\right) & \text{（垂直）} \end{cases} \tag{5-73}$$

式中 $T_{b,i}$——建筑外表面温度，℃。

⑥ 土壤表面显热通量 H_s 计算方程与不透水人工路面相同，土壤潜热通量 EV_s 计算方程(萩島理 ら，2001b)：

$$EV_s = re_s\left(\varphi/\varphi_{sat}\right)\alpha_x\left(X_s - X_{1.5}\right) \tag{5-74}$$

式中 re_s——蒸发比，是土壤的重量含水率 Φ(kg/kg)与饱和含水率 Φ_{sat}(kg/kg)的函数；

α_x——传质系数，kg /(m²·s)；

X_s——对应于土壤表面温度的饱和含湿量，kg/kg。

⑦ 草地表面显热通量 H_g 及潜热通量 EV_g 计算方程(香川治美 ら，1998)

$$H_g = \left(4.5 + 5.2U_{1.25}\right)\left(T_{g,i} - T_{1.25}\right) \tag{5-75}$$

$$EV_g = \kappa \cdot EV_s \tag{5-76}$$

式中 $U_{1.25}$——距地面 1.25m 高处风速，m/s；

$T_{1.25}$——距地面 1.25m 高处空气温度，℃；

$T_{g,i}$——草地表面温度，℃；

κ——同等条件下绿地散湿通量与土壤散湿通量的比值，可表示为太阳短波向下辐射通量密度 $R_{S\downarrow}$ 和含水率 Φ 的函数。

⑧ 水体表面显热通量 H_w 及潜热通量 EV_w 计算方程(近藤純正，1992)

$$H_w = c_p\rho_a C_H U_{10}\left(T_{w,i} - T_{10}\right) \tag{5-77}$$

$$EV_w = \rho_a C_E U_{10}\left(X_w - X_{10}\right) \tag{5-78}$$

式中 c_p——空气的定压比热容，J/(kg·℃)；

ρ_a——空气密度，kg/m³；

$T_{w,i}$——水体表面温度，℃；

X_w——水面含湿量，一般可认为是对应于水表面温度的饱和含湿量，kg/kg；

X_{10}——距水面 10m 处含湿量，kg/kg；

C_H，C_E——距水面 10m 处显热交换及潜热交换 bulk 传输系数，

$$C_H \approx C_E \approx \begin{cases} (1.1 \sim 1.2) \times 10^{-3} & (1\text{m/s} < U_{10} \leqslant 5\text{m/s}) \\ (1.2 \sim 1.3) \times 10^{-3} & (5\text{m/s} < U_{10} \leqslant 30\text{m/s}) \end{cases}$$

水体内部垂向传热计算方程(Kazuro，2008)：

$$\frac{\partial T_{w,z}}{\partial t} = \frac{1}{A_z} \frac{\partial}{\partial z}\left[A_z (K_m + K_{z,t}) \frac{\partial T}{\partial z} \right] - \frac{1}{A_z c_w \rho_w} \frac{\partial \phi A_z}{\partial z} - \frac{1}{B} \cdot \frac{\partial Q}{\partial z} \cdot \Delta T_x \tag{5-79}$$

式中 K_m——水体分子扩散系数；取 1.4×10^{-7}，m²/s；

$K_{z,t}$——水体的涡动扩散系数，可表示为梯度理查森数的函数，m²/s；

ϕ——算薄层处水体吸收的太阳短波辐射，W/m²；

ρ_w——为水体密度，kg/m³；

c_w——水体的定压比热容，J/(kg·℃)；

A_z——水深 z 处的计算区段断面面积，m²；

ΔT_x——水体横向流动过程中的温升，取 1.86×10^{-4}，℃/m。

⑨ 透水铺装系统表面显热通量 H_p 及潜热通量 EV_p 计算方程

$$EV_p = re_p (\varphi/\varphi_{sat}) \alpha_x (X_p - X_{1.5}) \tag{5-80}$$

式中 re_p——蒸发比，它是透水铺装系统的体积含水率 Φ_p(kg/kg)与饱和体积含水率 $\Phi_{p,sat}$(kg/kg)的函数，通过试验方法测量获得；

X_p——对应于透水铺装系统表面温度的饱和含湿量，kg/kg。

透水铺装系统内部水分输送、热流输送计算方程：

$$\frac{\partial \theta}{\partial t} = \frac{1}{\rho_l} \cdot \frac{\partial}{\partial z}\left\{ \left[K(\theta) \cdot \left(\frac{\partial \psi_m}{\partial \theta} \cdot \frac{\partial \theta}{\partial z} + g \right) \right] + \left[D_v^\theta \cdot \frac{\partial \theta}{\partial z} + D_v^T \cdot \frac{\partial T}{\partial z} \right] \right\} \tag{5-81}$$

$$c_{p1} \cdot \frac{\partial T}{\partial t} = \frac{\partial}{\partial z}\left(\lambda \cdot \frac{\partial T}{\partial z} \right) - lE_p \cdot \frac{\partial q_v}{\partial z} \tag{5-82}$$

式中 K——非饱和水力传导系数，为体积含水率的函数，kg·s/m³；

D_v^θ——由水势驱动引起的水蒸气扩散的扩散系数；

D_v^T——由温度驱动引起的水蒸气扩散的扩散系数；

ψ_m——基质势，反映固态的基质对水分的吸持作用，与体积含水率的关系式为

$$\psi_m = \begin{cases} \psi_e \cdot \left(\dfrac{\Phi_p}{\Phi_{p,sat}} \right)^{-b} & (\Phi_p < \Phi_{p,sat}) \\ \psi_e & (\Phi \geqslant \Phi_{sat}) \end{cases}$$ ，其中 ψ_e 为空气进入水势(即水全部填充入

孔隙后的水势), J/kg, b 为与颗粒形状相关的系数;

c_{p1}——透水铺装系统的定压比热容, J/(kg·℃);

lE_p——透水铺装系统由水分蒸发带来的潜热通量, W/m^2。

(5) 太阳辐射计算模块

由于城市内部建筑群的尺度、布局、方位以及下垫面反射率等各种因素的影响,太阳辐射的计算非常复杂。本模型利用的是光线追踪法(ray tracing method),即将图 5.34 所示的三个街区以及建筑物顶部外表面各分为 3×3 个网格,建筑物各竖直外表面则分为 3(水平方向)×(3×层数)(竖直方向)个网格。计算每一网格代表的面对其他面的角系数时,将每一网格再细分成 10×10 的细密网格,从每一细密网格的中心点沿向上的半球方向发射光束。如图 5.36 所示,先将半球在地面上投影形成的单位圆划分为 5000 等份,然后由各等分中心(如图中的 A 点)向上垂直引线与半球相交于点 B,这样就确定了光束 OB 的发射方向。根据 5000 条光束与周围各面的接触情况,就可计算出细密网格中心点对各面的角系数(萩岛理 ら,2002)。再将这些点对面的角系数进行空间平均,获得面对面的角系数。

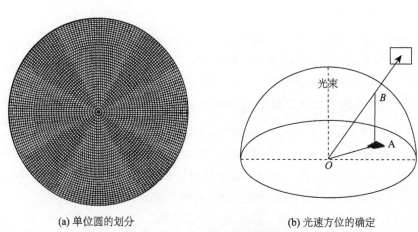

(a) 单位圆的划分　　　　　　　　　　　　　　(b) 光速方位的确定

图 5.36　角系数的计算原理

计算投射到每一细密网格上的直射太阳辐射通量密度时,由细密网格中心点向太阳位置方向发射光束,然后判断两者之间是否遇到建筑等障碍物,从而确定是否需要计算直射太阳辐射,再根据网格面积估算出直射太阳辐射通量密度。另外,假设太阳辐射的反射为漫反射,根据热辐射法(radiosity method),利用已得到的面对面角系数进行反复迭代计算,直至反射辐射通量密度达到投射量的 1% 以内为止。落到窗户上的太阳辐射还要考虑透射部分。为简化计算,假设透射入室内的太阳辐射量全部被地面吸收,不会再次发生反射。

(6) 热舒适计算模块

如前文所述,室外风环境与热气候直接影响到人们户外活动的舒适性和安全性,而这正是研究室外风环境与热气候的基本出发点。本研究采用标准有效温度 SET* 作为室外舒适性指标(Gagge et al., 1986)。不同于其他根据主观评价统计得到的舒适性计算方法，SET*是以人体生理反应模型为基础，通过分析人体与周围空气间的传热过程导出的，虽然表示为温度的形式，但实质上反映的是人体在特定环境中的热感觉。根据第 3 章中采用全年室外观测和问卷调查方法动态地对各种现有舒适性指标的适用性进行比较的结果，可认为 SET* 是适用于全年气候条件的合理的室外热舒适指标之一。SET* 的定义式如下：

$$Q_{sk} = \alpha'_{SET}\left(T_{sk} - SET*\right) + w\alpha'_{eSET}\left(P_{sk} - 0.5P_{SET}\right) \tag{5-83}$$

式中 Q_{sk}——皮肤总散热量，W；

　　α'_{SET}——标准环境中考虑了服装热阻的综合对流换热系数，W/(m²·℃)；

　　T_{sk}——皮肤温度，℃；

　　w——皮肤湿润度；

　　α'_{eSET}——标准环境中考虑了服装热阻的综合对流质交换系数，W·K/(m²·Pa)；

　　P_{sk}——皮肤表面的水蒸气分压力，kPa，可以简化为皮肤温度 T_{sk} 的回归函数
　　　　　$P_{sk} = 0.254T_{sk} - 3.335$；

　　P_{SET}——标准有效温度 SET* 下的饱和水蒸气分压力，kPa。

为更好地描述人体在非稳态温度或风速环境中的热反应，本研究中采用 Gagge 的二节点模型。具体算法从略。

综上，相比于在城市区域风环境与热气候领域应用的 CFD 模拟，UDC 模型具有以下优势：由于采用参数化方案对城市冠层内的物理对象和物理过程进行数学描述，UDC 模型的建模过程比 CFD 模型更为简便和快捷；由于受计算机运算性能的局限，针对城市较大空间尺度风环境与热气候问题的 CFD 模拟主要是以稳态计算为主，而 UDC 模型对计算对象进行了适当合理的简化，大大降低了程序的计算量，提高了程序的运算速度，非常适于空间平均条件下的动态气候特征的预测；为了减少运算量且提高计算稳定性，CFD 模拟在建筑负荷与人工排热、各种下垫面与大气间的传热传质、人体舒适度评价等重要计算环节必须进行大量简化，而 UDC 模型可以在此方面进行更为细致的建模，从而更有利于分析城市内部各组成单元间的热湿交换问题。现有 UDC 模型中已考虑了多种下垫面形式与大气之间的热水分交换，可进行城市空间大气物理参数分布的计算，且模型各部分内容已进行过现场观测验证，证明了该模型的有效性和可靠性。

尽管 UDC 模型已经形成了一套较为成熟和完整的城市热气候动态评价计算体系，但是模型室外热湿负荷计算模块主要考虑的是夏季气候特点的下垫面物理形态和性质，尚未考虑寒冷天气下雪层下垫面的参数化方案，因此不具备对严寒地区冬季城市以雪层为主的下垫面与大气热湿交换的预测能力。目前的建筑区域布局模块中只能考虑规则理想化布局形式，无法反映严寒地区城市实际建筑布局的影响，因此，有必要针对 UDC 模型的上述不足之处进行完善，从而建立针对严寒地区城市区域风环境与热气候的动态预测与评价模型。

2. 雪层热质交换动态模型

图 5.37 为雪层-大气热质交换动态模型原理示意图。该模型综合考虑了雪层表面与大气间的辐射交换、显热和潜热形式的热量交换、各雪层之间的能量和水分输运以及与下覆城市表面之间的能量交换，此外还考虑了降雪与降水、雪的融化和再凝结、自由水的下渗和出流，以及雪的密度变化等动态物理过程。整个积雪层在竖直方向被分为多个雪层，各单一雪层内部温度、密度、比热容等物性参数保持一致，并采用该雪层中心的物性参数代表这一分层。根据雪层的厚度和密度可以实现雪层层数的自动划分，通过输入气象参数的动态变化实现雪层的生成和消融，可以对季节性变化的长期过程进行模拟。下面给出雪层-大气热质交换动态模型的基本数学模型。

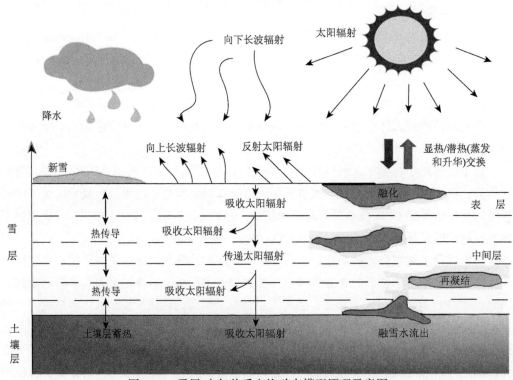

图 5.37　雪层-大气热质交换动态模型原理示意图

雪层-大气热质交换动态模型中对表层、中间层和底层的雪层分别建立了能量平衡方程，各个雪层的能量平衡方程的具体形式如下。

表层：

$$\frac{\partial}{\partial t}\left\{C_{s}S_{i}T_{s,i}\right\} + L_{m} = Q_{c,i+1} + R_{ns,i} + R_{nl} + Q_{H} + Q_{E} + Q_{pre} \tag{5-84}$$

中间层：

$$\frac{\partial}{\partial t}\left\{C_{s}S_{i}T_{s,i}\right\} + L_{m} = Q_{c,i-1} + Q_{c,i+1} + R_{ns,i} + Q_{inf,i+1} \tag{5-85}$$

底层：

$$\frac{\partial}{\partial t}\left\{C_s S_i T_{s,i}\right\} + L_m = Q_{c,i+1} + Q_{sx} + R_{ns,i} + Q_{inf,i+1} \tag{5-86}$$

式中 C_s——雪的比热容，J/(kg·K)；

S_i——雪层水当量，kg/m²；

$T_{s,i}$——雪层温度，K；

L_m——雪融化/凝结潜热通量，W/m²；

$Q_{c,i-1}$——当前雪层与上层雪层的导热通量，W/m²；

$Q_{c,i+1}$——当前雪层与下层雪层的导热通量，W/m²；

$R_{ns,i}$——雪层吸收的太阳辐射通量密度，W/m²；

R_{nl}——净长波辐射通量密度，W/m²；

Q_{pre}——降水/雪的热容量，W/m²；

$Q_{inf,i+1}$——上层雪层下渗水的热容量，W/m²；

Q_{sx}——雪层底部与下覆城市表面之间的接触传热通量，W/m²。

雪层-大气热质交换动态模型主要从水当量平衡以及液态水当量平衡两方面对雪层质量平衡方程进行了考虑，各个雪层水当量平衡以及液态水当量平衡方程的具体形式如下。

(1) 水当量平衡

表层：

$$\frac{\partial S_i}{\partial t} = m_{pre} - m_{inf,i} \tag{5-87}$$

中间层及底层：

$$\frac{\partial S_i}{\partial t} = m_{inf,i+1} - m_{inf,i} \tag{5-88}$$

式中 S_i——雪层水当量，kg/m²；

m_{pre}——降水速率，kg/(m²·s)；

$m_{inf,i}$——当前雪层下渗水当量速率，kg/(m²·s)；

$m_{inf,i+1}$——上层雪层下渗水当量速率，kg/(m²·s)。

(2) 液态水当量平衡

表层：

$$\frac{\partial m_{wl,i}}{\partial t} = m_{rain} + m_{melt} - m_{refz} \tag{5-89}$$

中间层及底层：

$$\frac{\partial m_{wl,i}}{\partial t} = m_{melt} - m_{refz} + m_{inf,i+1} - m_{inf,i} \tag{5-90}$$

式中 $m_{wl,i}$——雪层液态水当量，kg/m²；

m_{rain}——降水速率，kg/(m²·s)；

m_{melt}——雪层融化速率，kg/(m²·s)；

m_{refz}——雪层融化雪水再凝结速率，kg/(m²·s)。

雪层-大气热质交换动态模型中关于雪的物性参数的计算和确定主要是基于国外相关文献以及第 2 章积雪期的现场观测数据。下面分别给出雪的导热系数、体积比热容、雪表反照率和雪层密度的计算方法。

(1) 导热系数

雪的导热系数与雪晶的几何形状、尺寸和分布形态，以及雪的密度等诸多因素有关，但是大部分实验结果表明其最主要的影响因素是雪的密度，本模型中参考 Jansson 等 (2004)的做法对雪的导热系数 k_s 计算如下：

$$k_s = s_k \cdot \rho_s^2 \tag{5-91}$$

式中 s_k——经验常数，取为 2.86×10⁻⁶ W/(m⁵·℃·kg²)；

ρ_s——雪的密度(kg/m³)。

(2) 体积比热容

雪的体积比热容 C_s 可以看作雪层温度的函数(Anderson，1976)：

$$C_s = 92.96 + 7.73(T_s + 273.15) \tag{5-92}$$

式中 T_s——雪层温度，℃。

(3) 雪表反照率

积雪表面反照率 α_s 通常随着雪龄变化而变化，当无融雪发生时，雪表反照率按下式计算：

$$\alpha_s(t + \Delta t) = \alpha_s(t) - \tau_a \frac{\Delta t}{\tau_d} \tag{5-93}$$

当有融雪发生时，则雪表的反照率计算式如下：

$$\alpha_s(t + \Delta t) = [\alpha_s(t) - \alpha_{s,min}] \exp\left(-\tau_f \frac{\Delta t}{\tau_d}\right) + \alpha_{s,min} \tag{5-94}$$

式中 τ_d——一天的时间长度，取为 86400s；

τ_a, τ_f——与雪龄相关的时间常数，基于第 2 章现场实测数据结果，分别取为 0.01 和0.186；

$\alpha_{s,min}$——最小反照率，基于第 2 章现场实测数据结果取为 0.16。

(4) 雪层密度

导致雪层密度变化的物理作用包括以下三个方面(Anderson,1976)：一是新雪沉积过程中雪的微观形态发生改变而造成的破坏性形变(destructive metamorphism)；二是雪层自重和上层雪层重量导致的压密作用(compaction)；三是雪融化导致的密度增加(melt metamorphism)。各部分计算如下：

① 雪的破坏性形变 $C_{R,\mathrm{dm}}$

$$C_{R,\mathrm{dm}} = -2.778 \times 10^{-6} c_1 c_2 \mathrm{e}^{-0.04(273.15-T_s)}$$

$$\begin{cases} c_1 = c_2 = 1 & \rho_{\mathrm{vl}} = 0 \text{ 且} \rho_{\mathrm{vi}} \leqslant \rho_{\mathrm{d}} \\ c_1 = \mathrm{e}^{-0.06(\rho_{\mathrm{vi}}-150)} & \rho_{\mathrm{vi}} > \rho_{\mathrm{d}} \\ c_2 = 2 & \rho_{\mathrm{vl}} > 0 \end{cases} \tag{5-95}$$

式中 ρ_{vl}——雪层中水的表观密度，$\mathrm{kg/m^3}$；

ρ_{vi}——雪层中冰的表观密度，$\mathrm{kg/m^3}$；

ρ_{d}——稳定密度，$\mathrm{kg/m^3}$。

② 雪的压密 $C_{R,\mathrm{cp}}$

$$C_{R,\mathrm{cp}} = -\frac{P_{\mathrm{up}} + P_{\mathrm{self}}}{\upsilon} \tag{5-96}$$

式中 P_{up}——上层雪层压强，$\mathrm{N/m^2}$；

P_{self}——本层雪层自重压强，$\mathrm{N/m^2}$；

υ——雪的黏滞系数，$\mathrm{N \cdot s/m^2}$。

υ 的计算如下：

$$\upsilon = \upsilon_0 \mathrm{e}^{c_3(273.15-T_s)} \mathrm{e}^{c_4 \rho_s} \tag{5-97}$$

式中 υ_0——经验常数，取为 $3.6 \times 10^6 \mathrm{N \cdot s/m^2}$；

c_3——经验常数，取为 $0.08 \mathrm{K^{-1}}$；

c_4——经验常数，取为 $0.021 \mathrm{m^3/kg}$。

③ 雪的融化 $C_{R,\mathrm{mm}}$

$$C_{R,\mathrm{mm}} = -\frac{m_{\mathrm{melt}}}{m_i} \tag{5-98}$$

式中 m_i——雪层中干雪质量，$\mathrm{kg/m^2}$。

因此，雪的总形变速率 C_R 为

$$C_R = \frac{1}{\Delta z} \cdot \frac{\Delta z}{\Delta t} = C_{R,\mathrm{dm}} + C_{R,\mathrm{cp}} + C_{R,\mathrm{mm}} \tag{5-99}$$

此外，还需要考虑降雪导致的雪层总体密度变化：

$$\frac{\partial(\rho_s \cdot z_s)}{\partial t} = \rho_{\mathrm{pre}} \cdot m_{\mathrm{pre}} \tag{5-100}$$

式中 z_s——雪层厚度，m；

ρ_{pre}——降雪密度，$\mathrm{kg/m^3}$。

雪层-大气热质交换动态模型采用 C 语言编写，图 5.38 给出了模型的计算流程图。

模型计算的基本步骤说明如下：

① 程序初始化，输入当地经纬度、当前计算日数、地下常温层温度及年较差等模型参数，输入雪层表面初始温度、厚度、密度等物性参数，根据雪层厚度进行初始雪层层数的划分。

② 开始循环计算，根据当前日数计算地下 0.5m 处温度，读取逐时气象数据，包括

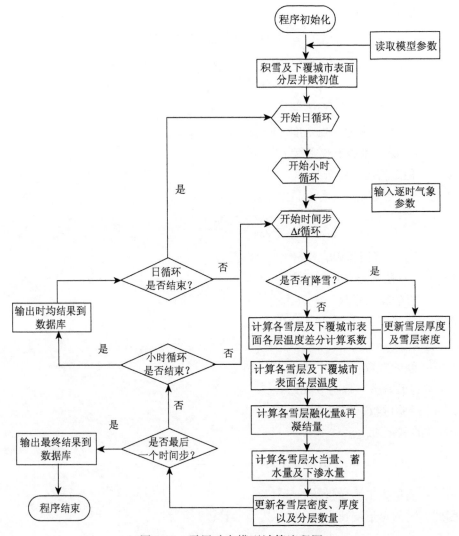

图 5.38　雪层动态模型计算流程图

大气温度、大气含湿量、风速、太阳总辐射通量密度、天空辐射通量密度、降雨量等，并根据温度、湿度和太阳辐射通量密度计算向下长波辐射通量密度。

③ 通过对逐时气象数据进行插值，计算出当前时间步气象参数，根据当前时间步气象参数判断是否有降雪，若有降雪需对雪层厚度、密度、层数进行更新。

④ 迭代求解雪层及下覆城市表面各层温度，根据雪层温度判断各雪层是否有融化或再凝结发生，以及各雪层所对应的融化量或再凝结量，进而计算各雪层的水当量以及下渗水量。

⑤ 在当前时间步最后更新各雪层密度、厚度，根据更新后的雪层厚度判断是否要更新雪层层数，之后进入下一时间步的计算，每个小时循环结束输出逐时的时均结果，所有时间步计算完成后输出最终计算结果至数据库。

为了验证雪层-大气热质交换动态模型的准确性,对 2015 年 1 月 1 日 0 时至 2015 年 1 月 3 日 0 时期间研究区域内部空地自然状态下的雪层温度进行测量。雪层的厚度为 16.7cm,在雪层表面、雪层中间(对应雪深为 8.1cm)以及雪层底部(对应雪深为 16.7cm)三个位置分别布置 3 个 BES-02 温湿度采集记录器,对不同雪层的温度进行自动记录,采集间隔为 1min。同时,为了获得同时段的气象参数,通过在 10m 高楼顶布置的一台 TRM-ZS2 自动气象站对空气温度、风速和太阳辐射等气象参数进行测量,气象数据记录间隔设置为 1min。将气象参数和雪层初始温度、厚度及密度作为输入条件,利用已开发模型对测试期间的雪层温度进行模拟,模拟结果与实测数据对比如图 5.39 所示。可以看到,模拟结果与实测结果较为接近,准确把握住了各雪层温度的变化趋势。具体来看,雪表层温度波动最为显著,中间层次之,底层雪层温度则波动较小。雪层各层模拟结果中,底层模拟温度与实测结果最为接近,表层和中间层的模拟结果尽管在趋势上和实测结果较为一致,但是在具体数值上有一定差异,特别是 1 月 2 日中午时段,雪表层温度模拟结果相比实测结果峰值明显偏高,同时峰值出现时间也有一定的提前,这可能是因为实际雪层在上午时段受建筑阴影或其他遮蔽物的遮挡,所以实际雪层温度较模拟计算值低,且温度上升趋势偏慢。

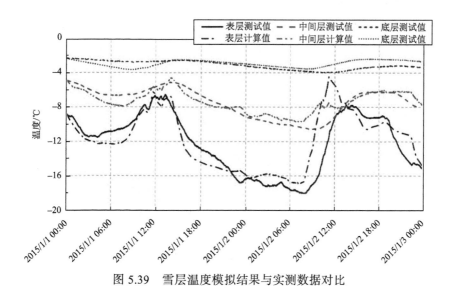

图 5.39　雪层温度模拟结果与实测数据对比

为了定量分析雪层温度模拟结果与实测数据的差异,表 5.16 给出了各雪层温度的模拟结果与实测数据的平均值、平均偏差(ME)以及均方根误差(RMSE)。从表中可以看出,底层模拟结果的 RMSE 最小,中间层次之,表层最大,说明底层模拟结果与实测结果的吻合度最高,表层结果的偏差最大。从平均值和平均偏差来看,各层模拟结果与实测结果的 ME 均在 0.5℃以内,考虑到雪层动态模型的开发目的是把握雪层温度变化的趋势及其对局地气候影响的平均作用,因此认为雪层动态模型模拟结果的精度可以满足相关研究的要求。

表 5.16　雪层温度模拟结果与实测数据误差比较

位置	实测平均值/℃	模拟平均值/℃	ME/℃	RMSE/℃
表层	−12.24	−11.88	0.36	1.98
中间层	−7.46	−7.38	0.08	0.84
底层	−3.12	−2.94	0.18	0.59

3. 严寒地区城市区域建筑拖曳作用修正

公式(5-57)为既有 UDC 模型局地气候计算模块中的运动量方程,该方程中的 C_d 体现了建筑群对风力的衰减作用,是城市区域风环境模拟中的核心参数之一。模型中 C_d 取值参考相关风洞试验的数据(丸山敬,1991),将其表示为建筑密度的函数,图 5.40 给出了相关风洞试验中得到的建筑拖曳力系数 C_d 与建筑密度 λ_B 关系以及部分工况风洞试验模型示意图。可以看到,风洞试验中采用的建筑模型为理想粗糙元,布局形式为理想化的交错排布,因而无法反映实际城市建筑布局的影响。此外,风洞试验中得到的拖曳力系数 C_d 为建筑沿高度方向上平均的拖曳力系数,而实际风速沿建筑高度方向变化较大,可以预想到沿高度方向拖曳力系数相应也会有明显的变化。Coceal 等(2004)基于风洞试验结果计算了沿建筑高度分布的拖曳力系数,发现拖曳力系数 C_d 随着建筑高度呈减小趋势,特别是近地面与接近建筑顶部位置的拖曳力系数差别明显,考虑到本研究中重点关注的位置是近地面人行高度,采用沿高度方向上平均的拖曳力系数必然会有一定的误差,同时考虑到不同建筑布局的影响,有必要针对不同建筑布局获得沿高度分布的拖曳力系数分布。

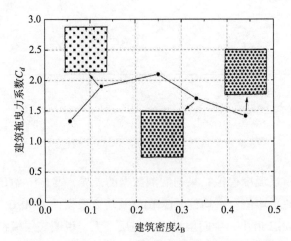

图 5.40　建筑拖曳力系数与建筑密度关系示意图

选取 4.2 节中给出的严寒地区城市住区典型布局中建筑高度相同的多层行列式(工况 A1)、多层围合式(工况 B1)和多层混合式(工况 C1)作为行列式、围合式以及混合式布局的典型工况,不考虑典型布局方案中建筑高度不一致的其他工况,从而忽略建筑高度不一致对拖曳力系数的影响。基于 5.3 节中的 CFD 模拟结果,按照 UDC 模型中沿建筑高度的分层情况,对 CFD 模拟得到的这三种建筑布局在主导风向下建筑整体拖曳力系数沿建筑高度各个分层的结果进行了统计,结果如图 5.41 所示,图中 H_b 为建筑高度,Coceal等(2004)基于风洞试验结果统计的沿建筑高度分布的拖曳力系数也在图中给出。可以看到,计算得到的拖曳力系数与 Coceal 等给出的结果较为近似,从建筑布局角度看,行列式工况的建筑整体拖曳力系数最小,围合式工况的建筑整体拖曳力系数最大,混合式工况则介于二者之间,这也与这三种工况模拟得到的住区内风速大小关系相符。此外,近地面处拖曳力系数明显大于高度平均的拖曳力系数,这也说明了沿建筑高度采用不同拖曳力系数的必要性。

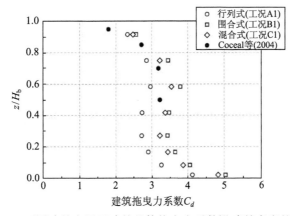

图 5.41　不同建筑布局下建筑整体拖曳力系数沿建筑高度的分布

考虑到 4.2 节中提出的建筑典型布局工况并未考虑不同建筑密度的情况,假设不同建筑布局在建筑密度改变的情况下建筑整体拖曳力系数变化规律符合图 5.40 中所示的变化规律,将图 5.41 中统计的结果视为对 UDC 模型中原拖曳力系数 C_d 沿高度以及不同布局下的修正,得到如下计算式:

$$C_d' = C_l \cdot C_h \cdot C_d \tag{5-101}$$

式中 C_d' ——修正后的拖曳系数;

C_l——建筑布局修正因子;

C_h——高度修正因子。

修正因子 C_l 和 C_h 是将图 5.41 中不同建筑高度的拖曳力系数与各工况对应建筑密度下 UDC 模型中的拖曳力系数求比值,然后与无量纲高度(z/H_b)拟合得到,结果如表 5.17 所示。需要指出的是,为了简化和统一,高度修正因子 C_h 对不同布局采用了相同的指数率形式。从表中可以看到,各布局修正公式拟合的 R^2 均超过了 0.8,说明拟合结果相对可靠。

表 5.17　不同建筑布局下修正因子 C_l 与 C_h

建筑布局	C_l	C_h	R^2
行列式	1.169		0.839
围合式	1.530	$(z/H_b)^{-0.125}$	0.802
混合式	1.413		0.823

4. 严寒地区城市区域风环境与热气候动态预测评价模型的建立与验证

通过上述对既有 UDC 模型模拟的修正与完善,建立针对严寒地区城市区域风环境与热气候的动态预测评价模型(以下简称为 UDC-cold 模型),如图 5.42 所示。

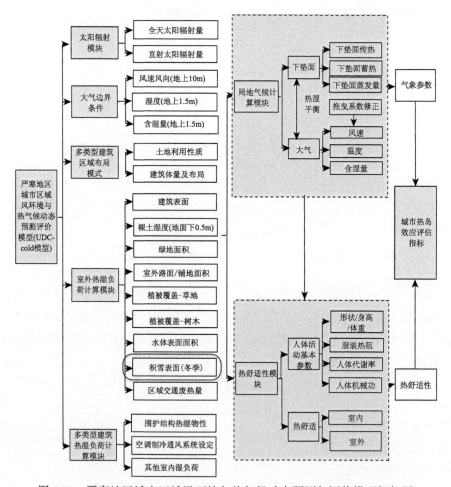

图 5.42　严寒地区城市区域风环境与热气候动态预测与评价模型框架图

对既有 UDC 模型的具体修正和完善工作包括:将建立的雪层与上方大气及下覆城市表面的热质交换模型作为下垫面形式的一种添加至 UDC 模型室外热湿负荷计算模块中,并将雪层模型中的气象输入与数据输出部分与 UDC 模型中的相关模块(如太阳辐射模块、气象条件模块、室外气候计算模块等)进行对接,实现雪层-大气热质交换模型与 UDC 模型的耦合;根据表 5.17 中针对不同严寒地区建筑布局以及建筑高度的拖曳力系数修正因子,对 UDC 模型中采用的建筑拖曳力系数进行修正,从而更为准确地反映不同严寒地区城市建筑布局下建筑的拖曳作用。

为了对所建立的 UDC-cold 模型的准确性进行验证,选取 2.2 节现场观测研究中 2017 年 1 月 12 日~2017 年 2 月 15 日以及 2017 年 5 月 17 日~2017 年 6 月 20 日两段各 35d 的观测期作为模型计算日期,这两段时期的数据分别代表了有雪和无雪、植被枯萎和植被活跃、冬季和过渡/夏季的不同风环境与热气候的能量收支情况。将计算日期内城市冠层顶部的气象条件(太阳辐射、温度、风速、含湿量以及降水量)作为输入条件导入 UDC-cold 模型,通过将 UDC-cold 模型计算得到的温度、风速、辐射及湍流通量等数据与观测结果比较来验证模型的准确性。为了消除初始条件影响,35d 的前 7d 的数据用于模型的预计算,后 28d 的数据则用于模型的验证。

模型区域建筑及城市下垫面构成信息参考现场实测周边建筑以及湍流足迹范围内下垫面构成的统计结果进行设置,如表 5.18 所示。

表 5.18　模拟区域建筑及下垫面构成信息

信息类型	统计信息
建筑参数	建筑平均高度:11.6m;建筑平均尺寸:60m(长)×16m(宽); 建筑层高:3m;建筑密度:0.32;建筑容积率:1.28; 建筑类型:居住建筑;建筑布局形式:行列式
下垫面参数	沥青路面:0.31;草地:0.26;树木:0.09; 裸土:0.03;水体:0.01

区域内建筑热工参数及室内负荷等计算条件参照严寒地区居住建筑相关设计规范和标准(中华人民共和国住房和城乡建设部,2019,2016;黑龙江省建设厅,2008)进行设置,具体信息如表 5.19 所示。

表 5.19　建筑热工参数及室内负荷设置条件

工况	设置条件
围护结构	屋面传热系数:0.25W/(m²·K);外墙传热系数:0.35W/(m²·K); 外窗传热系数:1.8W/(m²·K);窗墙面积比:40%
室内负荷	人员密度:0.04人/m²;电器设备功率密度:10W/m²; 照明灯具功率密度:15W/m²
冬季供暖	供暖室内计算温度:18℃; 供暖室内换气次数:0.5h⁻¹

图 5.43 给出了 UDC-cold 模型模拟得到的 1.5m 高度日平均空气温度与观测基站一层布置的温湿度记录仪#2 测量得到的日平均空气温度对比结果。为体现数据趋势,图中也给出了模型验证前 2d 的数据。可以看出,两段观测期间模型预测结果都较好地把握住了空气温度的变化规律。相比于 5/24~6/20 观测期,1/19~2/15 观测期的模型预测结果更

为接近观测数据，这是由于冬季下垫面构成较为简单，主要由积雪表面与人工表面构成，通过建立的雪层-大气热质交换动态模型即能够较为准确地反映雪层表面温度变化，而5/24～6/20 观测期间下垫面构成相对复杂，除人工表面外，土壤、草地、树木等下垫面也占有相当的比例，其中草地、树木表面温度受植被含水率、表面蒸腾速率、叶片孔隙率等诸多因素影响，同时树木冠层的存在也使城市建筑间的辐射交换也变得更为复杂，对下垫面和建筑表面温度的模拟更为困难，夏季更为频繁的人为活动带来难以定量估计的人为排热量也在一定程度上造成模拟得到的空气温度相比于观测结果偏低。

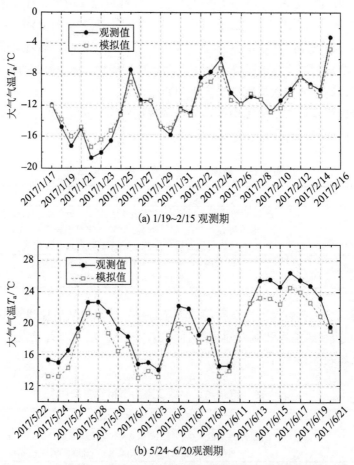

(a) 1/19～2/15 观测期

(b) 5/24~6/20观测期

图 5.43　观测期间日平均空气温度模型预测结果与实测数据对比

图 5.44 给出了 UDC-cold 模型模拟得到的 1.5m 高度日平均大气含湿量与观测基站一层布置的温湿度记录仪#2 测量得到的日平均大气含湿量对比结果。从图中可以看出，两段观测期的大气含湿量模型预测结果与实测数据都较为吻合，其中 1/19～2/15 观测期的模型预测结果与实测数据更为接近，这是因为冬季植被尚不活跃，室外人为活动也较少，主要的湿源来自积雪表面的升华作用，所以模拟结果可以较为准确地把握大气含湿量的变化；而在 5/24～6/20 观测期间，除了植被的蒸腾作用以外，降雨、空调及汽车尾气排

放等人为活动因素都会导致大气含湿量的变化，降雨后积水在人工表面的停留时间、空调的使用率、人为活动湿源的确定等都难以在模型中进行精准建模，因此模拟结果与观测结果存在一定的偏差。

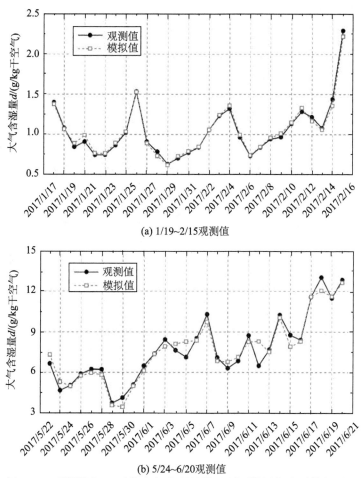

(a) 1/19~2/15观测值

(b) 5/24~6/20观测值

图 5.44　观测期间日平均大气含湿量模型预测结果与实测数据对比

图 5.45 给出了 UDC-cold 模型模拟得到的日平均积雪厚度与观测基站屋顶雪深传感器测量得到的日平均积雪厚度对比结果。从图中可以看到，模拟结果基本上把握住了积雪厚度的变化规律，特别是能够较为准确地反映出积雪下沉导致的雪层厚度减小速率。2/2~2/7 期间模型预测的雪层厚度与实测数据之间存在比较大的误差，其原因可能是模型气象参数中输入的降雪量低于实际降雪量，同时观测基站屋顶的风速较大，风吹雪致使雪深传感器下方积雪堆积数据也产生了偏差。

图 5.46 和图 5.47 分别给出了 1/19~2/15 观测期和 5/24~6/20 观测期内平均的城市下垫面辐射通量密度和能量平衡日变化结果。可以看到，1/19~2/15 观测期模拟得到的各辐射通量密度与观测结果较为吻合，而 5/24~6/20 观测期向上长波辐射模拟结果相比于观测结果偏小，特别是在夜晚时段，模拟得到的净辐射通量密度普遍高于观测结果。

对于湍流通量，模拟得到的显热通量普遍高于观测结果，其中 1/19～2/15 观测期的模拟结果主要在午后时段偏高，而 5/24～6/20 观测期则模拟结果在大部分时间段都偏高；潜热通量在夜晚时段模拟结果与观测结果比较接近，在白天时段两段观测期模拟得到的潜热通量均略低于观测结果。

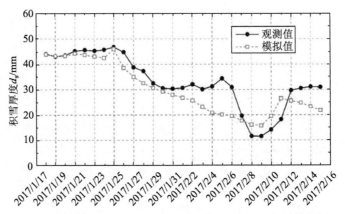

图 5.45　观测期间日平均积雪厚度模型预测结果与实测数据对比

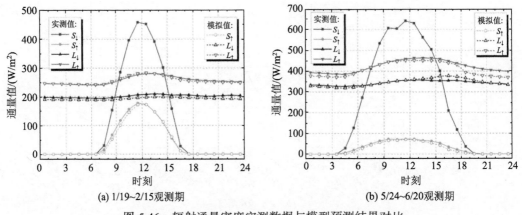

(a) 1/19～2/15观测期　　　　　　　　　　(b) 5/24～6/20观测期

图 5.46　辐射通量密度实测数据与模型预测结果对比

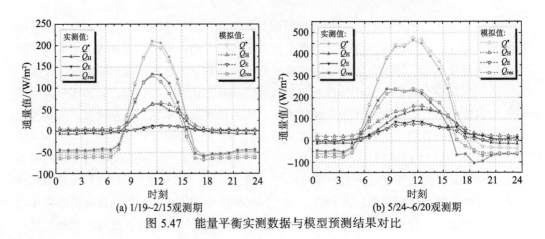

(a) 1/19～2/15观测期　　　　　　　　　　(b) 5/24～6/20观测期

图 5.47　能量平衡实测数据与模型预测结果对比

表 5.20 给出了 1/19～2/15 观测期和 5/24～6/20 观测期模拟结果与实测结果的误差比较。考虑到均方根误差 RMSE 本身带有单位，其值取决于变量本身的大小，因此在对不同时期的数据以及不同变量的准确性进行比较时，比较有效的方法是将 RMSE 根据数据变化范围以及观测值的标准差进行无量纲化处理，再将分别得到的无量纲化的均方根误差 nRMSE 和 sRMSE 进行比较(Järvi et al.，2014)。nRMSE 和 sRMSE 计算式如下：

$$nRMSE = \frac{RMSE}{X_{obs,max} - X_{obs,min}} \tag{5-102}$$

$$sRMSE = \frac{RMSE}{\sigma_{obs}} \tag{5-103}$$

式中 $X_{obs,max}$——观测数据最大值；

$\quad\quad X_{obs,min}$——观测数据最小值；

$\quad\quad \sigma_{obs}$——观测数据标准差。

表 5.20 模拟结果与实测结果误差比较

参数	1/19～2/15 观测期			5/24～6/20 观测期		
	RMSE	nRMSE	sRMSE	RMSE	nRMSE	sRMSE
T_a /℃	0.871	0.056	0.239	1.768	0.143	0.448
d/(g/kg 干空气)	0.036	0.021	0.105	0.575	0.062	0.235
d_s/mm	5.826	0.166	0.558	—	—	—
Q^*/(W/m²)	7.191	0.027	0.075	26.616	0.050	0.126
Q_H/(W/m²)	9.046	0.127	0.368	26.841	0.168	0.435
Q_E/(W/m²)	1.280	0.095	0.289	10.311	0.108	0.314

对比表中 nRMSE 和 sRMSE 可以看到，无论是热湿参数还是各通量，1/19～2/15 观测期模拟结果(nRMSE=0.021～0.127)的准确性普遍高于 5/24～6/20 观测期(nRMSE=0.050～0.168)，这与 5/24～6/20 观测期内植被的活跃、空调的可能使用以及更为频繁的人为活动等因素有关，由于影响因素更为复杂，无雪期模拟精度比积雪期的低。对热湿参数而言，大气含湿量的模拟结果(sRMSE=0.105～0.235)优于空气温度的模拟结果(sRMSE=0.239～0.448)，这是由于空气温度除了受水蒸气潜热通量影响之外，还受到显热通量以及辐射的影响，比大气含湿量变化更为复杂。对湍流通量和辐射通量密度而言，净辐射通量密度 Q^* 的模拟结果表现最好(sRMSE=0.075～0.126)，潜热通量次之(sRMSE=0.289～0.314)，显热通量模拟结果误差相对最大(sRMSE=0.368～0.435)。总体来看，尽管存在一定的误差，但是各变量的 nRMSE 普遍小于 0.2，这说明无论是对于有雪期还是无雪期，UDC-cold 模型的模拟结果都具有相当的可靠性。

5. 严寒地区城市区域风环境与热气候动态预测评价软件的开发

基于 UDC-cold 模型，开发严寒地区城市气候动态精细预测评价软件(图 5.48)。

图 5.48　严寒地区城市气候动态精细预测评价软件启动界面

该软件用户操作界面程序中主要包括三个重点模块。

(1) 前处理模块

利用该模块,用户通过界面操作调用和输入相关计算信息。该模块包括以下内容:

① 当地气象数据。包括当地经纬度、当地标准时间所在东经经度、地下 0.5m 处的土壤温度、大气边界层高度处的逐时风速、温度、含湿量、全天太阳辐射通量密度、直射太阳辐射通量密度、降雨量等。模块中提供了由我国不同城市气象数据构成的数据库,用户可直接调用。另外,引用气象站数据时,由于实际测定高度可能与大气边界层高度不同,需要进行修正(图 5.49)。

图 5.49　城市气象信息输入及显示界面

② 城市下垫面计算相关数据。包括建筑形状尺寸、建筑高度、建筑容积率、不同下垫面构成的面积比、不同下垫面对应的太阳辐射吸收率、反射率、导热系数、热容量、交通逐时排热量、人体室内外舒适性相关数据(室内外环境中人体形状、身

高、体重、着衣量、代谢率、人体所做机械功等)及运算参数等(图 5.50)。

③ 建筑负荷计算相关数据。包括区域内各类型建筑围护结构热湿物性、空调系统种类与运行时间、室内空调设定温湿度、供暖设定温度、通风量、室内逐时显热和潜热散热量等。通过查阅相关文献，模型中已分别建立居住、办公、商业金融、宾馆、体育、文化娱乐、学校、医疗等典型建筑的相关数据库，用户可直接调用数据库内数据进行计算(图 5.51)。

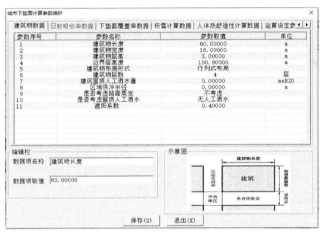

图 5.50　城市下垫面信息输入及显示界面

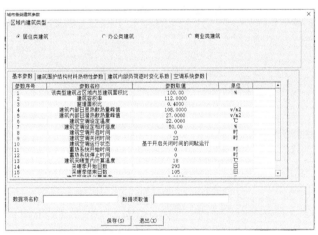

图 5.51　建筑负荷信息输入及显示界面

(2) 主程序运算模块

主程序执行相应的运算过程，该模块包括如下内容：

① 网格设置。根据大气边界层和冠层高度之间的关系自动设定垂直方向上的网格配置。此外，考虑到空调和通风系统不同，可能出现屋顶集中排放、各楼层分别排放等不同情况，程序可根据设定进行自动调整，使空调和通风排热量加在适当的大气网格节点上。

② 离散处理。局地气候计算基本方程组、各下垫面-大气传热传质方程均为偏微分方程形式，直接求解困难。模型采用 Crank-Nicolson 格式对其进行离散后转化为线性方程组求解。迭代收敛精度采用模块内置设定值。

③ 运算进度显示。程序开始运算后，通过计算进度表显示日进度和小时进度，逐时更新计算进程(图 5.52)。

图 5.52　程序运算状态显示界面

(3) 后处理模块

模型将相关计算结果输出至数据库文件中，以电子表格形式保存，见图 5.53。数据库主要包括以下内容：

① 城市区域内大气相关计算结果。包括对应于网格节点的冠层内部逐时温度、含湿量、风速分布及平均值，人体所处位置(1.2m)对应的逐时温度、含湿量、风速，近地层顶端处的逐时显热及潜热通量，反映计算区域内整体的热输入输出关系。

② 建筑负荷相关计算结果。包括建筑各层内外壁面、窗表面逐时温度，围护结构导热量，室内冷/热负荷，空调系统全热、显热和潜热排热量等。

③ 下垫面相关计算结果。包括下垫面表面处的逐时净辐射通量密度、导热量和对流换热量，各下垫面逐时表面温度、显热和潜热通量等，反映城市下垫面的热平衡关系。

④ 人体舒适性相关计算结果。包括各类型建筑内各房间逐时 SET*以及室外 27 处网格中心点处逐时 SET*等。

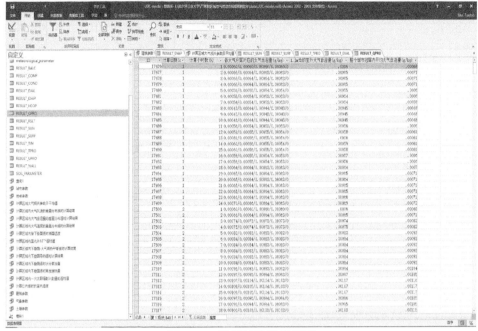

图 5.53　计算结果显示界面

5.4.2　严寒地区城市冬季积雪状态下实际住区风环境、热气候及舒适性研究

1. 研究对象

研究对象为伊春市某居住小区，如图 5.54 所示，居住小区中建筑主要是居住建筑。在程序计算中，将住区内的建筑统一简化为每层高度为 3m、建筑底面积为 $672m^2$ 的长方体。建筑围护结构和室内相应参数设定等输入条件均参照《黑龙江省居住建筑节能 65%+设计标准》(DB 23/1270—2008)进行选取，具体参数如表 5.21 所示。

图 5.54　伊春市某居住小区

表 5.21　居住区建筑参数

建筑参数	参数设定
建筑尺寸	26m×26m
层高	3m
建筑层数	6
容积率	1.345
外墙	240mm 实心黏土砖 + 120mm 聚苯乙烯板，$K = 0.35 \text{W}/(\text{m}^2 \cdot \text{K})$
外窗	6mm+12mm+6mm Low-E 玻璃，$K = 1.8 \text{W}/(\text{m}^2 \cdot \text{K})$
窗墙比	40%
室内设计温度	18℃

住区内建筑占地之外的下垫面主要由不透水人工路面和土地构成，二者所占比例约为 1:1.5。为了研究有无雪层对住区内风环境与热气候的影响，分别模拟下垫面被 20cm 雪层覆盖和无雪层两种工况。

正式计算期间选择当地标准年 12 月。为避免初始条件对计算精度的影响，在正式计算前设置了 1 周的预备计算。

2. 气象条件

伊春市标准年 12 月 1 日至 12 月 31 日逐时气象数据如图 5.55 所示。从图中可以看出，伊春市 12 月室外气温非常低且昼夜温差较大，其中最高气温为−5.69℃，最低气温为−28.69℃，整月平均气温为−16.78℃；含湿量在 0.3～1.8g/kg 范围内波动，冬季空气较为干燥。由于伊春市纬度偏北，冬季日间太阳辐射强度较低，最大太阳辐射通量密度低于 420W/m²。伊春市 12 月多风且风速较大，风速在 0.69～7.8m/s 范围内变化，平均风速为 3.88m/s，主导风向为西南和西南偏西风。

3. 模拟结果分析

(1) 下垫面温度

图 5.56 给出了有无雪层工况住区下垫面温度对比，其中无雪层工况下垫面温度为不透水人工路面和土地表面温度的平均值，有无雪层下垫面温度差 $T_{s,\text{diff}}$ 定义如下：

$$T_{s,\text{diff}} = T_{s,s} - T_{s,ns} \tag{5-104}$$

式中 $T_{s,s}$——有雪层工况雪层表面温度，℃；

$T_{s,ns}$——无雪层工况下垫面平均温度，℃。

从图中可以看出，有雪层工况雪层表面温度明显低于无雪层工况下垫面温度。具体来看，有雪层工况雪层表面温度平均值为−15.58℃，无雪层工况下垫面温度平均值为−12.39℃，雪层的存在导致下垫面温度下降了 3.19℃，最大差值达到了 10.89℃。这是由于，与不透水人工路面和土地相比，雪层表面的反照率更高，太阳辐射更多地被反射而只有更少量被雪层吸收；此外，雪表层的升华作用也导致雪层表面的温度更低。

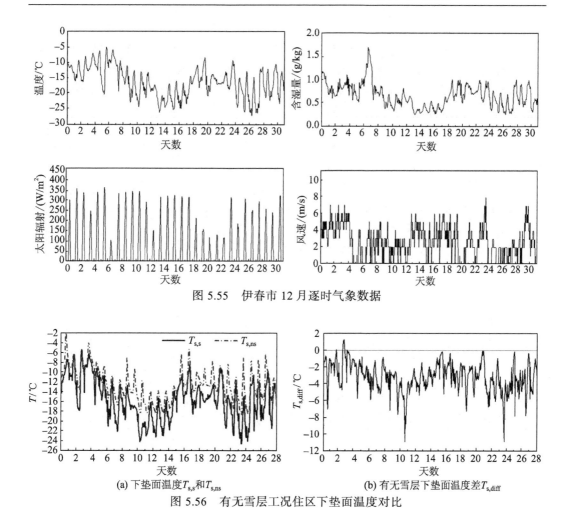

图 5.55　伊春市 12 月逐时气象数据

(a) 下垫面温度 $T_{s,s}$ 和 $T_{s,ns}$

(b) 有无雪层下垫面温度差 $T_{s,diff}$

图 5.56　有无雪层工况住区下垫面温度对比

(2) 建筑外墙温度

图 5.57 给出了有无雪层工况住区建筑外墙温度对比，需要指出的是，建筑外墙温度为住区内所有建筑各朝向外墙温度的平均值。有无雪层建筑外墙温度差 $T_{wall,diff}$ 定义如下：

$$T_{wall, diff} = T_{wall, s} - T_{wall, ns} \tag{5-105}$$

式中 $T_{wall,s}$——有雪层工况建筑外墙温度，℃；

　　　$T_{wall,ns}$——无雪层工况建筑外墙温度，℃。

从图中可以看出，大部分白天有雪层工况建筑外墙温度稍高于无雪层工况建筑外墙温度，具体来看，有雪层工况建筑外墙温度平均值为-4.73℃，无雪层工况建筑外墙温度平均值为-4.85℃，特别是在白天时，有雪层工况比无雪层工况建筑外墙温度高 1℃左右。这是由于，与不透水人工路面和土地相比，雪层表面的反照率更高，有雪层时白天更多的太阳辐射被反射并被建筑外墙吸收，导致建筑外墙温度升高。

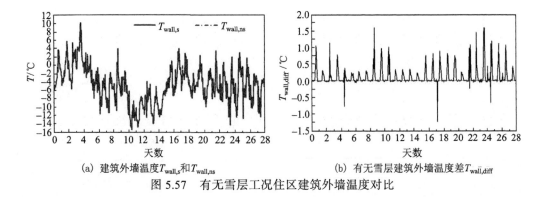

(a) 建筑外墙温度 $T_{wall,s}$ 和 $T_{wall,ns}$ (b) 有无雪层建筑外墙温度差 $T_{wall,diff}$

图 5.57 有无雪层工况住区建筑外墙温度对比

(3) 室外空气温度

图 5.58 给出了有无雪层工况住区室外 1.2m 高度处空气温度。有无雪层室外空气温度差 $T_{a,diff}$ 定义如下：

$$T_{a,diff} = T_{a,s} - T_{a,ns} \tag{5-106}$$

式中 $T_{a,s}$——有雪层工况室外空气温度，℃；

$T_{a,ns}$——无雪层工况室外空气温度，℃。

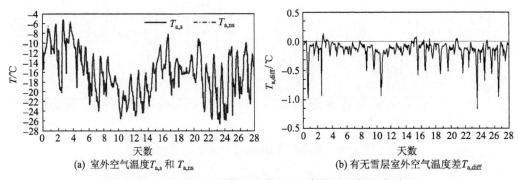

(a) 室外空气温度 $T_{a,s}$ 和 $T_{a,ns}$ (b) 有无雪层室外空气温度差 $T_{a,diff}$

图 5.58 有无雪层工况住区室外 1.2m 高度处空气温度对比

从图中可以看出，当存在雪层时室外 1.2m 高度处空气温度稍稍降低，具体来看，有雪层工况室外 1.2m 高度处空气温度平均值为-16.34℃，而无雪层工况室外 1.2m 高度处空气温度平均值为-16.19℃，有雪层工况比无雪层工况室外 1.2m 高度处空气温度平均低 0.15℃，最大差值达到-1.16℃。雪层的反照率更高导致更多的太阳辐射被反射被认为是这一现象的主要原因。

(4) 室外热舒适性

本研究中采用 SET*作为室外热舒适指标，计算 SET*所采用的人体参数如表 5.22 所示，表中代谢率对应的居民室外活动强度为以 3.2km/h 的速度匀速行走。

表 5.23 给出了计算 SET*时对应的室外环境参数，需要指出的是，室外空气温度采用的是整个城市冠层内的空气温度平均值，此外短波辐射的发射被认为只在白天发生。可以看到，不同的辐射条件下，室外空气温度和室外平均辐射温度有较大差异，同时，由雪层存在导致的降温在室外平均辐射温度上反映得更为明显。

表 5.22　SET*计算用人体参数设置

人体参数	取值
身高/m	1.7
体重/kg	60
服装热阻/clo	2.43
代谢率/(W/m^2)	116.1

表 5.23　SET*计算对应的环境参数

环境参数	工况	平均	最小	最大
风速/(m/s)	有雪	0.42	0.07	0.88
	无雪	0.42	0.09	0.88
含湿量/(g/kg)	有雪	0.68	0.22	1.72
	无雪	0.70	0.24	1.73
向上长波辐射/(W/m^2)	有雪	222.96	208.22	241.26
	无雪	229.11	218.37	248.38
反射短波辐射/(W/m^2)	有雪	23.04	0.06	92.49
	无雪	11.19	0.03	44.91
空气温度/℃	有雪	−16.80	−27.15	−5.30
	无雪	−16.75	−27.06	−5.28
平均辐射温度/℃	有雪	−17.91	−25.97	−6.03
	无雪	−16.05	−22.34	−2.14

　　图 5.59 给出了有无雪层工况住区室外 SET*的对比。有无雪层室外 SET*差 SET*$_{diff}$定义如下：

$$SET *_{diff} = SET *_s - SET *_{ns} \qquad (5\text{-}107)$$

式中 SET*$_s$——有雪层工况室外 SET*，℃；

　　　SET*$_{ns}$——无雪层工况室外 SET*，℃。

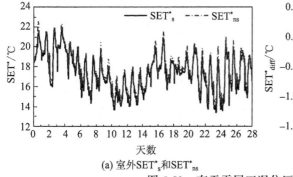
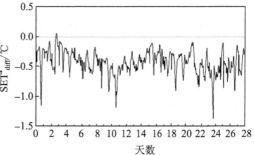

(a) 室外SET*$_s$和SET*$_{ns}$　　　　　　　　(b) 有无雪层室外SET*差SET*$_{diff}$

图 5.59　有无雪层工况住区室外 SET*对比

　　从图中可以看出，有雪层存在时室外 SET*有所降低，具体来看，有雪层工况室外 SET*平均值为 17.41℃，无雪层工况室外 SET*平均值为 17.84℃，有雪层工况比无雪层工况室外 SET*平均低 0.43℃，说明雪层的存在导致严寒地区住区室外热气候恶化，居民的室外热舒适度降低。

5.4.3　严寒地区城市住区风环境、热气候及舒适性影响因素分析

严寒地区城市住区风环境与热气候的形成是一个极其复杂的过程，除受到空气温湿度、风速和风向、太阳辐射通量密度等气象条件影响以外，所在城市住区的建筑布局、建筑形态、下垫面构成等因素对风环境与热气候也起着至关重要的作用，进而对住区居民的舒适性产生影响，但是由于室外风环境与热气候与各影响因素之间互相关联，很难通过单独调控某个特定因素来获得理想的风环境与热气候，例如增加建筑密度可以在一定程度上降低住区内风速，风速的降低有利于冬季居民的舒适性，但是建筑密度增加的同时也导致住区内可获得的太阳辐射通量密度减少，反过来又不利于冬季居民的热舒适，因此有必要对与详细规划设计相关的控制性影响因素开展系统和全面研究，以期在规划阶段通过合理的设计来改善住区风环境、热气候以及居民舒适度。

1. 单因素数值实验研究方案

考虑到实际严寒地区城市住区规划现状，并综合城市区域风环境、热气候与建筑相互影响的各类因素，严寒地区城市住区风环境、热气候及舒适度的影响因素主要从建筑形态以及室外下垫面配置这两方面进行选取。其中建筑形态因素选择城市规划设计控规参数中与建筑相关的建筑密度、建筑高度及建筑布局，将建筑高度通过建筑层数来表示。需要指出的是，本研究中考虑到容积率为建筑密度与建筑平均楼层数的乘积，因此在已经选取了建筑密度以及建筑高度作为影响因素进行研究的前提下，不再选取容积率作为因素之一进行研究。此外，考虑到严寒地区城市住区的典型建筑布局形式包括行列式、围合式以及混合式三种，而混合式布局又可以看作是由行列式与围合式按照一定的比例配置构成，因此将建筑布局通过行列式和围合式的不同占比来进行参数化描述。室外下垫面配置影响因素则主要考虑绿地率的影响。考虑到草地与树木对城市风环境与热气候的影响方式及影响程度并不相同，将绿地率拆分为草地覆盖率和林地覆盖率两种进行分别研究。此外，由于严寒地区城市冬季植被通常枯萎并被积雪所覆盖，草地和林地覆盖率只在夏季及过渡季中考虑，而冬季则考虑积雪的覆盖率。由于一般只会对道路甚至主要交通道路清雪而不会清理绿地上的积雪，积雪覆盖率最小值设定为绿地率最小值 0.3，而最大值则设定为 0.7，表示完全不清雪。需要指出的是，这里草地、林地以及积雪覆盖率为这些下垫面的面积占住区规划用地面积的比例。综上所述，严寒地区城市住区风环境、热气候及舒适度影响因素种类及研究水平取值如表 5.24 所示。

表 5.24 中影响因素基准水平以及变化范围主要依据《城市居住区热环境设计标准》(JGJ 286—2013)(以下简称为《标准》)进行确定，以保证各因素水平符合实际情况，避免出现现实住区中不存在的水平；同时，为了兼顾数值实验计算的全面性，部分因素水平的变化范围较实际中常见情况有所扩展，以更为全面地研究各因素变化对住区室外风环境、热气候及行人舒适性的影响。考虑到标准中明确规定居住区绿地率不应低于 30%，将草地和林地覆盖率最小水平设置为 0.15，保证二者相加满足绿地率的要求。模拟计算

时按照单参数分析的思想，只改变需要分析的单个因素水平，其他因素则保持基准水平，以研究该因素变化对评价目标的影响程度。

表 5.24　数值实验影响因素及水平取值

影响因素	水平分类							
	基准水平	1	2	3	4	5	6	7
建筑密度	0.3	0.15	0.20	0.25	0.35	0.40	0.50	0.60
建筑层数	8	5	6	7	9	10	12	15
建筑布局	50%行列式+50%围合式	100%行列式	75%行列式+25%围合式	25%行列式+75%围合式	100%围合式			
草地覆盖率(过渡季/夏季)	0.175	0.15	0.20	0.225	0.25			
林地覆盖率(过渡季/夏季)	0.175	0.15	0.20	0.225	0.25			
积雪覆盖率(冬季)	0.35	0.3	0.4	0.45	0.5	0.6	0.7	

关于对严寒地区城市住区风环境与热气候的评价，本研究中主要选择与住区人行高度风环境与热气候直接相关的 1.5m 高度处的平均风速 U、平均空气温度 T_a、室外平均辐射温度(MRT)$T_{r\text{-}out}$ 以及平均热岛强度 UHII 进行分析。其中 $T_{r\text{-}out}$ 是指人体周围环境各表面对行人辐射作用的平均温度，可近似用下式表示：

$$T_{r\text{-}out} = \left(T_{r\text{-}out}'^4 + \frac{f_p}{\varepsilon_p \sigma} \alpha_p R_d \right)^{0.25}$$ (5-108)

式中 $T_{r\text{-}out}'$——不考虑太阳辐射时的假想室外平均辐射温度，K；

f_p——人体投影面积系数，与太阳高度角及方位角有关；

ε_p——人体表面辐射率，通常取 0.9；

σ——斯特藩-玻尔兹曼常数，取 5.67×10^{-8}，$W/(m^2 \cdot K^4)$；

α_p——人体表面吸收率，通常取 0.7。

可以看出，为计算 $T_{r\text{-}out}$，必须计算出人体与天空以及周围环境各表面之间的角系数，UDC-cold 模型中采用蒙特卡罗法来进行这项工作，关于模型中平均辐射温度以及角系数的具体算法和计算步骤详见文献(朱岳梅，2008)。

UHII 的计算参考《标准》中给出的计算方法：

$$\overline{\Delta t_{a\ \tau_1 \sim \tau_2}} = \sum_{\tau_1}^{\tau_2} [t_a(\tau) - t_{a,\text{TMD}}(\tau)] / n_{\tau_1 \sim \tau_2}$$ (5-109)

式中 $t_a(\tau)$——τ 时刻住区空气温度，℃；

$t_{a,\text{TMD}}(\tau)$——τ 时刻住区所在城市典型气象日的空气干球温度，℃；

τ_1、τ_2——平均热岛强度统计时段的起、止时刻；

$n_{\tau_1 \sim \tau_2}$——统计时段的时长跨度。

可以看出，本研究计算得到的 UHII 并非传统意义上的定义(城市与郊区温度差值的热岛强度)，而是以城市典型气象日的空气温度作为背景条件，考量住区下垫面由建筑拖曳、表面对流和辐射性质改变、人为排热排湿等动力学和热力学作用对局地风环境与热气候的影响所导致的背景温度变化。当计算结果为正值时，表明住区下垫面对城市冠层内的大气起到升温的作用；当计算结果为负值时，则表明住区下垫面对城市冠层内的大气起到降温的作用。

对于严寒地区城市住区舒适度影响因素的研究，仅通过对风环境与热气候直接相关的气象参数，如空气温度、风速等进行评价往往是不够的，特别是当某个因素对不同气象参数的影响相反时，很难综合判断该因素的变化对住区舒适度的影响究竟是有利还是不利，因此，需要更为综合的评价指标来统一评价各影响因素对住区舒适度的作用。本研究基于 SET*的结果对严寒地区住区全年的热舒适进行定性分析。

为研究不同气象条件下上述选取的因素对严寒地区城市住区室外风环境、热气候以及舒适度的影响，选取哈尔滨市作为严寒地区代表城市，采用哈尔滨市冬季室外平均温度最低月份 1 月、夏季室外平均温度最高月份 7 月以及过渡季室外平均风速最高月份 5 月的标准日气象数据(张晴原等，2012)分别作为冬季、夏季以及过渡季的标准日气象数据来进行模拟。各季节标准日各项逐时气象数据如表 5.25～表 5.27 所示。为了减小计算的初始误差并消除初始条件的影响，每次数值实验均根据各季节对应的标准日气象数据连续重复模拟一周时间，选取最终达到稳定的 24 小时计算结果进行分析。

表 5.25　哈尔滨市冬季标准日气象数据

时刻	干球温度/℃	相对湿度/%	水平总辐射/(W/m^2)	水平散射辐射/(W/m^2)	风速/(m/s)
0	−18.5	76	0	0	2.0
1	−18.7	76	0	0	2.0
2	−19.7	75	0	0	2.0
3	−19.6	76	0	0	2.1
4	−19.4	76	0	0	2.1
5	−19.8	77	0	0	2.1
6	−20.0	77	0	0	2.2
7	−19.6	77	18	36	2.2
8	−18.9	76	81	81	2.4
9	−17.3	74	128	113	2.7
10	−15.1	72	148	133	2.9
11	−13.7	69	181	127	3.0
12	−12.9	67	181	108	3.2
13	−12.7	66	138	83	3.3
14	−12.9	66	73	49	3.0
15	−13.4	67	2	5	2.8
16	−14.0	68	0	0	2.5
17	−14.6	70	0	0	2.4

时刻	干球温度/℃	相对湿度/%	水平总辐射/(W/m²)	水平散射辐射/(W/m²)	风速/(m/s)
18	−15.2	71	0	0	2.3
19	−15.7	72	0	0	2.2
20	−16.2	73	0	0	2.1
21	−16.8	74	0	0	2.1
22	−17.4	75	0	0	2.0
23	−18.0	75	0	0	2.0

表 5.26　哈尔滨市过渡季标准日气象数据

时刻	干球温度/℃	相对湿度/%	水平总辐射/(W/m²)	水平散射辐射/(W/m²)	风速/(m/s)
0	12.5	60	0	0	2.4
1	11.8	63	0	0	2.3
2	11.0	66	0	0	2.4
3	10.5	67	0	0	2.5
4	10.6	67	15	45	2.5
5	11.5	64	52	115	2.9
6	13.1	59	89	189	3.4
7	14.8	53	124	257	3.7
8	16.4	48	181	310	4.0
9	17.6	43	228	343	4.2
10	18.5	40	243	362	4.4
11	19.1	38	278	352	4.4
12	19.6	37	281	328	4.5
13	19.9	36	254	290	4.5
14	20.0	35	228	234	4.3
15	19.9	36	178	170	4.1
16	19.3	37	110	105	3.9
17	18.5	40	40	45	3.5
18	17.4	44	0	0	2.9
19	16.2	49	0	0	2.5
20	15.0	53	0	0	2.5
21	14.1	56	0	0	2.5
22	13.5	58	0	0	2.5
23	13.0	59	0	0	2.4

表 5.27　哈尔滨市夏季标准日气象数据

时刻	干球温度/℃	相对湿度/%	水平总辐射/(W/m²)	水平散射辐射/(W/m²)	风速/(m/s)
0	21.1	84	0	0	1.9
1	20.7	86	0	0	1.9
2	20.2	87	0	0	1.9

续表

时刻	干球温度/℃	相对湿度/%	水平总辐射/(W/m²)	水平散射辐射/(W/m²)	风速/(m/s)
3	19.9	88	0	0	1.9
4	20.1	87	7	39	2.0
5	20.8	84	26	110	2.3
6	21.9	80	46	185	2.6
7	23.1	76	68	254	2.9
8	24.3	71	100	318	3.1
9	25.2	68	129	364	3.2
10	25.8	65	146	387	3.3
11	26.3	63	168	391	3.4
12	26.7	62	175	372	3.4
13	27.0	61	165	332	3.5
14	27.1	60	156	275	3.3
15	27.0	61	128	206	3.2
16	26.6	62	84	133	3.1
17	25.9	65	39	65	2.7
18	25.0	69	0	2	2.3
19	24.0	74	0	0	2.0
20	23.1	78	0	0	1.9
21	22.4	80	0	0	1.9
22	21.9	82	0	0	1.9
23	21.6	83	0	0	1.9

模型区域中所有建筑均为简化为 60m(长)×20m(宽)的矩形建筑，建筑楼层高 3m。建筑的热物性参数、室内负荷等计算条件则参照严寒地区居住建筑相关设计规范和标准(中华人民共和国住房和城乡建设部，2019，2016；(黑龙江省建设厅，2008)进行设置，具体信息如表 5.28 所示。严寒地区城市夏季相对凉爽，对居住建筑而言，居民的室内活动时间主要集中在下午 18:00 至上午 8:00，从表 5.27 可以看到，这个时间段室外气温普遍低于 25℃，大多数情况下自然通风即可满足居民的室内热舒适需求。基于对哈尔滨当

表 5.28　建筑热工参数及室内负荷设置条件

工况	设置条件
围护结构	屋面传热系数：0.25W/(m²·K)；外墙传热系数：0.35W/(m²·K)； 外窗传热系数：1.8W/(m²·K)；窗墙面积比：40%
室内负荷	人员密度：0.04人/m²；电器设备功率密度：10W/m²； 照明灯具功率密度：15W/m²
夏季空调	空调类型：分体式空调；空调排热方式：各楼层高度向大气排热； 空调设定温湿度：25℃，60%；新风量：30m³/(h·人)； 空调使用率：40%；空调开启时间：18:00~22:00
冬季供暖	供暖方式：集中供暖；供暖室内计算温度：18℃； 供暖室内换气次数：0.5h⁻¹

地住区用户的抽样调查,夏季大部分夜晚仅有 40%左右的住户使用空调,因此在模拟中将夏季空调使用率设置为 40%,空调开启时间设置为晚上 18:00~22:00,其余用户则采取自然通风而不使用空调。

在对住区室外热舒适性进行评价时,用于 SET*计算的人体参数设置如表 5.29 所示,其中各季节的服装热阻设定值参考关于哈尔滨市室外全年热舒适的调查问卷结果(陈昕,2017)。

表 5.29　人体热舒适性计算参数

人体参数	身高/m	体重/kg	代谢率/(W/m²)	服装热阻/clo		
				夏季	过渡季	冬季
参数取值	1.7	60	116.2	0.42	0.99	1.89

2. 单因素数值实验研究结果分析

(1) 建筑密度影响分析

图 5.60~图 5.63 分别给出了不同建筑密度条件下住区 1.5m 人行高度的平均风速、平均空气温度、室外平均辐射温度以及 UHII 日均值的变化曲线。从图中可以看出,对住区室外风环境而言,各季节住区室外人行高度平均风速随建筑密度的变化表现出相似的变化规律:各季节室外人行高度平均风速均在建筑密度为 0.25 时出现极小值,当建筑密度小于 0.25 时,平均风速随着建筑密度的增加而减小,而当建筑密度大于 0.25 以后,平均风速则随着建筑密度的增加而增加。这是因为当建筑密度小于 0.25 时,随着建筑密度的增加,建筑对气流的阻碍和拖曳作用增加导致风速下降,而当建筑密度大于 0.25 后,随着建筑密度的增加,建筑之间的间距变得狭窄,因此反而导致住区建筑间气流流速的增加。从图 5.40 中也可以看到,建筑整体拖曳系数在建筑密度为 0.25 时达到极大值,说明此时建筑对气流的拖曳作用最为显著,体现为平均风速在建筑密度为 0.25 时出现极小值。

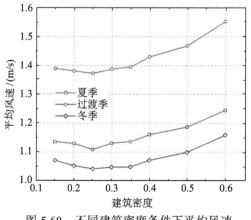

图 5.60　不同建筑密度条件下平均风速
日均值变化

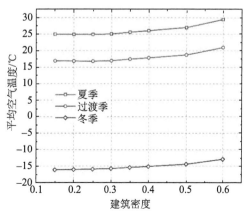

图 5.61　不同建筑密度条件下平均空气温度
日均值变化

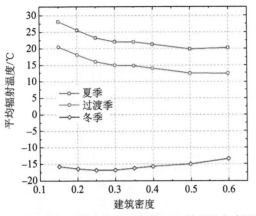

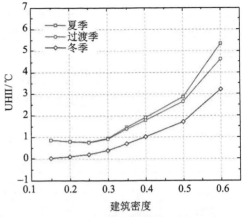

图 5.62　不同建筑密度条件下室外平均辐射温度
日均值变化

图 5.63　不同建筑密度条件下 UHII
日均值变化

　　从住区室外风环境与热气候的角度来看，夏季与过渡季各评价指标变化规律接近，而冬季表现与夏季和过渡季略有不同。对夏季、过渡季而言，当建筑密度为 0.25 时，空气温度和 UHII 出现极小值，当建筑密度小于 0.25 时，空气温度和 UHII 随着建筑密度的增加而减小，而当建筑密度大于 0.25 时，空气温度和 UHII 则随着建筑密度的增加而增加。这是由于随着建筑密度增加，建筑对太阳辐射的遮挡导致城市冠层内接受的太阳辐射通量密度减少，平均辐射温度随着建筑密度的增加始终表现出减小的趋势，并且导致在建筑密度小于 0.25 时空气温度和 UHII 随着建筑密度的增加而降低。随着建筑密度的不断增加，人工表面的增加以及人为排热量的增加造成的温升作用超过了辐射量减少的影响，因此当建筑密度大于 0.25 后，空气温度和 UHII 表现为随着建筑密度的增加而增加。当建筑密度达到 0.6 时，UHII 日均值甚至达到了 5.3℃(夏季)和 4.6℃(过渡季)，由此可见当建筑密度较大时，建筑密度的增加会明显加剧住区的局地热岛效应，夏季热岛强度高于过渡季则主要是由于空调的使用。对冬季而言，空气温度和 UHII 始终随着建筑密度的增加而增加，变化曲线并未出现明显的拐点，同时室外平均辐射温度的变化也和夏季以及过渡季表现出完全不同的变化趋势。这是因为，与夏季和过渡季太阳辐射主要被住区建筑壁面下垫面吸收不同，冬季积雪表面的高反照率导致大量太阳辐射被反射，辐射对冠层内的影响明显弱于夏季和过渡季，同时，建筑密度的增加导致建筑壁面的面积增加，更多被反射的太阳辐射被住区建筑表面所吸收，导致住区建筑表面的温度有所升高，最终表现出来的结果就是，尽管在建筑密度低于 0.25 时，室外平均辐射温度随建筑密度的增加有一定的下降，但是室外平均辐射温度更多地表现出随着建筑密度的增加而增加的趋势。

　　图 5.64 给出了不同建筑密度条件下住区 1.5m 人行高度 SET*的日均值变化曲线。住区风环境与热气候随着建筑密度的变化综合体现在人体舒适度指标 SET*的结果是：对夏季和过渡季而言，当建筑密度小于 0.3 时，SET*随着建筑密度的增加而减小，当建筑密度为 0.3 时，SET*表现为极小值 24.1℃(夏季)和 22.5℃(过渡季)，当建筑密度大于 0.3 以

后，SET*则随着建筑密度的增加而增加。由于辐射通量密度的减小，SET*升高的幅度明显低于空气温度的升高幅度，当建筑密度达到 0.6 时 SET*仅升高到 25.7℃(夏季)和 23.5℃(过渡季)，低于建筑密度为 0.15 时 SET*的值，这也说明，夏季太阳辐射通量密度较高，住区辐射得热对人体热舒适的影响高于空气温度升高的影响。对冬季而言，SET*的拐点出现在建筑密度为 0.25 时，当建筑密度小于 0.25 时，SET*随着建筑密度的增加而降低，而当建筑密度超过 0.25 以后，SET*则随着建筑密度的增加而不断升高，极大值出现在建筑密度为 0.6 时，为 13.5℃。

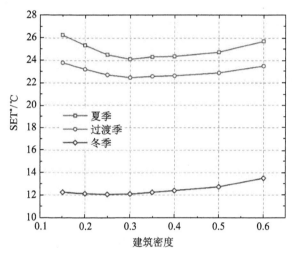

图 5.64　不同建筑密度条件下 SET*日均值变化

(2) 建筑高度影响分析

图 5.65～图 5.68 分别给出了不同建筑高度条件下住区 1.5m 人行高度的平均风速、平均空气温度、室外平均辐射温度以及 UHII 日均值的变化曲线。图中建筑高度通过建筑层数来表示。从图中可以看出，对住区室外风环境而言，各季节住区室外人行高度的平

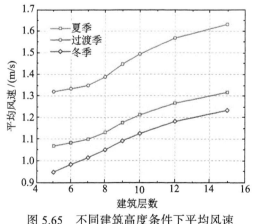

图 5.65　不同建筑高度条件下平均风速
日均值变化

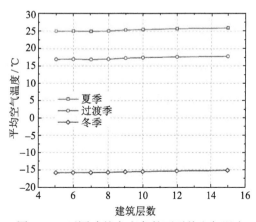

图 5.66　不同建筑高度条件下平均空气温度
日均值变化

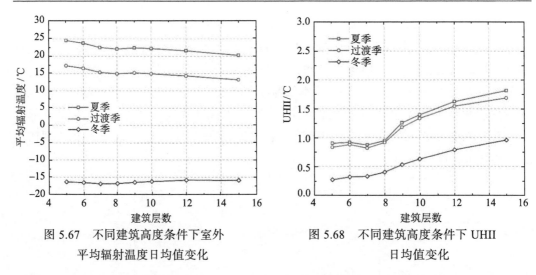

图 5.67　不同建筑高度条件下室外　　　　　　图 5.68　不同建筑高度条件下 UHII
平均辐射温度日均值变化　　　　　　　　　日均值变化

均风速均随建筑高度的增加而增加,这一结论与第 2 章中关于严寒地区城市住区风环境的风洞试验测试结果一致。具体来看,当建筑层数从 5 层增加到 15 层时,室外人行高度平均风速分别增加了 0.25m/s(夏季)、0.31m/s(过渡季)和 0.29m/s(冬季)。

对住区室外风环境与热气候而言,建筑高度对各评价指标的影响规律与建筑密度类似,其中夏季、过渡季各评价指标有着近似的变化规律,而冬季部分评价指标则表现出与夏季和过渡季所不同的变化情况。具体来看,对夏季、过渡季而言,当建筑层数小于 7 层时,空气温度和 UHII 随着建筑高度的增加而略有下降,而当建筑层数大于 7 层时,空气温度和 UHII 则随着建筑高度的增加而升高。这是因为,随着建筑高度增加,建筑对太阳辐射的遮挡导致城市冠层内接受的太阳辐射量减少,但同时人工表面和人为排热量的增加则会导致温度升高,当建筑层数小于 7 层时,辐射通量密度减少的作用更明显,因此空气温度和热岛强度随建筑高度增加而略有下降,而当建筑密度大于 7 层以后,不断增加的人为排热占据主导,因而空气温度和热岛强度随着建筑高度的提升而持续增加。建筑高度增加导致的空气温度和热岛强度的增加的曲线斜率比建筑密度的影响低,例如当建筑层数达到 15 层时容积率为 4.5,超过了建筑密度为 0.5 时 4.0 的容积率,但是建筑层数为 15 层时,热岛强度 1.8℃(夏季)和 1.6℃(过渡季)却低于建筑密度为 0.5 时的热岛强度 2.9℃(夏季)和 2.7℃(过渡季),建筑密度为 0.6 时(对应容积率为 4.8)的热岛强度更是显著高于建筑层数为 15 层时的热岛强度,这反映了建筑密度的改变对住区室外温度和热岛强度的影响要高于建筑高度。同样地,建筑高度增加导致室外平均辐射温度降低的幅度也低于建筑密度的影响。对冬季而言,空气温度、UHII 以及平均辐射温度随着建筑高度的变化规律与建筑密度影响下的变化规律类似,但是变化幅度同样低于建筑密度改变时的情况。

图 5.69 给出了不同建筑高度条件下住区 1.5m 人行高度 SET* 的日均值变化曲线。建筑高度对室外人体舒适度指标 SET* 的影响与建筑密度有所不同。对夏季和过渡季而言,当建筑层数小于 8 层时,SET* 随着建筑高度的增加而降低,当建筑层数达到 9 层时,SET*

有所回升，但是当建筑层数大于 9 层以后，SET*又开始随着建筑高度的增加而降低，而并非如经过建筑密度为 0.3 的拐点后 SET*就随着建筑密度的增加而增加那样。这是因为，建筑高度的增加虽然导致了人为排热量的增加，但是建筑高度的增加还会导致人行高度风速显著提高，从而导致人体体感温度的下降，综合作用下，导致 SET*在建筑层数 9 层以后随着建筑高度的增加而降低。而对冬季而言，SET*的拐点出现在建筑层数为 8 层时，当建筑层数小于 8 层时，SET*随着建筑高度的增加而升高，当建筑层数大于 8 层以后，SET*则随着建筑高度的增加而不断降低。相比于夏季和过渡季，冬季 SET*的变化幅度不大。

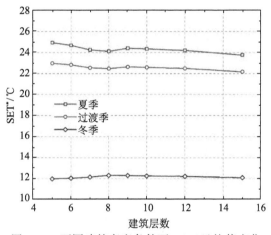

图 5.69　不同建筑高度条件下 SET*日均值变化

(3) 建筑布局影响分析

图 5.70～图 5.73 分别给出了不同建筑布局条件下住区 1.5m 人行高度的平均风速、平均空气温度、室外平均辐射温度以及 UHII 日均值的变化曲线。从图中可以看出，对住区室外风环境而言，各季节住区室外人行高度的平均风速均随着建筑布局中围合式布局

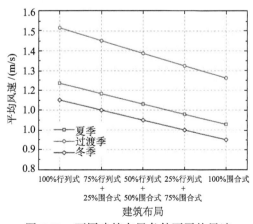

图 5.70　不同建筑布局条件下平均风速
日均值变化

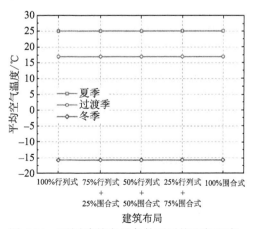

图 5.71　不同建筑布局条件下平均空气温度
日均值变化

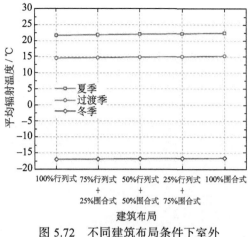

图 5.72　不同建筑布局条件下室外
平均辐射温度日均值变化

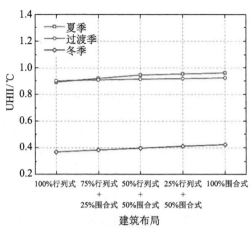

图 5.73　不同建筑布局条件下 UHII
日均值变化

占比的增加而降低，这一结论与第 2 章中关于严寒地区城市住区风环境的风洞试验测试结果一致。具体来看，当建筑布局中围合式布局的占比由 0 提升到 100%，即建筑布局从完全的行列式变为完全围合式时，室外人行高度平均风速分别降低了约 0.21m/s(夏季)、0.25m/s(过渡季)和 0.2m/s(冬季)。

对住区室外风环境与热气候而言，不管是夏季、过渡季还是冬季，建筑布局对空气温度、室外平均辐射温度和 UHII 的影响并不显著。目前模型中仅通过拖曳力系数的修正来反映不同建筑布局对风速的影响，尚未能反映建筑布局改变对辐射的影响，因此建筑布局因素主要反映的是风速的改变对室外舒适度的影响，围合式布局所占比例越高，则住区内的风速越低，热量也就越容易积聚。以夏季为例，当建筑布局完全为行列式时，UHII 为 0.89℃，而当建筑布局完全为围合式时，UHII 为 0.96℃，即住区建筑布局的改变导致热岛强度提升了约 0.07℃。

图 5.74 给出了不同建筑布局条件下住区 1.5m 人行高度 SET* 的日均值变化曲线。相较于上述大气物理参数的变化，住区建筑布局改变对舒适度指标 SET* 的影响更显著一些。这是因为，住区风速的改变对人体表面散热有着比较大的影响，进而影响到行人的热舒适性。随着建筑布局中围合式布局占比的提高，住区平均风速相应降低，因此 SET* 不断增大，从 100%行列式时的 23.8℃(夏季)、22.3℃(过渡季)以及 11.9℃(冬季)提升至 100%围合式时的 24.3℃(夏季)、22.7℃(过渡季)以及 12.3℃(冬季)。冬季住区舒适性随着围合式布局占比的提高而提高，这一结果与第 4 章中基于风应力和风寒对人行高度风环境的评价结果一致，即围合式布局比行列式布局更有利于创造良好的严寒地区城市住区风环境，提升冬季住区的舒适性。

总体来看，住区布局对住区热舒适的影响相对较小，行列式布局下住区风速较大因而有利于提高夏季热舒适，围合式布局的防风作用则有利于提高冬季热舒适。但从风环境的角度考虑严寒地区冬季住区比较显著的风寒问题，对于严寒地区城市住区更推荐采用围合式或混合式布局，特别是对于冬季主导风向上的住区上游建筑，有必要采用紧凑的布局，提高住区围合度，以减小阵风和风寒作用对居民的影响。

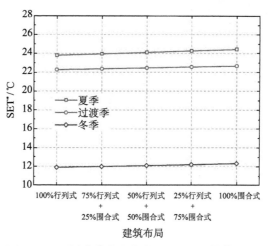

图 5.74　不同建筑布局条件下 SET*日均值变化

(4) 草地覆盖率影响分析

图 5.75～图 5.78 分别给出了不同草地覆盖率条件下住区 1.5m 人行高度的平均风速、平均空气温度、室外平均辐射温度以及 UHII 日均值的变化曲线。从图中可以看出，草地覆盖率的变化对住区室外人行高度的平均风速影响并不显著。另外，当草地覆盖率从 0.15 增加到 0.25 时，夏季和过渡季的空气温度分别从 25.1℃(夏季)和 17.0℃(过渡季)下降到了 24.7℃(夏季)和 16.7℃(过渡季)，UHII 分别降低了 0.46℃(夏季)和 0.37℃(过渡季)，室外平均辐射温度的降幅则为 0.9℃(夏季)和 0.7℃(过渡季)。这说明增加草地覆盖率可以在一定程度上对住区室外起到降温作用，从夏季和过渡季的角度看，起到了正面作用。

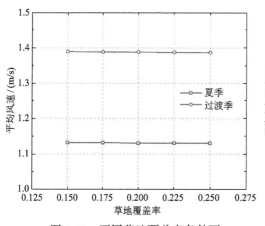

图 5.75　不同草地覆盖率条件下
平均风速日均值变化

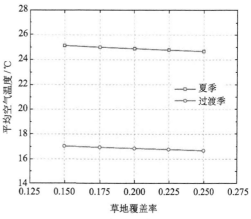

图 5.76　不同草地覆盖率条件下
平均空气温度日均值变化

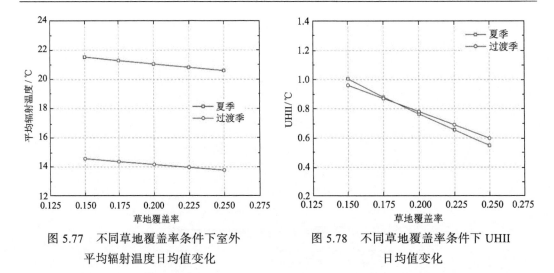

图 5.77　不同草地覆盖率条件下室外　　　　图 5.78　不同草地覆盖率条件下 UHII
　　平均辐射温度日均值变化　　　　　　　　　　　日均值变化

图 5.79 给出了不同草地覆盖率条件下住区 1.5m 人行高度 SET*的日均值变化曲线。对舒适度指标 SET*而言，当草地覆盖率从 0.15 增加到 0.25 时，夏季和过渡季的 SET*分别从 24.0℃(夏季)和 22.5℃(过渡季)下降到了 23.4℃(夏季)和 22.1℃(过渡季)，SET*的降幅达到了 0.6℃(夏季)和 0.4℃(过渡季)。可以看到，由于草地的蒸腾作用，增加草地覆盖率能够在一定程度上提升住区室外的热舒适感。

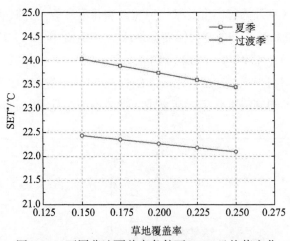

图 5.79　不同草地覆盖率条件下 SET*日均值变化

(5) 林地覆盖率影响分析

图 5.80～图 5.83 分别给出了不同林地覆盖条件率下 1.5m 人行高度的平均风速、平均空气温度、室外平均辐射温度以及 UHII 日均值的变化曲线。从图中可以看出，由于树木冠层对气流具有一定的拖曳作用，各季节住区室外人行高度的平均风速均随着林地覆盖率的增加而略有降低，但是因为树木冠层所在位置高于人行高度，所以树木冠层的拖曳作用对人行高度的风速影响并不显著，当林地覆盖率从 0.15 提升到 0.25 时，夏季和过

渡季室外人行高度平均风速降低了约 0.02m/s。

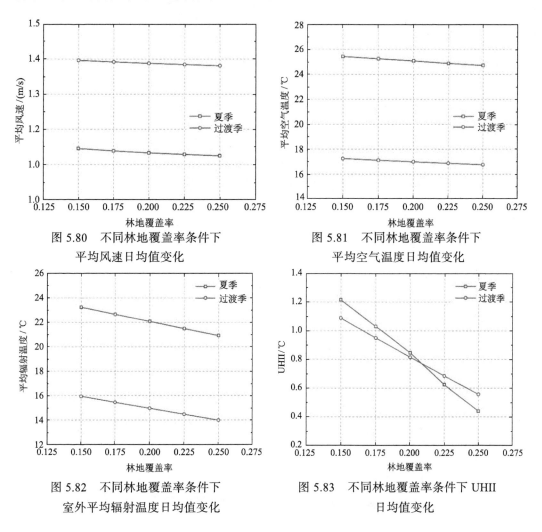

图 5.80   不同林地覆盖率条件下
平均风速日均值变化

图 5.81   不同林地覆盖率条件下
平均空气温度日均值变化

图 5.82   不同林地覆盖率条件下
室外平均辐射温度日均值变化

图 5.83   不同林地覆盖率条件下 UHII
日均值变化

　　相比于草地，林地覆盖率对大气物理参数的影响要更为显著。当林地覆盖率从 0.15 增加到 0.25 时，夏季和过渡季空气温度分别从 25.4℃(夏季)和 17.2℃(过渡季)下降到了 24.7℃(夏季)和 16.7℃(过渡季)，UHII 分别降低了 0.78℃(夏季)和 0.53℃(过渡季)，室外平均辐射温度更是分别降低了 2.3℃(夏季)和 1.9℃(过渡季)，明显高于草地覆盖率的影响。这是由于林地覆盖率的增加导致更多的太阳辐射被树木冠层所遮蔽，人行高度白天所接受到的辐射通量密度大大减少，由此室外平均辐射温度出现了明显的下降。

　　图 5.84 给出了不同林地覆盖率条件下住区 1.5m 人行高度 SET* 的日均值变化曲线。从图中可以看到，对住区舒适度指标而言，SET* 表现出随着林地覆盖率的增加而下降的趋势，当林地覆盖率从 0.15 增加到 0.25 时，SET* 分别从 24.7℃(夏季)和 22.8℃(过渡季)下降到了 23.5℃(夏季)和 22.1℃(过渡季)，其中夏季 SET* 的降幅超过了 1℃。这也说明，增加林地覆盖率可以有效改善夏季住区居民的热舒适。

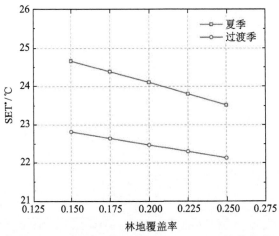

图 5.84　不同林地覆盖率条件下 SET*日均值变化

　　总体来看,增加绿地率可以有效地对夏季住区起到降温作用,提高住区夏季舒适性,其中草地的降温作用主要来自草地的蒸腾作用,树木的降温作用源于叶片蒸腾和树木冠层对太阳辐射的遮挡,因此树木的位置应多布置在行人活动区域以及道路的周边。

　　(6) 积雪覆盖率影响分析

　　图 5.85~图 5.88 分别给出了不同积雪覆盖率条件下住区 1.5m 人行高度的平均风速、平均空气温度、室外平均辐射温度以及 UHII 日均值的变化曲线。从各图中结果可以看到,积雪覆盖率的变化对冬季住区室外人行高度的平均风速影响并不显著。无论是空气温度、平均辐射温度还是 UHII 均随着积雪覆盖率的增加而降低,当积雪覆盖率从 0.3 增加到 0.7时,空气温度从-15.6℃下降到了-16.1℃,UHII 降低了约 0.5℃。室外平均辐射温度的降幅更为显著,从-16.2℃下降到了-18.4℃,降幅超过了 2℃。积雪的高反照率导致大量的太阳辐射被积雪表面反射,进而导致积雪表面温度远低于其他下垫面表面的温度,因此随着积雪覆盖率的增加,室外辐射温度发生了明显的下降。

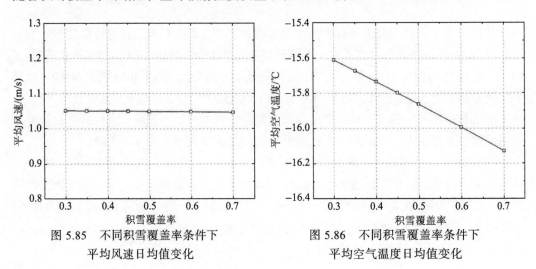

图 5.85　不同积雪覆盖率条件下　　　　图 5.86　不同积雪覆盖率条件下
平均风速日均值变化　　　　　　　　平均空气温度日均值变化

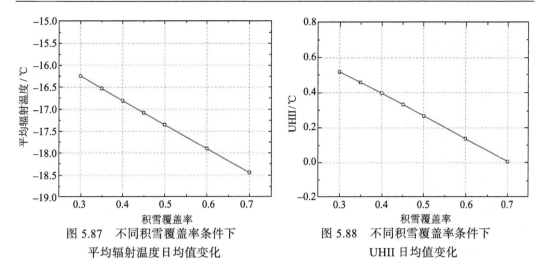

图 5.87　不同积雪覆盖率条件下　　　　　图 5.88　不同积雪覆盖率条件下
平均辐射温度日均值变化　　　　　　　　　UHII 日均值变化

　　图 5.89 给出了不同积雪覆盖率条件下住区 1.5m 人行高度 SET*的日均值变化曲线。对住区舒适度而言，当积雪覆盖率从 0.3 增加到 0.7 时，SET*从 12.3℃下降到了 11.5℃，降低幅度约为 0.8℃。上述结果表明，积雪的存在会导致住区温度下降，造成冬季住区行人舒适感的降低，加剧冬季室外的冷应力，因此从改善住区风环境、热气候和舒适度的角度来看，有必要对冬季住区下垫面表面覆盖的积雪进行清扫。此外，考虑到冬季绿地所在区域(如草坪、花坛、树林等)的积雪通常不会被清除，绿地率的提升会导致冬季积雪覆盖率增加，对严寒地区住区冬季的热舒适带来负面作用，而夏季树木对热舒适的调节作用超过草地，且树木本身占地面积小于草坪，因此严寒地区住区的绿化推荐更多地采用树木而减少草坪的面积。

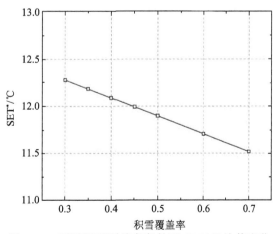

图 5.89　不同积雪覆盖率条件下 SET*日均值变化

3. 多因素数值实验研究方案

　　尽管在上文中通过单因素数值实验初步研究了建筑密度、建筑高度、建筑布局以及不同下垫面覆盖率变化对严寒地区城市住区风环境、热气候与舒适度的影响，获得了UHII、SET*等评价指标随这些影响因素单独变化的规律，但是实际中住区风环境、热气候和舒适度的变化往往是多个影响因素共同作用的综合结果，在某个因素水平改变的情况下，另一些因素的影响程度及其影响下评价指标的变化规律也可能会发生改变。以建筑密度为例，上文数值实验中是在建筑层数固定为 8 层的前提下模拟研究了建筑密度变化的影响，发现夏季热岛强度以及 SET*变化曲线存在极小值的拐点，其中热岛强度变化的拐点出现在建筑密度为 0.25 时，SET*变化的拐点出现在建筑密度为 0.3 时；在针对广州市夏季的类似研究(饶峻荃，2015)中则发现，当建筑层数为 2 层时，热岛强度以及 SET*的拐点发生在建筑密度为 0.6 时，而当建筑层数增加到 16 层时，热岛强度以及 SET*的拐点则为建筑密度为 0.15 时。上述结果表明，当改变建筑高度时，评价指标受建筑密度影响的变化规律也会发生改变，这也反映出根据单因素数值实验得到的结果和规律并不全面，有必要通过多因素的正交试验来研究和评价多种因素影响下住区舒适度的变化情况及各因素的影响程度，进而通过对各因素进行整体调控来改善住区的舒适度。

通过单因素数值实验研究的结果可以看到，过渡季和夏季各评价指标的变化规律比较类似，而冬季各评价指标则由于积雪的存在而往往表现出与其他季节不同的变化规律，因此，本节同样基于 5.2.3 节的数值实验方法，分别对夏季和冬季两种不同情况进行多因素的正交试验研究，研究不同因素对舒适度指标 SET*的影响。其中夏季选取建筑密度、建筑层数、建筑布局、草地覆盖率以及林地覆盖率等 5 个相互独立的影响因素，冬季则考虑建筑密度、建筑层数、建筑布局以及积雪覆盖率等 4 个相互独立的影响因素，每个影响因素参考实际中住区常见情况选取 4 个因素水平，夏季和冬季各影响因素和水平的取值如表 5.30 和表 5.31 所示。

表 5.30　夏季影响因素及水平取值

水平	建筑密度	建筑层数	建筑布局	林地覆盖率	草地覆盖率
1	0.2	4	100%围合式	0.15	0.15
2	0.3	6	67%围合式+33%行列式	0.175	0.175
3	0.4	8	33%围合+67%行列式	0.2	0.2
4	0.5	10	100%行列式	0.225	0.225

表 5.31　冬季影响因素及水平取值

水平	建筑密度	建筑层数	建筑布局	积雪覆盖率
1	0.2	4	100%围合式	0.3
2	0.3	6	67%围合式+33%行列式	0.35
3	0.4	8	33%围合+67%行列式	0.4
4	0.5	10	100%行列式	0.45

基于夏季和冬季所考虑的影响因素及其水平的数量，选用 $L_{16}(4^5)$ 型的正交试验表，最终确定的针对夏季和冬季的正交试验表分别如表 5.32 和表 5.33 所示。为了方便后续表述，各影响因素采用字母进行表示。需要指出的是，通常在对正交试验结果进行方差分

析时会选择正交试验表中的空列作为误差判断项，本次冬季正交试验表中安排了空列 E 作为误差项，夏季正交试验表中由于正交试验设计表全部排满而未安排空列，在后续的方差分析中将选择对 SET*影响最小的因素作为误差项来检验和判别其他因素的显著程度。以下的数据分析思路与方法则与 5.2.6 节基本一致。

表 5.32 夏季正交试验设计表及计算结果

试验号	影响因素					SET*/℃
	建筑密度(A)	建筑高度(B)	建筑布局(C)	林地覆盖率(D)	草地覆盖率(E)	
1	1	1	1	1	1	23.25
2	1	2	2	2	2	22.74
3	1	3	3	3	3	22.24
4	1	4	4	4	4	21.62
5	2	1	2	3	4	21.96
6	2	2	1	4	3	21.13
7	2	3	4	1	2	21.66
8	2	4	3	2	1	21.63
9	3	1	3	4	2	21.24
10	3	2	4	3	1	21.36
11	3	3	1	2	4	21.06
12	3	4	2	1	3	21.16
13	4	1	4	2	3	21.42
14	4	2	3	1	4	21.29
15	4	3	2	4	1	21.23
16	4	4	1	3	2	21.71

表 5.33 冬季正交试验设计表及计算结果

试验号	影响因素					SET*/℃
	建筑密度(A)	建筑高度(B)	建筑布局(C)	积雪覆盖率(D)	草地覆盖率(E)	
1	1	1	1	1	1	12.20
2	1	2	2	2	2	12.09
3	1	3	3	3	3	12.09
4	1	4	4	4	4	12.21
5	2	1	2	3	4	11.63
6	2	2	1	4	3	11.68
7	2	3	4	1	2	12.06
8	2	4	3	2	1	12.32
9	3	1	3	4	2	11.78
10	3	2	4	3	1	12.09
11	3	3	1	2	4	12.21
12	3	4	2	1	3	12.50
13	4	1	4	2	3	12.23
14	4	2	3	1	4	12.55
15	4	3	2	4	1	12.53
16	4	4	1	3	2	12.88

4. 多因素数值实验研究结果分析

(1) 极差分析

首先通过正交试验设计中的极差分析法分析各因素对 SET* 的影响。表 5.34 和表 5.35 给出了夏季和冬季正交试验的极差计算分析表,其中 K_{ij} 表示因素 j 在水平 i 时所有 SET* 计算值的总和(℃); $\overline{K}_{ij}$ 为因素 j 在水平 i 对应的 SET* 计算平均值(℃); R_j 为各因素 $\overline{K}_{ij}$ 在同一水平 i 时最大值与最小值的差值(℃),称为极差。

表 5.34　夏季极差计算分析表

指标	建筑密度(A)	建筑高度(B)	建筑布局(C)	林地覆盖率(D)	草地覆盖率(E)
K_{1j}	89.86	87.88	87.16	87.36	87.48
K_{2j}	86.39	86.53	87.10	86.86	87.35
K_{3j}	84.82	86.20	86.40	87.28	85.96
K_{4j}	85.65	86.12	86.06	85.23	85.94
$\overline{K}_{1j}$	22.47	21.97	21.79	21.84	21.87
$\overline{K}_{2j}$	21.21	21.55	21.60	21.82	21.84
$\overline{K}_{3j}$	21.41	21.53	21.52	21.31	21.49
$\overline{K}_{4j}$	21.60	21.63	21.77	21.71	21.49
R_j	1.26	0.44	0.27	0.53	0.38
最优水平	A3	B4	C4	D4	E4

表 5.35　冬季极差计算分析表

指标	建筑密度(A)	建筑高度(B)	建筑布局(C)	积雪覆盖率(D)
K_{1j}	48.58	47.84	48.98	49.31
K_{2j}	47.70	48.42	48.75	48.84
K_{3j}	48.59	48.89	48.74	48.70
K_{4j}	50.19	49.91	48.60	48.21
$\overline{K}_{1j}$	12.15	11.96	12.24	12.33
$\overline{K}_{2j}$	11.92	12.10	12.19	12.21
$\overline{K}_{3j}$	12.15	12.22	12.19	12.17
$\overline{K}_{4j}$	12.55	12.48	12.15	12.05
R_j	0.62	0.52	0.09	0.28
最优水平	A4	B4	C1	D1

根据表 5.34 和表 5.35 中的极差计算结果进行分析,可以得出下列结论:

① 夏季和冬季 SET* 的影响因素主次顺序分析

极差 R_j 的大小代表了各影响因素对计算结果影响程度的强弱,极差 R_j 越大,则表明该影响因素对评价指标 SET* 的影响程度越强。对于夏季有 $R_A > R_D > R_B > R_E > R_C$,因此,各因素的影响程度由主到次顺序为,建筑密度>林地覆盖率>建筑高度>草地覆盖率>建筑布局;对于冬季有 $R_A > R_B > R_D > R_C$,因此,各因素的影响程度由主到次顺序为,建筑密度＞建筑高度＞积雪覆盖率＞建筑布局。无论对夏季还是冬季而言，建筑密度都是影响舒适度指标 SET* 的最主要因素。目前模型中仅通过拖曳力系数的修正反映不同建筑布局对风速的影响，未能反映建筑布局改变对辐射的影响，因此建筑布局因素主要反映的是风速的改变对室外舒适度的影响，相比于其他因素，建筑布局对 SET* 的影响相对偏小。

② 夏季和冬季最优方案选择

各因素最优水平的确定则与季节相关，夏季 SET* 越低说明住区内的舒适度越高，冬季则 SET* 越高说明住区内的舒适度越高。将夏季 SET* 最小和冬季 SET* 最大时对应的各因素水平组合起来，即为提高住区舒适度的最优方案，对于夏季有 $A3$、$B4$、$C4$、$D4$、$E4$，即当建筑密度为 0.4、建筑层数为 10 层、建筑布局为 100% 的行列式、林地覆盖率为 0.225 以及草地覆盖率为 0.225 时，夏季住区的 SET* 最小；对于冬季有 $A4$、$B4$、$C1$、$D1$，即当建筑密度为 0.5、建筑层数为 10 层、建筑布局为 100% 的围合式以及积雪覆盖率为 0.3 时，冬季住区的 SET* 最大。

③ 各因素水平变化对 SET* 的影响

K_{ij} 反映舒适度指标 SET* 随各因素水平改变而变化的程度，为了更直观地分析结果，将夏季和冬季的结果分别用各因素影响趋势分析图表示，如图 5.90 和图 5.91 所示。

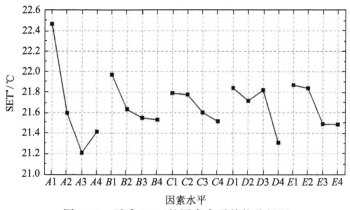

图 5.90　夏季 SET* 的因素水平趋势分析图

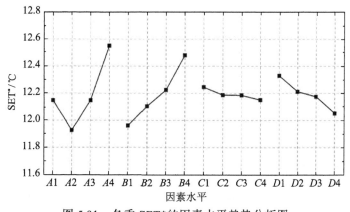

图 5.91　冬季 SET* 的因素水平趋势分析图

从图中可以看出，无论是夏季还是冬季，建筑密度(A)的改变比其他因素对 SET*的影响更为明显，在夏季和冬季都表现出 SET*随着建筑密度的增加先减小后增大的变化，但是夏季拐点出现在 A3 水平，冬季拐点则出现在 A2 水平。建筑高度(B)的改变对 SET*的影响在夏季和冬季呈现相反的规律，其中夏季表现为 SET*随着建筑高度的增加而减小，冬季表现为 SET*随着建筑高度的增加而增加。具体分析来看，夏季太阳辐射通量密度较大，当建筑密度小于 0.4 时，辐射热对人体热感觉的影响超过空气温度提升的影响，此时随着建筑密度和建筑高度的增加，住区建筑对太阳辐射通量密度的遮挡导致住区热舒适度提升；冬季太阳辐射量相对较小，当建筑密度超过 0.3 之后，建筑密度和建筑高度的增加导致的温升作用对人体热感觉的影响超过了辐射通量密度减小的影响，同时建筑密度的增加导致住区积雪面积的减少，也在一定程度上导致 SET*的增加。

(2) 方差分析

通过对正交试验的结果进行方差分析，可以判断夏季和冬季各影响因素对于舒适性指标 SET*的显著性。冬季误差项为空列 E，而夏季正交试验表中由于未安排空列，需要选择对 SET*影响最小的因素作为误差项，由表 5.34 可以看出，夏季对 SET*影响最小的因素为建筑布局，因此将建筑布局作为误差项来判别其他因素的显著程度。夏季和冬季各影响因素的方差分析结果在表 5.36 和表 5.37 中列出。

表 5.36　夏季方差分析表

影响因素	偏差平方和 S_j	自由度 f_j	均方和 $\bar{S}_j$	F_j	显著性 Sig
建筑密度(A)	3.675	3	1.225	17.042	0.022
建筑高度(B)	0.500	3	0.167	2.320	0.254
林地覆盖率(D)	0.742	3	0.247	3.439	0.169
草地覆盖率(E)	0.539	3	0.180	2.498	0.236
误差项	S_e^Δ	f_e^Δ	$\bar{S}_e^\Delta$		
建筑布局(C)	0.216	3	0.072		

表 5.37　冬季方差分析表

影响因素	偏差平方和 S_j	自由度 f_j	均方和 $\bar{S}_j$	F_j	显著性 Sig
建筑密度(A)	0.811	3	0.270	14.119	0.028
建筑高度(B)	0.578	3	0.193	10.053	0.045
建筑布局(C)	0.018	3	0.006	0.318	0.814
积雪覆盖率(D)	0.156	3	0.052	2.709	0.217
误差项	S_e^Δ	f_e^Δ	$\bar{S}_e^\Delta$		
E	0.057	3	0.019		

由表 5.36 和表 5.37 中 F_j 值的大小可知，对于本研究中的各因素水平，夏季各因素的显著程度按大小依次排序为 $A>D>E>B$，冬季各因素的显著程度按大小依次排序为 $A>B>D>C$。当各因素显著性 Sig≤0.05 时表示该因素对舒适性指标 SET*的影响显著，当显著性 Sig>0.05 时则表示该因素对 SET*没有显著影响。从表中结果可以看出，对夏

季而言，相比于建筑布局因素，建筑密度对 SET*具有显著影响，其他因素对 SET*的影响则不太显著；对冬季而言，建筑密度和建筑高度均对 SET*有显著影响，建筑布局和积雪覆盖率对 SET*的影响则不太显著。

(3) 回归分析

为了具体地量化分析夏季和冬季各因素对舒适性指标 SET*的作用程度，分别对夏季和冬季的影响因素进行了回归分析。首先，对建筑布局这种非量化指标需要进行数值化处理，考虑到建筑布局由行列式和围合式两种布局组成，因此将建筑布局采用行列式布局所占比例来表示，即 1 表示布局形式为 100%行列式，0 表示布局形式为 100%围合式，0.5 表示布局形式为 50%行列式+50%围合式。其次，考虑到夏季和冬季各因素数值大小和变化范围不同，在进行回归分析前有必要将各因素的数值通过标准化方法变换到同样的量级和变化范围上。本研究采用"最小-最大标准化"方法对各因素的初始水平进行线性变换。将各影响因素的初始水平数值 x 转变为标准化数值 X，最终得到的 X 均位于区间[0,1]以内。经过上述标准化处理后，分别对夏季和冬季的目标变量 SET*进行多元线性回归，得到的表达式如下：

$$\text{SET}*_{夏} = 23.011 - 1.064X_A - 0.420X_B - 0.299X_C - 0.549X_D - 0.450X_E \tag{5-110}$$

$$\text{SET}*_{冬} = 11.899 + 0.502X_A + 0.429X_B - 0.085X_C - 0.260X_D \tag{5-111}$$

式中 X_A——建筑密度标准化水平；

　　X_B——建筑高度标准化水平；

　　X_C——建筑布局标准化水平；

　　X_D——林地覆盖率标准化水平(夏季)或积雪覆盖率标准化水平(冬季)；

　　X_E——草地覆盖率标准化水平。

其中，夏季回归曲线的 $R^2=0.709$，冬季回归曲线的 $R^2=0.700$，可以看出，由于 SET*的内在机理和影响因素较为复杂，各因素与 SET*的线性相关度并不够高，但尚可接受，总体来说，SET*的多元回归表达式中，各因素系数权重所表达的各因素影响程度与极差分析以及方差分析结果一致，各因素系数正负所反映出的各因素变化规律基本符合之前分析得到的结果。根据回归公式，夏季想要减小 SET*，需要在一定程度上增加建筑密度和高度，尽量采用行列式布局，同时提高住区绿化率；冬季想要提高 SET*，则同样需要在一定程度上增加建筑密度和高度，减少行列式布局的占比以及积雪的覆盖率。需要指出的是，由于建筑密度和建筑高度的改变涉及人为排热量、辐射通量密度、风速、壁面面积等诸多因素的改变，影响机制相对复杂，对 SET*的影响存在明显的拐点，不能将其影响简单地看作线性规律，关于这一部分内容仍有必要在今后进行更为深入的研究。

5.5　本章小结

本章系统介绍了基于 CFD 模拟和城市冠层模式的严寒地区城市风环境与热气候数

值模拟方法，进而通过数值实验分析研究了不同的严寒地区城市气象条件、建筑布局及下垫面状况下风环境及热气候的变化规律并给出相应的舒适性评价，主要结论如下：

(1) 所研发的 UDC-cold 模型及评价软件运算快捷，适用于长期动态模拟，突出了雪层、住区格局等严寒地区特色。通过与观测数据的对比，可认为该模型对于严寒地区城市风环境与热气候模拟具有比较高的可靠性。通过单因素的数值实验以及多因素的正交试验，模拟研究了不同季节的气象条件下建筑参数及下垫面构成等不同因素对严寒地区城市住区风环境、热气候以及人体舒适性的影响，并通过回归分析建立了夏季和冬季舒适性指标 SET* 与各因素之间关系的多元回归表达式。夏季各因素对舒适度指标 SET* 影响程度依次为建筑密度、林地覆盖率、建筑高度、草地覆盖率和建筑布局，冬季各因素对舒适度指标 SET* 影响程度依次为建筑密度、建筑高度、积雪覆盖率和建筑布局。

(2) 对严寒地区城市滨水区周边局地风环境与热气候进行 CFD 模拟分析发现，采用板式和点板式建筑布局的滨水建筑区域更利于水体发挥对滨水周边建筑区域湿度的调节作用，岸堤高度和容积率对滨水建筑区域风环境与热气候的影响显著。

(3) 针对严寒地区城市住区典型布局方案进行 CFD 模拟分析，对不同方案下人行高度的风环境特性进行分析和评价发现，围合式布局和混合式布局比行列式布局更有利于创造良好的严寒地区城市住区风环境；从具体布局形式来看，多层围合式和多层混合式住区相比于其他住区布局形式可以提供更好的严寒地区城市住区风舒适度。

参 考 文 献

敖靖. 2014. 城市透水性铺装系统对局地热湿气候调节作用的研究[D]. 哈尔滨：哈尔滨工业大学.

陈伏彬，李秋胜，吴立. 2015. 基于超越阈值概率的城市综合体行人高度风环境试验研究[J]. 工程力学，(10)：169-176.

陈昕. 2017. 哈尔滨室外人群热舒适动态变化规律及预测方法研究[D]. 哈尔滨：哈尔滨工业大学.

陈昕，刘京，张鹏程，等. 2017. 严寒地区城市冬季室外热舒适研究[J]. 建筑科学，33(10)：8-12.

崔耀平，刘纪远，胡云锋，等. 2012. 城市不同下垫面辐射平衡的模拟分析[J]. 科学通报，57(6)：465-473.

风洞实验指南研究委员会. 2011. 建筑风洞实验指南[M]. 孙瑛，武岳，曹正罡译. 北京：中国建筑工业出版社.

黑龙江省建设厅. 2008. 黑龙江省居住建筑节能 65%+设计标准(DB 23/1270—2008) [S]. 哈尔滨.

黄菁，张强. 2012. 中尺度大气数值模拟及其进展[J]. 干旱区研究，29(2)：273-283.

黄丽萍，陈德辉，邓莲堂，等. 2017. GRAPES Meso V4.0 主要技术改进和预报效果检验[J]. 应用气象学报，28(1)：25-37.

蒋志祥. 2012. 水体与周边植被对城市区域热湿气候影响的动态模拟研究[D]. 哈尔滨：哈尔滨工业大学.

李芳芳. 2012. 复杂大型城市综合体热气候动态预测研究[D]. 哈尔滨：哈尔滨工业大学.

李丽光，梁志兵，王宏博，等. 2011. 不同天气条件下沈阳城市热岛特征[J]. 大气科学学报，34(1)：66-73.

刘京. 2017. 建筑环境计算流体力学及其应用[M]. 哈尔滨：哈尔滨工业大学出版社.

刘琳. 2018. 城市局地尺度热环境时空特性分析及热舒适评价研究[D]. 哈尔滨：哈尔滨工业大学.

刘庆宽，赵善博，孟绍军，等. 2015. 雪荷载规范比较与风致雪漂移风洞试验方法研究[J]. 工程力学，32(1)：50-56.

刘晓英. 2012. 城市的五岛效应和风的特征分析[J]. 宁夏农林科技，53(4)：121-123.

刘哲铭，赵旭东，金虹. 2017. 哈尔滨市滨江居住小区冬季热环境实测分析[J]. 哈尔滨工业大学学报，49(10)：164-171.

刘振学. 2005. 实验设计与数据处理[M]. 北京：化学工业出版社.

马立平. 2000. 现代统计分析方法的学与用(三)：统计数据标准化——无量纲化方法[J]. 北京统计，(3)：34-35.

满孝新. 2018. 千米级摩天大楼机电设计关键技术研究[M]. 北京：中国建筑工业出版社.

苗峻峰. 2014. 城市热岛和海风环流相互作用的数值模拟研究进展[J]. 大气科学学报，37(4)：521-528.

穆康. 2016. 城市空间公共建筑空调系统大气排热时空规律研究[D]. 哈尔滨：哈尔滨工业大学.

饶峻荃. 2015. 广州地区街区尺度热环境与热舒适度评价[D]. 哈尔滨：哈尔滨工业大学.

任露泉. 2003. 试验优化设计与分析[M]. 北京：高等教育出版社.

邵腾. 2013. 严寒地区居住小区风环境优化设计研究[D]. 哈尔滨：哈尔滨工业大学.

石超, 李宗益, 刘庆宽. 2015. 风致雪漂移的风洞试验方法和观测研究[J]. 工程力学, 32(s1): 15-19.

王宁. 2016. 长春市城市热岛效应特征分析[J]. 农业与技术, 36(15)：116-117.

王频, 孟庆林. 2013. 多尺度城市气候研究综述[J]. 建筑科学, 29(6)：107-114.

于宏敏, 任国玉, 刘玉莲. 2013. 黑龙江省大气边界层不同高度风速变化[J]. 自然资源学报, 28(10)：1718-1730.

余世策, 陈勇, 李庆祥, 等. 2013. 建筑风环境风洞试验中风速探头的研制与应用[J]. 实验流体力学, 27(4)：83-87.

张磊, 孟庆林, 赵立华. 2007. 室外热环境评价指标湿球黑球温度简化计算模型[C]. 2007 全国建筑环境与建筑节能学术会议.

张晴原, 杨洪兴. 2012. 建筑用气象数据手册[M]. 北京：中国建筑工业出版社.

郑朝荣, 陈勇, 金钊, 等. 2018. 基于超越阈值概率的某千米级摩天大楼室外平台行人风环境评估[J]. 建筑结构学报, 39(2)：122-129.

张鹏程. 2014. 冰雪下垫面条件城市住区热气候及室外人体舒适性研究[D]. 哈尔滨：哈尔滨工业大学.

中华人民共和国国家统计局. 2018-2-28. 中华人民共和国 2017 年国民经济和社会发展统计公报[EB/OL]. http://www.stats.gov.cn/tjsj/zxfb/201802/t20180228_1585631.html.

中华人民共和国建设部. 1993. 建筑气候区划标准(GB 50178—93)[S]. 北京：中国计划出版社.

中华人民共和国住房和城乡建设部. 2012. 建筑结构荷载规范(GB 50006—2012)[S]. 北京：中国建筑工业出版社.

中华人民共和国住房和城乡建设部. 2013. 城市居住区热环境设计标准(JGJ 286—2013)[S]. 北京：中国建筑工业出版社.

中华人民共和国住房和城乡建设部. 2016. 民用建筑热工设计规范(GB 50176—2016)[S]. 北京：中国建筑工业出版社.

中华人民共和国住房和城乡建设部. 2019. 严寒和寒冷地区居住建筑节能设计标准(JGJ 26—2018)[S]. 北京：中国建筑工业出版社.

朱家瑾. 2007. 居住区规划设计[M]. 2 版. 北京: 中国建筑工业出版社.

朱岳梅. 2008. 城市热气候及建筑排热对其形成的影响研究[D]. 哈尔滨：哈尔滨工业大学.

萩島理, 谷本潤, 片山忠久, ら. 2001a. 改良·建築-都市-土壌連成系モデル（AUSSSM）による都市高温化の構造解析（第 1 報）モデルの理論構成及び標準解[J]. 日本建築学会計画系論文集, 550：79-86.

萩島理, 谷本潤, 片山忠久, ら. 2001b. 二相系熱水分同時移動方程式による数値実験に基づく土壌物性値の同定都市熱環境評価のための地表面からの蒸発量の簡易計算手法に関する研究（第 2 報）[J]. 日本建築学会計画系論文集, 540：67-72.

萩島理, 谷本潤, 片山忠久. 2002. 周辺街区状況が壁面入射日射量に与える 影響に関する系統的な数値実験[J].日本建築学会計画系論文集, 554：7-14.

香川治美, 林徹夫, 谷本潤, ら. 1998. 芝生植栽が都市熱環境に及ぼす影響に関する研究第 1 報土壌の含水状態を考慮した芝生植栽の蒸発発散特性の定量的特定[J].日本建築学会計画系論文集, 507(5)：7-12.

近藤裕昭, 劉発華. 1998. 1 次元都市キャノピーモデルによる都市の熱環境に関する研究[J]. 大気環境学会誌, 33(3)：179-192.

近藤純正. 1992. 水面のバルク輸送係数[J]. 水文·水資源学会誌, 5(3)：50-55.

高橋淳一, 近藤雅史, 横尾昇剛, ら. 1999. 水熱源システムの熱源機器効率解析[J]. 空気調和·

衛生工学会論文集，75(10)：21-30.

丸山敬. 1991. 粗面上に発達する乱流境界層の数値シミュレーション（その2）市街地のように粗度形状が複雑な場合[J]. 日本風工学会誌，47：81-82.

月松孝司，片山忠久，谷本潤，ら. 2000. 降水後の人工被覆面における蒸発比減衰モデルの提案（その3）蒸発比減衰モデルの改良[J]. 日本建築学会学術講演梗概集(D)，2：351-352.

宇田川光弘. 1986. パソコンによる空気調和計算法[M]. 東京：オーム社.

吉田伸治，大岡龍三，持田灯，ら. 2000. 樹木モデルを組み込んだ対流・放射・湿気輸送連成解析による樹木の屋外温熱環境緩和効果の検討[J]. 日本建築学会計画系論文集，536：87-94.

Aljawabra F, Nikolopoulou M. 2010. Influence of hot arid climate on the use of outdoor urban spaces and thermal comfort：Do cultural and social backgrounds matter? [J]. Intelligent Buildings International，2(3)：198-217.

Allegrini J, Dorer V, Carmeliet J. 2013. Wind tunnel measurements of buoyant flows in street canyons[J]. Building & Environment，59(328)：315-326.

Anderson E A. 1976. A point of energy and mass balance model of snow cover[J]. NOAA Tech Rep NWS，19：1-150.

Ando T, Ueyama M. 2017. Surface energy exchange in a dense urban built-up area based on two-year eddy covariance measurements in Sakai, Japan[J]. Urban Climate，19：155-169.

Arnfield A J. 2003. Two decades of urban climate research：A review of turbulence, exchanges of energy and water, and the urban heat island[J]. International Journal of Climatology，23(1)：1-26.

Ashie Y, Kono T. 2006. Environmental change due to the redevelopment in Shiodome area[J]. Wind Engineers，31：115-120.

Auwera L, Meyer F, Malet L M. 2010. The use of the weibull three-parameter model for estimating mean wind power densities[J]. Journal of Applied Meteorology，19(7)：819-825.

Bearman P W. 1971. An investigation of the forces on flat plates normal to a turbulent flow[J]. Journal of Fluid Mechanics，46(46)：177 -198.

Benoit R, Desgagné M, Pellerin P, et al. 1997. The Canadian Mc2：A semi-Lagrangian, semi-implicit wideband atmospheric model suited for finescale process studies and simulation[J]. Monthly Weather Review，125(10)：2382-2415.

Benyahya L, Daniel D, El-Jabi N, et al. 2010. Comparison of microclimate vs. remote meteorological data and results applied to a water temperature model (Miramichi River, Canada) [J]. Journal of Hydrology，380：247-259.

Bergeron O, Strachan I B. 2012. Wintertime radiation and energy budget along an urbanization gradient in Montreal, Canada[J]. International Journal of Climatology，32(1)：137-152.

Beyers M, Waechter B. 2008. Modeling transient snowdrift development around complex three-dimensional structures[J]. Journal of Wind Engineering and Industrial Aerodynamics，96(10-11)，1603-1615.

Blocken B, Stathopoulos T, van Beeck J P A J. 2016. Pedestrian level wind conditions around buildings：Review of wind tunnel and CFD techniques and their accuracy for wind comfort assessment[J]. Building & Environment，100(5)：50-81.

Bottema M. 2002. A method for optimisation of wind discomfort criteria[J]. Building & Environment，35(1)：1-18.

Box G E P, Jenkins G M. 1976. Time series analysis：Forecasting and control[J]. Holden-Day Series in Time Series Analysis，14(2)：199-201.

Brutsaert W H. 1982. Evaporation into the Atmosphere：Theory, History and applications[M]. Dordrecht：Kluwer Academic Publishers.

Caissie D, El-Jabi N, Satish M G. 2001. Modeling of maximum daily water temperatures in a small stream using air temperatures[J]. Journal of Hydrology, 251(1): 14-28.

Caissie D, El-Jabi N, St-Hilaire A. 1998. Stochastic modelling of water temperatures in a small stream using air to water relations[J]. Canadian Journal of Civil Engineering, 25(2): 250-260.

Chandler T J. 1970. Selected Bibliography on Urban Climate[M]. Geneva: WMO Publications.

Chen L, Wen Y, Zhang L, et al. 2015. Studies of thermal comfort and space use in an urban park square in cool and cold seasons in Shanghai[J]. Building & Environment, 94: 644-653.

Christen A, Vogt R. 2004. Energy and radiation balance of a central European city[J]. International Journal of Climatology, 24(11): 1395-1421.

Cluis D. 1972. Relationship between stream water temperature and ambient air temperature—A simple autoregressive model for mean daily stream water temperature fluctuations[J]. Nordic Hydrology, 3(2): 65-71.

Coceal O, Belcher S E. 2004. A canopy model of mean winds through urban areas[J]. Quarterly Journal of the Royal Meteorological Society, 130(599): 1349-1372.

Cohen P, Potchter O, Matzarakis A. 2013. Human thermal perception of Coastal Mediterranean outdoor urban environments[J]. Applied Geography, 37: 1-10.

Cotton W R, Pielke Sr R A, Walko R L, et al. 2003. RAMS 2001: Current status and future directions[J]. Meteorology & Atmospheric Physics, 82(1-4): 5-29.

Cui P Y, Li Z, Tao W Q. 2016. Wind-tunnel measurements for thermal effects on the air flow and pollutant dispersion through different scale urban areas[J]. Building & Environment, 97: 137-151.

Danielsson U. 1996. Windchill and the risk of tissue freezing[J]. Journal of Applied Physiology, 81(6): 2666-2673.

Davenport A G. 1972. An approach to human comfort criteria for environment wind conditions[R]. Stockholm.

Dear R D, Brager C S. 1998. Developing an adaptive model of thermal comfort and preference[J]. ASHRAE Transactions, 104(1): 145-167.

Durgin F H. 1997. Pedestrian level wind criteria using the equivalent average[J]. Journal of Wind Engineering & Industrial Aerodynamics, 66(3): 215-226.

Erickson T R, Stefan H G. 2000. Linear air/water temperature correlations for streams during open water periods[J]. ASCE, Journal of Hydrologic Engineering, 5(3): 317-321.

Falge E, Baldocchi D, Olson R, et al. 2001. Gap filling strategies for defensible annual sums of net ecosystem exchange[J]. Agricultural & Forest Meteorology, 107(8): 43-69.

Fan S M, Wofsy S C, Bakwin P S, et al. 1990. Atmospheric-biosphere exchange of CO_2 and O_3 in the central Amazon forest[J]. Journal of Geophysical Research, 95(D10): 16851-16864.

Ferziger J H, Peric M. 2002. Computational Methods for Fluid Dynamics [M]. 3rd edition. Berlin: Springer.

Franke J, Hellsten A, Schlünzen H, et al. 2007. The COST 732 Best Practice Guideline for CFD simulation of flows in the urban environment: a summary[J]. International Journal of Environment & Pollution, 44(1-2): 419-427.

Fujimoto A, Fukuhara T, Watanabe H, et al. 2007. Heat and water vapor transfer between atmosphere and pavement surface under dry, wet, ice plate and packed snow state[J]. Journal of JSSE, 23: 19-29.

Gagge A P. 1971. An effective temperature scale based on a simple model of human physiological regulatory respons[J]. ASHRAE Transactions, 77(1): 21-36.

Gagge A P, Fobelets A, Berglund L G. 1986. A standard predictive index of human response to the thermal environment[J]. ASHRAE Transactions, 92(2): 709-731.

Gagge A P, Stolwuk J A J, Nishi Y. 1971. An effective temperature scale, based on a simple model of human physiological regulatory response[J]. ASHRAE Transactions, 77(1): 247-262.

Gandemer J. 1979. Wind shelters[J]. Journal of Wind Engineering & Industrial Aerodynamics, 4(3): 371-389.

Gibson M M, Launder B E. 1978. Ground effects on pressure fluctuations in the atmospheric boundary layer[J]. Journal of Fluid Mechanics, 86(3): 491-511.

Grant P F, Nickling W G. 1998. Direct field measurement of wind drag on vegetation for application to windbreak design and modelling[J]. Land Degradation & Development, 9(1): 57-66.

Grell G A, Dudhia J, Stauffer D R. 1994. A description of the fifth generation Penn State-NCAR Mesoscale Model (MM5) [R]. Boulder: National Center for Atmospheric Research.

Grimmond C S B, Oke T R. 2002. Turbulent heat fluxes in urban areas: observations and a local-scale urban meteorological parameterization scheme (LUMPS) [J]. Journal of Applied Meteorology, 41(7): 792-810.

Harbeck G E J, Kohler M A, Koberg G E. 1958. Water-loss investigations: Lake Mead studies[R]. Professional Paper 298, US Geological Survey.

Ho Y K, Liu C H. 2017. A wind tunnel study of flows over idealised urban surfaces with roughness sublayer corrections[J]. Theoretical & Applied Climatology, 130(1-2): 1-16.

Höppe P. 1992. A new method to determine the mean radiant temperature outdoors[J]. Wetter und Leben, 44: 147-151.

Höppe P. 1999. The physiological equivalent temperature—a universal index for the biometeorological assessment of the thermal environment[J]. International Journal of Biometeorology, 43(2): 71-75.

Houghten F C. 1923. Determining lines of equal comfort[J]. ASHRAE Transactions, 29: 163-176, 361-384.

Hsieh C I, Katul G, Chi T W. 2000. An approximate analytical model for footprint estimation of scalar fluxes in thermally stratified atmospheric flows[J]. Advances in Water Resources, 23(7): 765-772.

Hunt J C R, Poulton E C, Mumford J C. 1976. The effects of wind on people: new criteria based on wind tunnel experiments[J]. Building & Environment, 11(1): 15-28.

Hwang R L, Lin T P, Matzarakis A. 2011. Seasonal effects of urban street shading on long-term outdoor thermal comfort[J]. Building & Environment, 46(4): 863-870.

Irwin H P A H. 1981. A simple omnidirectional sensor for wind-tunnel studies of pedestrian-level winds[J]. Journal of Wind Engineering & Industrial Aerodynamics, 7(3): 219-239.

Isyumov N, Penwarden A D. 1975. The ground level wind environment in built-up areas [C]//Proceedings of the 4th International Confence on Wind Effects on Buildings and Structures. Cambridge: Cambridge University Press: 403-422.

Ito Y, Okaze T, Mochida A, et al. 2010. Development of prediction method for snow depth distribution in urban area based on coupling of snowdrift and snowmelt models[J]. Journal of JSSE, 26(4): 245-254.

Janssen P H M, Heuberger P S C. 1995. Calibration of process-oriented models[J]. Ecological Modelling, 83: 55-66.

Janssen W D, Blocken B, Hooff T V. 2013. Pedestrian wind comfort around buildings: Comparison of wind comfort criteria based on whole-flow field data for a complex case study[J]. Building & Environment, 59(3): 547-562.

Jansson P E, Karlberg L. 2004. Coupled heat and mass transfer model for soil-plant-atmosphere systems[D]. Stockholm: Royal Institute of Technology.

Järvi L, Grimmond C S B, Taka M, et al. 2014. Development of the surface urban energy and water balance scheme (SUEWS) for cold climate cities[J]. Geoscientific Model Development Discussions, 7(1): 1691-1711.

Jin H, Liu Z, Jin Y, et al. 2017. The effects of residential area building layout on outdoor wind environment at the pedestrian level in severe cold regions of China[J]. Sustainability, 9(12): 2310.

Kazuro M. 2008. Heat budget estimate for lake Ikeda[J]. Journal of Hydrology, 361(3): 362-370.

Kind R J, Jenkins J M, Broughton C A. 1995. Measurements and prediction of wind-induced heat transfer through permeable cold-weather clothing[J]. Cold Regions Science & Technology, 23(4): 305-316.

Knez I, Thorsson S. 2008. Thermal, emotional and perceptual evaluations of a park: Cross-cultural and environmental attitude comparisons[J]. Building & Environment, 43(9): 1483-1490.

Kondo H, Genchi Y, Kikegawa Y, et al. 2005. Development of a multi-layer urban canopy model for the analysis of energy consumption in a big city: Structure of the urban canopy model and its basic performance[J]. Boundary-Layer Meteorology, 116(3): 395-421.

Kothandaraman V. 1971. Analysis of water temperature variations in large river[J]. Journal of the Sanitary Engineering Division, 97(1): 19-31.

Krayenhoff E S, Voogt J A. 2007. A microscale three-dimensional urban energy balance model for studying surface temperatures[J]. Boundary-Layer Meteorology, 123(3): 433-461.

Kuo C Y, Tzeng C T, Ho M C, et al. 2015. Wind tunnel studies of a pedestrian-level wind environment in a street canyon between a high-rise building with a podium and low-level attached houses[J]. Energies, 8(10): 10942-10957.

Lafore J P, Stein J, Asencio N, et al. 1988. The Meso-NH atmospheric simulation system. Part I: adiabatic formulation and control simulations[J]. Annales Geophysicae, 16(1): 90-109.

Lai D, Guo D, Hou Y, et al. 2014. Studies of outdoor thermal comfort in northern China[J]. Building & Environment, 77(3): 110-118.

Launder B E, Reece G J, Rodi W. 1975. Progress in the development of a Reynolds-stress turbulence closure[J]. Journal of Fluid Mechanics, 68(3): 537-566.

Launder B E, Spalding D B. 1972. Lectures in Mathematical Models of Turbulence[M]. London: Academic Press.

Lawson T V. 1990. The determination of the wind environment of a building complex before construction[D]. Bristol: Bristol University.

Lawson T V, Penwarden A D. 1976. The effects of wind on people in the vicinity of buildings[C]// Proceedings of the 4th International Conference on Wind Effects on Buildings and Structures. Cambridge: Cambridge University Press: 605-622.

Lemke B, Kjellstrom T. 2012. Calculating workplace WBGT from meteorological data: A tool for climate change assessment[J]. Industrial Health, 50(4): 267-278.

Lemonsu A, Bélair S, Mailhot J, et al. 2008. Overview and first results of the Montreal urban snow experiment (MUSE) 2005[J]. Journal of Applied Meteorology & Climatology, 47(1): 59-75.

Lemonsu A, Bélair S, Mailhot J, et al. 2010. Evaluation of the town energy balance model in cold and snowy conditions during the Montreal urban snow experiment 2005[J]. Journal of Applied Meteorology & Climatology, 49(3): 346-362.

Leroyer S, Mailhot J, Bélair S, et al. 2010. Modeling the surface energy budget during the thawing period of the 2006 Montreal urban snow experiment[J]. Journal of Applied Meteorology & Climatology, 49(1): 68-84.

Li D H W, Wan K K W, Yang L, et al. 2011. Heat and cold stresses in different climate zones across China: A comparison between the 20th and 21st centuries[J]. Building & Environment, 46(8): 1649-1656.

Lin T P, Dear R D, Hwang R L. 2011. Effect of thermal adaptation on seasonal outdoor thermal comfort[J]. International Journal of Climatology, 31(2): 302-312.

Lin T P, Matzarakis A. 2008. Tourism climate and thermal comfort in Sun Moon Lake, Taiwan[J]. International Journal of Biometeorology, 52(4): 281-290.

Lokoshchenko M A. 2014. Urban 'heat island' in Moscow[J]. Urban Climate, 10: 550-562.

Magee N, Curtis J, Wendler G. 1999. The urban heat island effect at Fairbanks, Alaska[J]. Theoretical & Applied Climatology, 64(1-2): 39-47.

Mäkinen T M, Pääkkönen T, Palinkas L A, et al. 2004. Seasonal changes in thermal responses of urban residents to cold exposure[J]. ComParative Biochemistry & Physiology Part A Molecular & Integrative Physiology, 139(2): 229-238.

Massman W J. 2000. A simple method for estimating frequency response corrections for eddy covariance systems[J]. Agricultural & Forest Meteorology, 104(3): 185-198.

Matzarakis A, Mayer H. 1996. Another kind of environmental stress: Thermal stress[J]. WHO Newsletter, 18: 7-10.

Mayer H, Holst J, Dostal P, et al. 2008. Human thermal comfort in summer within an urban street canyon in Central Europe[J]. Meteorologische Zeitschrift, 17(3): 241-250.

Mayer H, Höppe P. 1987. Thermal comfort of man in different urban environments[J]. Theoretical & Applied Climatology, 38(1): 43-49.

Menter F R. 1994. Two-equation eddy-viscosity turbulence models for engineering applications[J]. AIAA Journal, 32(8): 1598-1605.

Mohseni O, Stefan H G, Erickson T R. 1998. A nonlinear regression model for weekly stream temperatures[J]. Water Resources Research, 34 (10): 2685-2692.

Montávez J P, Rodríguez A, Jiménez J I. 2015. A study of the urban heat island of Granada[J]. International Journal of Climatology, 20(8): 899-911.

Murakami S, Iwasa Y, Morikawa Y. 1986. Study on acceptable criteria for assessing wind environment at ground level based on residents' diaries[J]. Journal of Wind Engineering & Industrial Aerodynamics, 24(1): 1-18.

Narita K. 1992. Effects of river on urban thermal environment dependent on the types of on-shore building distribution[J]. Journal of Architecture, Planning and Environmental Engineering, 442: 27-35 (in Japanese).

Ng E, Cheng V. 2012. Urban human thermal comfort in hot and humid Hong Kong[J]. Energy & Buildings, 55(10): 51-65.

Nikolopoulou M, Lykoudis S. 2006. Thermal comfort in outdoor urban spaces: Analysis across different European countries[J]. Building & Environment, 41(11): 1455-1470.

Niu J, Liu J, Lee T C, et al. 2015. A new method to assess spatial variations of outdoor thermal comfort: Onsite monitoring results and implications for precinct planning[J]. Building & Environment, 91: 263-270.

Nordbo A, Järvi L, Haapanala S, et al. 2013. Intra-city variation in urban morphology and turbulence structure in Helsinki, Finland[J]. Boundary-Layer Meteorology, 146(3): 469-496.

Nordbo A, Järvi L, Vesala T. 2012. Revised eddy covariance flux calculation methodologies-effect on urban energy balance[J]. Tellus Series B—Chemical & Physical Meteorology, 64(2): 119-129.

Offerle B, Grimmond C S B, Fortuniak K, et al. 2006. Temporal variations in heat fluxes over a central European city centre[J]. Theoretical & Applied Climatology, 84(1-3): 103-115.

Okaze T, Mochida A, Tominaga Y, et al. 2012. Wind tunnel investigation of drifting snow development in a boundary layer[J]. Journal of Wind Engineering & Industrial Aerodynamics, (104–106): 532-539.

Oke T R. 1973. City size and the uban heat island[J]. Atmospheric Environment, I7: 769-779.

Oke T R. 1987. Boundary Layer Climates [M]. 2nd edition. London: Routledge.

Oke T R. 2004. Initial guidance to obtain representative meteorological observations at urban sites[C]//Instruments and Methods of Observation Program, IOM Report No. 81, WMO/TD 1250, Geneva: World Meteorological Organization.

Penwarden A D. 1973. Acceptable wind speeds in towns[J]. Building Science, 8(3): 259-267.

Pilgrim J M, Fang X, Stefan H G. 1998. Stream temperature correlations with air temperatures in Minnesota: implications for climate warming[J]. Journal of the American Water Resources Association, 34(5): 1109-1121.

Quimpo R G. 1967. Stochastic model of daily river flow sequences[D]. Fort Collins: Colorado State University.

Rannik Ü, Moncrieff J, Foken T, et al. 2000. Estimates of the annual net carbon and water exchange of forests: the EUROFLUX methodology[J]. Advances in Ecological Research, 30(1): 113-175.

Rasmussen A H, Hondzo M, Stefan H G. 1995. A test of several evaporation equations for water temperature simulations in lakes[J]. Water Resources bulletin, 31(6): 1023-1028.

Richards J M. 1971. A simple expression for the saturation vapour pressure of water in the range −50 to 140 ℃ [J]. Journal of Physics D Applied Physics, 4(4): L15-L18.

Richards P J. 1993. Appropriate boundary conditions for computational wind engineering models using the k-ε turbulence model[J]. Journal of Wind Engineering and Industrial Aerodynamics, 46-47: 145-153.

Roth M. 2007. Review of urban climate research in subtropical regions[J]. International Journal of Climatology, 27(14): 1859-1873.

Ruiz M A, Correa E N. 2015. Adaptive model for outdoor thermal comfort assessment in an oasis city of arid climate[J]. Building & Environment, 85: 40-51.

Sanz-Andres A, Cuerva A. 2006. Pedestrian wind comfort: Feasibility study of criteria homogenisation[J]. Journal of Wind Engineering & Industrial Aerodynamics, 94(11): 799-813.

Schmid H P, Cleugh H A, Grimmond C S B, et al. 1991. Spatial variability of energy fluxes in suburban terrain[J]. Boundary-Layer Meteorology, 54(3): 249-276.

Schmid H P, Su H B, Vogel C S, et al. 2003. Ecosystem-atmosphere exchange of carbon dioxide over a mixed hardwood forest in northern lower Michigan[J]. Journal of Geophysical Research Atmospheres, 108(D14): 4417.

Seabury J, McLouth L, Blodgett P. 1997. Quality control and flux sampling problems for tower and aircraft data[J]. Journal of Atmospheric & Oceanic Technology, 14(3): 514-526.

Seginer I, Mulhearn P J, Bradley E F, et al. 1976. Turbulent flow in a model plant canopy[J]. Boundary-Layer Meteorology, 10(4): 423-453.

Shao J, Liu J, Zhao J, et al. 2009. A novel method for full-scale measurement of the external convective heat transfer coefficient for building horizontal roof[J]. Energy and Buildings, 41(8): 840-847.

Shih T H, Liou W W, Shabbir A, et al. 1995. A new k-ε eddy viscosity model for high Reynolds number turbulent flows[J]. Computers & Fluids, 24(3): 227-238.

Shitzer A, Tikuisis P. 2012. Advances, shortcomings, and recommendations for wind chill estimation[J]. International Journal of Biometeorology, 56(3): 495-503.

Siple P A, Passel C F. 1945. Measurements of dry atmospheric cooling in sub-freezing temperatures[J]. Proceedings of the American Philosophical Society, 89: 177-199.

Skamarock W C. 2005. A description of the advanced research WRF version 3[J]. NCAR Technical, 113: 7-25.

Snyder W H. 1972. Similarity criteria for the application of fluid models to the study of air pollution meteorology[J]. Boundary-Layer Meteorology, 3(1): 113-134.

Soligo M J, Irwin P A, Williams C J, et al. 1998. A comprehensive assessment of pedestrian comfort including thermal effects[J]. Journal of Wind Engineering & Industrial Aerodynamics, 77(98):

753-766.

Spagnolo J, de Dear R. 2003. A field study of thermal comfort in outdoor and semi-outdoor environments in subtropical Sydney Australia[J]. Building and Environment, 38(5): 721-738.

Stefan H G, Preud'homme E B. 1993. Stream temperature estimation from air temperature[J]. Water Resources Bulletin, 29(1): 27-45.

Stewart I D. 2011. A systematic review and scientific critique of methodology in modern urban heat island literature[J]. International Journal of Climatology, 31(2): 200-217.

Stewart I D, Oke T R. 2012. Local climate zones for urban temperature studies[J]. Bulletin of the American Meteorological Society, 93(12): 1879-1900.

Stewart R B, Rouse W R. 1976. A simple method for determining the evaporation from shallow lakes and ponds[J]. Water Resources Research, 12(4): 623-628.

Sugiura K, Nishimura K, Maeno N, et al. 1998. Measurements of snow mass flux and transport rate at different particle diameters in drifting snow[J]. Cold Regions Science and Technology, 27: 83-89.

Tikuisis P, Osczevski R J. 2002. Dynamic model of facial cooling[J]. Journal of Applied Meteorology, 41(12): 1241-1246.

Tominaga Y, Mochida A, Okaze T, et al. 2010. Development of system for predicting snow distribution in built-up environment by coupling mesoscale meteorological model and CFD[J]. Journal of JSSE, 26(4): 235-244.

Tominaga Y, Mochida A, Yoshie R, et al. 2008. AIJ guidelines for practical applications of CFD to pedestrian wind environment around buildings[J]. Journal of Wind Engineering & Industrial Aerodynamics, 96(10): 1749-1761.

Torgersen C E, Faux R N, McIntosh B A, et al. 2001. Airborne thermal remote sensing for water temperature assessment in rivers and streams[J]. Remote Sensing of Environment, 76(3): 386-398.

van Hooff T, Blocken B. 2010. Coupled urban wind flow and indoor natural ventilation modelling on a high-resolution grid: A case study for the Amsterdam Arena stadium[J]. Environmental Modelling & Software, 25(1): 51-65.

Velasco E, Roth M. 2010. Cities as net sources of CO_2: review of atmospheric CO_2, exchange in urban environments measured by eddy covariance technique[J]. Geography Compass, 4(9): 1238-1259.

Vu T C. 2002. A k-ε turbulence closure model for the atmospheric boundary layer including urban canopy[J]. Boundary-Layer Meteorology, 102: 459-490.

Walsh P C, Leong W H. 2004. Effectiveness of several turbulence models in natural convection[J]. International Journal of Numerical Methods for Heat and Fluid Flow, 14(5): 633-648.

Walton D, Dravitzki V, Donn M. 2007. The relative influence of wind, sunlight and temperature on user comfort in urban outdoor spaces[J]. Building & Environment, 42(9): 3166-3175.

Webb B W, Clack P D, Walling D E. 2003. Water-air temperature relationships in a Devon river system and the role of flow[J]. Hydrological Processes, 17: 3069-3084.

Webb B W, Zhang Y. 1997. Spatial and seasonal variability in the components of the river heat budget[M]. Hydrological Processes, 11(1): 79-101.

Webb E K, Pearman G I, Leuning R. 1980. Correction of flux measurements for density effects due to heat and water vapour transfer[J]. Quarterly Journal of the Royal Meteorological Society, 106(447): 85-100.

Wilcox D C. 1998. Turbulence Modeling for CFD[M]. La Cañada Flintridge: DCW Industries Inc.

Wilczak J M, Oncley S P, Stage S A. 2001. Sonic anemometer tilt correction algorithms[J]. Boundary-Layer Meteorology, 99(1): 127-150.

Woo H G C, Peterka J A, Cermak J E. 1977. Wind-tunnel measurements in the wakes of structures[J]. Experimental Techniques, 18(4): 34-37.

Xiong J, Lian Z, Zhang H. 2016. Effects of exposure to winter temperature step-changes on human subjective perceptions[J]. Building & Environment, 107: 226-234.

Yaglou C P, Minard D. 1957. Control of heat casualties at military training centers[J]. AMA Archives of Industrial Health, 16(4): 302-316.

Yakhot V, Orszag S A, Thangam S, et al.1992. Development of turbulence models for shear flows by a double expansion technique[J]. Physics of Fluids A: Fluid Dynamics, 4(7): 1510-1520.

Yu C, Hien W N. 2006. Thermal benefits of city Parks[J]. Energy and Buildings, 38(2): 105-120.

Zeng Y, Dong L. 2015. Thermal human biometeorological conditions and subjective thermal sensation in pedestrian streets in Chengdu, China[J]. International Journal of Biometeorology, 59(1): 99-108.

Zhu Y M, Liu J, Yao Y, et al. 2006. Evaluating the impact of solar radiation on outdoor thermal comfort by the development and validation of a simple urban climatic model[C]. International Solar Energy Conference, Denver.